신 · 재생에너지
RD&D 전략 2030 시리즈 5

소수력

에너지관리공단 신 · 재생에너지센터

북스힐

발 간 사

안녕하십니까.

잘 아시는 바와 같이 지금 세계 각국은 지속적인 고유가 상황 속에서 에너지 자원의 안정적인 확보를 위해 치열한 경쟁을 벌이고 있습니다. 특히, 지난 제13차 유엔기후변화협약 당사국 총회에서 채택된 '발리로드맵'을 계기로 인하여, 온실가스 감축 문제는 선진국이나 개도국을 막론하고 더 이상 미룰 수 없는 온 인류의 생존과제가 되었습니다.

저탄소형 사회구조로의 전환을 위해 가장 중요한 것은 에너지의 효율적인 사용과 함께 신·재생에너지의 이용과 보급을 확대하는 것이라 하겠습니다. 이를 위해서는 적극적인 기술개발을 통해 분야별 핵심기술을 확보하고, 주요 부품 및 설비기술의 국산화가 선행되어야 할 것입니다.

신·재생에너지기술개발에 대한 관심과 참여가 대폭적으로 늘어나고 있는 이 시점에서 저희 에너지관리공단 신·재생에너지센터에서는 체계적이고 전략적인 신·재생에너지기술개발을 유도하기 위해 각 분야별 국내 최고의 전문가와 함께 「신·재생에너지 RD&D 전략 2030」을 완성하였습니다.

「신·재생에너지 RD&D 전략 2030」은 중장기 신·재생에너지기술개발에 대한 명확한 비전을 제시하고 있으며, 미래의 큰 그림 뿐만아니라 세부 추진방법 및 구체적인 개발목표도 수록하고 있습니다. 새롭고 참신한 정보로 구성된 「신·재생에너지 RD&D 전략 2030」은 관련분야 종사자 여러분에게 든든한 길잡이가 되어줄 수 있을 것으로 기대가 됩니다.

전문가들은 앞으로 석유로 대표되는 화석연료의 시대는 이삼십년이 피크라고 예상하며, 그 이후의 세계 경제는 청정에너지인 신·재생에너지 핵심기술을 가진 나라가 주도하게 될 것이라고 합니다. 아무쪼록 「신·재생에너지 RD&D 전략 2030」이 우리나라 신·재생에너지기술 발전의 밑거름이 되어 우리나라가 선진국을 능가하는 신·재생에너지 기술선도국으로 도약할 수 있기를 기원합니다.

감사합니다.

에너지관리공단 이사장

요 약 문

I. 기술의 개요

기술의 정의 및 개요

○ 수력 발전 설비는 '물의 유동에너지를 변환시켜 전기를 생산하는 설비'로 정의

- 2005년도 이전에는 설비용량 1만 kW를 기준으로 소수력(small hydropower)과 수력(hydropower)으로 구분하였으나, 2005년도 신에너지 및 재생에너지 개발 · 이용 · 보급 시행 규칙 개정을 통해 설비용량 삭제

○ 발전시스템 구성은 수차, 발전기, 수배전 설비 등으로 구성

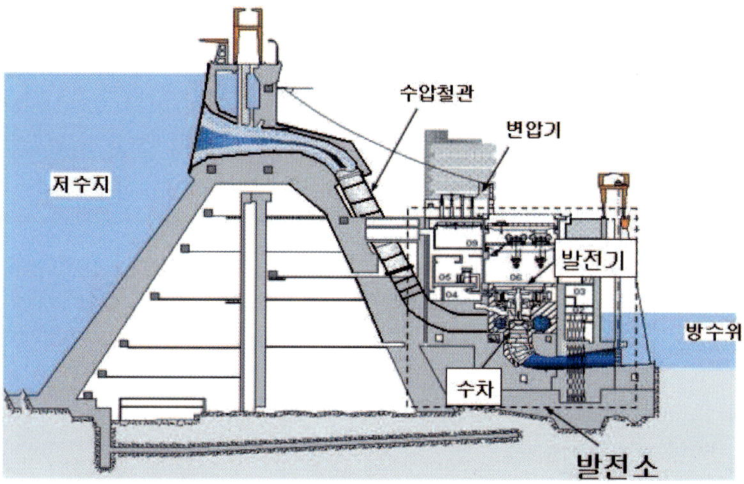

댐, 저수지 ⇒ 수압관로 ⇒ 수차발전기 ⇒ 계통연계장치 ⇒ 한전 송전선로

< 수력 발전 흐름도 >

○ 신 · 재생에너지 연구개발 및 보급대상은 주로 1만 kW 이하의 소수력 발전을 대상으로 하고 있으며, 다양한 수력자원 조건에 적용할 수 있는 친환경 수력 에너지의 개발, 발전설비의 설계 및 제작, 자동화 및 최적운영, 표준화 및 간소화 그리고 발전설비 현대화 등에 필요한 일체의 선진기술을 말함

소수력 발전의 특징

○ 소규모 발전설비의 사용으로 지형변화나 하천수질, 수생생물 등의 주변생태계에 미치는 영향이 작은 환경조화형 에너지

○ 발전 중에 이산화탄소(CO_2)를 발생하지 않는 청정에너지이고 지구 온난화 방지에 공헌하며, 발전설비가 비교적 간단하여 단기간 건설이 가능하고 유지관리가 용이

○ 소수력 발전에 의한 전기를 지역 에너지사업에 이용하면 지역발전과 자연에너지 이용으로 상호작용하여 경제적, 사회적 및 심리적인 효과 등 지역경제활동에 기여

○ 기존 농업용수 시설이나 상·하수도시설 등을 이용한 발전계획이 가능하고, 발생전력에 의한 시설의 유지·관리비 경감에 기여하며, 타 에너지(태양광, 풍력 등)에 비해 에너지 밀도 높음

세부기술 분류 및 범위

○ 소수력 관련 세부기술은 다음 표와 같은 4가지 기술로 대별

- 분류 조건은 소수력 발전의 기술싱격별로 차별화하였으며, 전략적 상용화 보급을 달성하기 위한 세부 기술로 구분함

분류	세부기술
소수력 자원조사 및 활용기술	소수력 자원조사 기술
	친환경(Eco-friendly) 설계 및 소수력 개발 기술
	기존 시설물을 이용한 소수력 개발 기술
발전설비의 국산화 및 표준화 기술	발전설비의 국산화 기술개발
	발전설비의 표준화 · 간소화 기술개발
	고효율 발전시스템 기술 개발
	가변속 발전기 개발
	스크린 장비 개발
계통보호 및 자동화 기술	계통보호 기술
	자동화 및 무인화 기술
	미래지향적 상태진단 보전기술 및 통합운영기술
수차발전설비 성능평가 기술 및 현대화	성능평가기법 개발
	성능시험센터 구축
	설비보전 및 현대화 기술

II. 국내 기술 수준 및 기술동향 분석

기술 수준 설문조사

○ 아래와 같이 핵심기술에 대한 국내 기술 수준 설문조사를 실시함

분야	핵심기술	비중(%)	국내수준(%)
소수력	소수력 자원조사 및 활용기술	30	75.4
	소수력 발전설비의 국산화 및 표준화기술	60	70.3
	계통보호 및 자동화기술	10	78.8
	계	100	72.7

- 설문조사 결과, 2006년 말 기준 국내 기술 수준보다 낮은 결과치를 얻음
  ※ 2006년 말 기준 국내 기술 수준 : 81.6%
- 국내의 소수력 발전시스템의 기술 수준은 선진국에 비해 전반적으로 뒤처져 있고 소수력 자원조사 및 활용기술은 선진국과의 기술격차는 적으나 핵심 소재나 수차 설계제작 기술과 성능측정 및 인증시험 분야는 선진국과의 기술격차가 더 큰 것으로 분석됨
- 특히, 소수력 발전시스템의 핵심이라 할 수 있는 수차발전시스템의 국산화 및 표준화 기술의 경우 선진국 대비 70%의 수준으로 조사되어 기술개발 시급

○ 소수력 분야의 핵심기술에 대한 국산화율은 약 74%인 것으로 조사됨

핵심기술	비중(%)	국산화율(%)	
		설계	제작/생산
소수력 자원조사 및 활용기술	30	74.6	72.4
소수력 발전설비의 국산화 및 표준화기술	60	72.4	73.4
계통보호 및 자동화기술	10	79.9	81.1
전체 소수력 분야의 국산화율		73.8	73.9

기술개발 동향

○ 1987년부터 대체에너지개발촉진법에 의거 정부주도로 소수력 기술개발에 관한 연구를 지원하여 주로 자원조사, 수차개발, 최적 운용기술 등의 국산화 기술 개발을 추진

○ 전국을 대상으로 경제성이 있으면서 소수력 발전소 설치가 가능한 지역을 선정하고 개발 우선순위를 결정하기 위한 기초 자료를 제공하기 위해, 정부 지원으로 국내 소수력 자원 타당성 조사를 추진

- 소수력 자원조사('89～'92)
- 기존시설물을 활용한 소수력 발전 지점 조사('04～'06)

○ 최근에는 초기 투자비 저감과 보급 확대를 위한 마이크로급(100kW 이하) 소형 소수력 발전설비 기술개발과 소규모 미활용 소수력 자원 확대를 위한 수차, 구조물 등 기술 개발 위주로 추진

국내산업의 현황

○ 국내 소수력 개발 현황은 총 51개 지점에 65,412㎾ 설비용량이 개발되었으며, 연간 전기생산량은 157,279MWh 규모임

구분	설비용량(㎾)	점유율(%)
51개소	65,412	100
민간 발전사업자(16개소)	28,609	43.8
한국수자원공사(16개소)	15,434	23.6
한전 및 발전회사(8개소)	14,145	21.6
지자체(5개소)	475	0.7
한국농촌공사(6개소)	6,749	10.3

주 : 지자체는 하수종말처리장 4개소, 정수장 1개소임

III. 그간 R&D 추진성과 및 보급시장 분석

기술개발 지원현황

○ 소수력 분야의 기술개발 지원현황은 '91년부터 '06년까지 9개 과제에 총 5,076백만 원이 투자되었으며 그 중 정부에서 3,362백만 원을 지원

- 신・재생에너지 기술개발사업의 전체예산(7,059억 원) 중에서 소수력 분야의 지원 예산은 0.72% 수준

< 신·재생에너지 기술개발사업 소수력 분야 지원현황 >

(단위 : 백만 원)

구분 \ 연도	'88~'02	'03	'04	'05	'06	계
과제수	3	1	2	1	2	9
정부지원금	656	426	706	930	644	3,362
민간부담금	195	158	219	483	659	1,714
계	851	584	925	1,413	1,303	5,076

※ 과제 수는 신규과제 기준임

소수력 발전 보급 잠재량

○ 공해가 없는 청정에너지인 소수력 발전은 아래 표와 같이 1,500MW 정도의 국내 부존량이 있으며, 시장잠재량은 2030년까지 660MW로 평가됨

구분	지점수	잠재량(kW)	특징
일반하천	120	1,412,500	가동보를 이용한 개발
하수종말처리장	63	5,300	이용률 70~80%
수도관로	58	2,500	이용률 90%
농업용 저수지	163	48,000	저수량 3백만m^3 이상 계절 영향 큼
농업용 보	18,252	5,000	이용률 40%
다목적댐 용수로/조정지	6	6,744	이용률 60%
화력발전소 냉각수 이용 및 양식장 순환수, 기타	25~30	19,956	이용기술을 확보하여 건설
합계		1,500,000	

○ 경제성 확보를 위한 적극적인 개발 방안 필요

- 예) 일반하천을 이용한 수력 개발은 하천에 가동보나 콘크리트 보를 설치하여 하천유지용수와 관개용수 등으로 이용하면서 수상레저와 같은 관광자원의 개발을 병행하여 지역경제 발전에 기여

주요 선도기업 현황

○ 국내 소수력 발전 주요 관련 업체 및 기관 현황

핵심기술		국내 전문기업
소수력 자원조사 및 활용		한국에너지기술연구원, 종합엔지니어링 (도화, 삼안, 현대, 유신)
발전설비의 국산화 및 표준화	수차	(주)두산중공업, 대양전기, 효성에바라, 신한정공, (주)일진전기
	발전기	대양전기, 효성에바라, (주)일진전기, (주)두산중공업, (주)현대중공업
	송배전설비	한국전기조합, LG산전 등
	강재설비	현대중공업(주), 금전기업 등 다수
계통보호 및 자동화		한국자동제어조합, 하니웰, LG산전 등 다수
수차발전설비 성능평가		한국에너지기술연구원, 한국수자원공사

IV. 해외 주요 국가의 기술 및 시장 동향 분석

정책 및 기술 동향

○ 기준가격 의무 구매제(FIT)는 소수력의 기술개발을 촉진하고, 지난 수년간 독일과 스페인, 덴마크에서 신 · 재생에너지 발전 확대에 크게 기여함

- 신 · 재생에너지 발전 의무 비율 할당제(RPS)는 미국과 캐나다, 인도의 주 및 지자체를 중심으로 확산되고 있음

○ 소수력 보급률은 중국이 세계 최고이며, 대용량보다는 소용량 발전설비 위주의 보급이 확대되고 있음

- 특히 수차발전기의 표준화가 이루어져 필요한 곳에 최적의 시스템을 설치하여 경제성 확보에 노력하고 있음

○ 일본의 경우 NEDO를 중심으로 친환경적인 소수력 개발을 활발하게 진행

- 발전설비 규모는 미니 및 마이크로급 설비의 개발 · 보급이 활발하며, 중국과 마찬가지로 수차발전기에 대한 표준화가 완성된 단계임

해외 주요 국가의 기술동향(특허분석 결과)

○ 수차의 설계 및 제작 분야에서는 유럽, 한국, 일본특허활동이 활발

○ 한국과 미국은 수차의 종류 분야에 상대적으로 집중되고 있고, 일본은 수차의 설계 및 제작과 시스템감시 및 성능평가 분야에 상대적으로 집중

○ 프랑스는 시공과 발전설비 분야에, 독일은 시공과 시스템감시 및 성능평가 분야에 상대적으로 집중

< 주요국의 역점기술분야 >

○ 미국등록특허에서 기술 수준을 측정하는 3가지 지표(특허등록 건수, 영향력 지수(PII), 기술력 지수(TS))를 통해 국가별 분포를 살펴본 결과, 미국은 특허등록 건수와 기술력 지수는 두 구간에서 모두 1위를 차지하였고, 영향력 지수는 1980~1992년과 1993~2006년에 걸쳐 2위를 차지해 소수력 분야에서 양적 수준과 질적 수준이 매우 높은 것으로 나타남

○ 일본은 특허등록 건수와 기술력 지수는 두 구간에서 모두 2위를 차지하였으나, 영향력 지수는 1980~1992년 4위에서 1993~2006년에 걸쳐 5위로 하락하였으므로 소수력 분야에서 양적 수준과 질적 수준이 높지만 최근에는 질적인 수준이 하락한 것으로 나타남

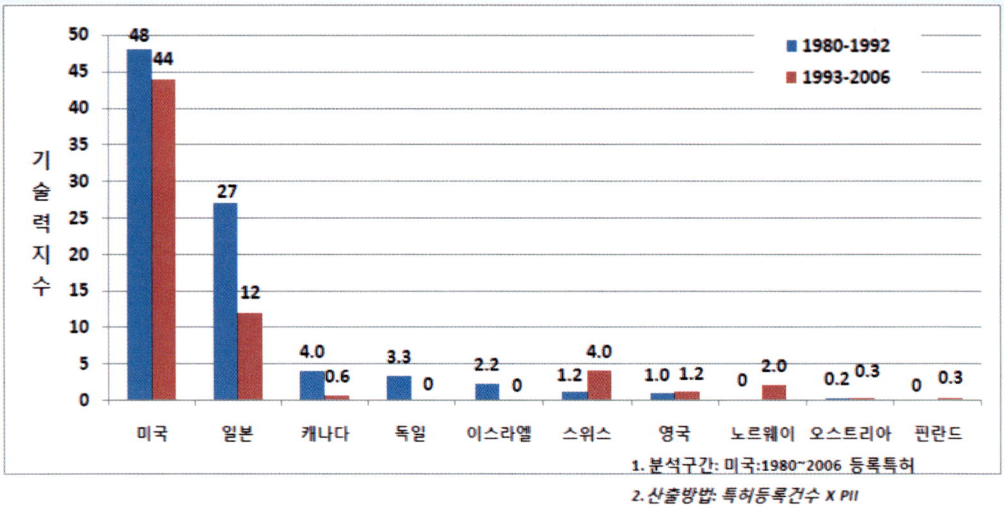

< 주요국가의 기술력 지수 >

시장 및 보급 현황과 장기전망

○ 전 세계적으로 소수력에 대한 보급 잠재량은 150~200GW 정도로 평가되며, 2005년 이후 신·재생에너지 시장의 급격한 성장과 더불어 소수력은 매년 5GW 정도의 지속적 증가 추세에 있음

< 세계 소수력 발전소 운영현황 >

국명	용량(MW)	국명	용량(MW)	국명	용량(MW)
아르헨티나	400	이탈리아	2,233	벨기에	60
오스트리아	843	일본	1,700	룩셈부르크	40
브라질	859	한국	65	포르투갈	317
캐나다	1,056	노르웨이	806	영국	68
중국	38,500	파키스탄	107	그리스	60
체코	201	페루	215	아일랜드	37
핀란드	309	루마니아	311	말레이시아	107
프랑스	1,956	스페인	1,700	볼리비아	104
독일	1,600	스웨덴	935	베트남	70
인도	1,694	터키	83	콩고	65
인도네시아	58	미국	3,420	스리랑카	35

○ 외국의 경우, 경제성을 확보하고자 저낙차 소용량 수차를 개발, 보급하고 있음
- 외국은 소수력 발전소 1개소당 평균발전용량이 약 1,000㎾이나, 우리나라의 경우에는 약 1,800㎾로 상대적으로 큼

V. 기술개발 추진전략 및 목표 설정

▶ 추진전략

○ 소수력 분야의 기술개발은 1) 국내 부존자원의 최대 활용과 소수력 발전 기술 확보, 2) 수차발전기 국산화 및 표준화로 보급 활성화, 3) 소수력 발전 원천기술 확보를 기본방향으로 설정하고,

○ 1) 수력자원 조사 및 활용기술, 2) 발전설비의 국산화 및 표준화기술, 3) 계통보호 및 자동화 기술개발, 4) 수차발전설비의 성능평가, 제도개선 및 현대화기술 등 핵심 4개 분야에 대해 단기, 중기, 장기의 3단계로 나누어 추진

○ 단계별 기술개발 전략을 수립하여, 핵심기술 확보를 위한 기술개발을 우선적으로 추진하고, 실증연구를 통해 상용화, 보급을 확대하며, 마지막으로 시장 안정화 및 지속적 발전을 견인

	단 기	중 기	장 기
기 간	2008～2012	2013～2020	2021～2030
개발 목표	기술력 상승	보급 활성화	안정화

1단계	4개의 대분야를 중심으로 세계적인 선도기술을 발굴하고 국내실적에 가장 적합한 기술로 개량하거나 원천핵심기술을 발굴, 개발
2단계	1단계에서 개발 적용된 기술의 실용화 및 실증규모 연구를 촉진함과 더불어 개량·보완된 기술을 개발하여 개발기술의 기술경쟁력을 국외로 보급할 수 있는 보급활성화 추진
3단계	단기 및 중기 기술개발을 통해 국내에 보급된 기술의 확대 보급과 더불어 세계적으로 경쟁력 있는 핵심 요소기술을 발굴하여 국가 전략기술로 발전시켜 세계시장으로 수출하는 소수력 안정화 추구

▶ 산업화 추진전략

○ 설비의 초기투자비 저감 및 유지보수 비용의 절감을 통한 경제성 확보를 우선 추진방향으로 설정하고, 민간 발전사업자(IPP) 중심의 소수력 발전을 지역에너지 공급사업 등과 연계하여 사업 모델의 다각화 전략 추진

○ 표준화 및 간소화를 통하여 저가의 발전시스템을 개발하고, 기기의 고효율화 및 신뢰성 확보를 통하여 산업화 강화 및 수출확대 추진

○ 전 세계 소수력 시장의 주도권을 선점하기 위해 국제협력·국제표준 활동에 적극적으로 참여하여 관련기술 선도

○ 소수력 관련 각종 규제 및 법령을 재정비하여 소수력 분야의 활성화 도모

▶ 사업추진체계

○ 지식경제부 신·재생에너지 센터 내의 소수력 기술연구회에 4개의 대분류별로 각각 대학, 연구소, 발전사 및 산업계가 참여하는 분과를 설치하여 사업 추진

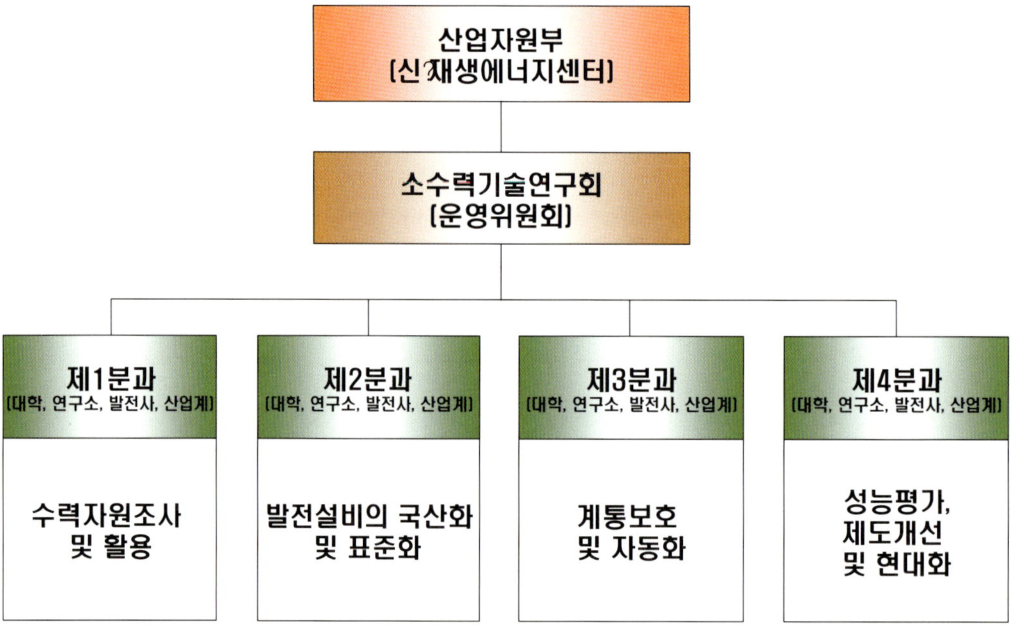

▶ 소수력 기술개발 목표 및 추진계획(Road Map)

기술개발 목표

○ 최종목표 : 소수력 자원의 개발·보급 활성화를 통한 산업 육성

○ 단계별 목표

- 단기 : 분야별 핵심원천 기술 개발을 통한 국내 기술력 확보
- 중기 : 상용화 보급을 위한 실증연구 추진 등 핵심기술의 고도화
- 장기 : 저가, 고효율 설비 기술을 통한 경제성 제고 및 대량보급 시스템구축 등 소수력 자원의 산업화

소수력분야 중장기 기술개발 로드맵 총괄

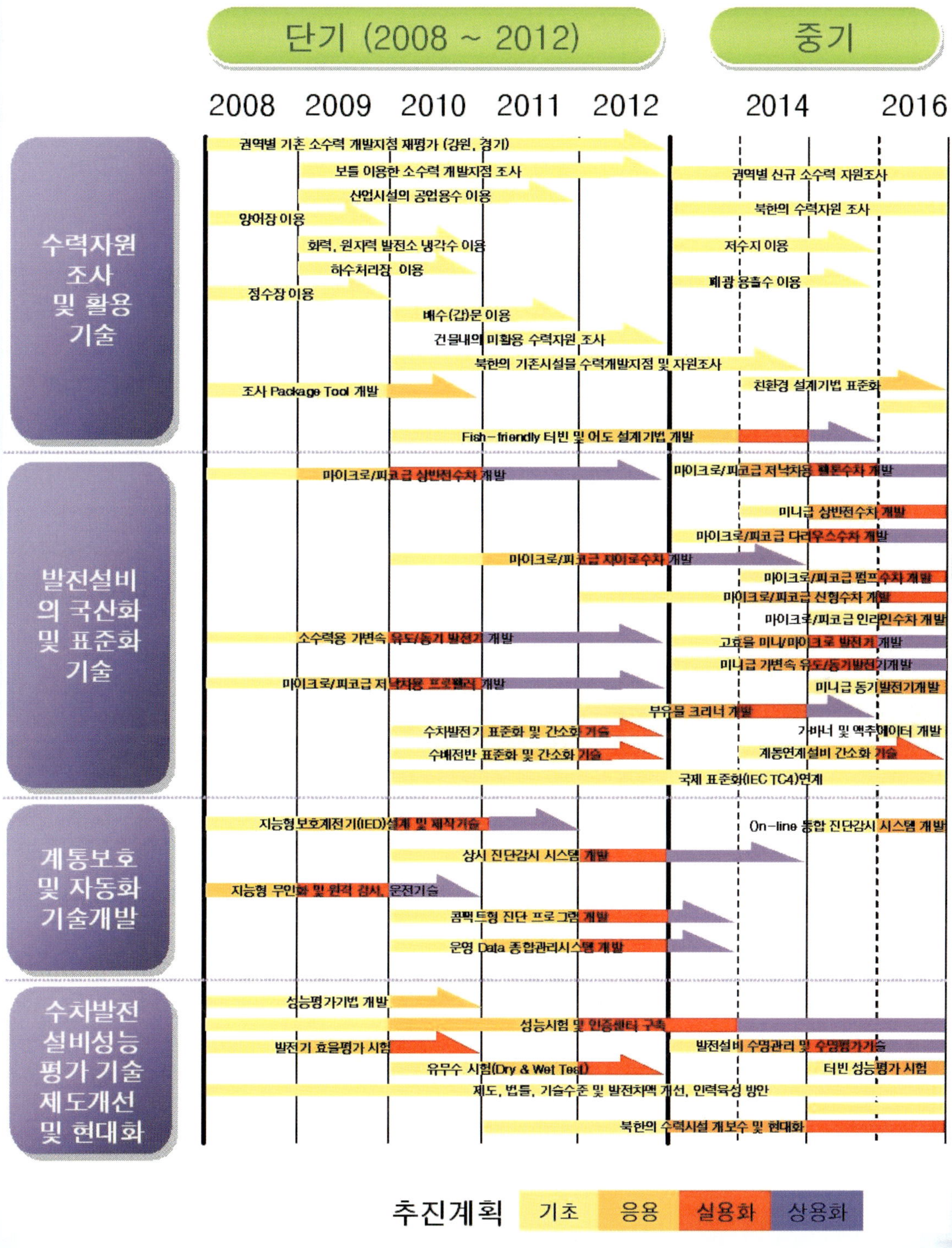

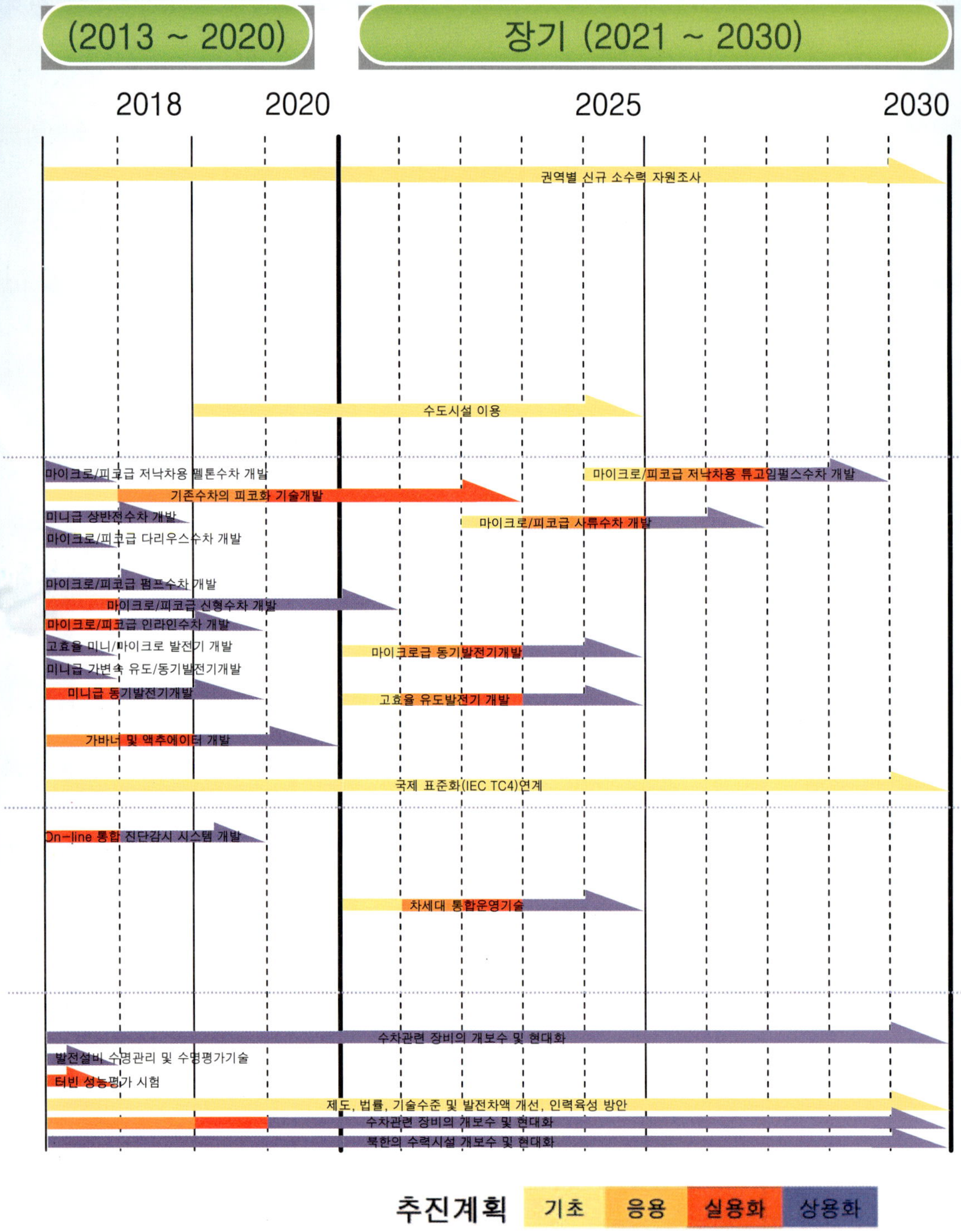
(2013 ~ 2020)
장기 (2021 ~ 2030)
2018
2020
2025
2030
권역별 신규 소수력 자원조사
수도시설 이용
마이크로/피코급 저낙차용 펠톤수차 개발
마이크로/피코급 저낙차용 튜고임펄스수차 개발
기존수차의 피코화 기술개발
미니급 상반전수차 개발
마이크로/피코급 사류수차 개발
마이크로/피코급 다리우스수차 개발
마이크로/피코급 펌프수차 개발
마이크로/피코급 신형수차 개발
마이크로/피코급 인라인수차 개발
고효율 미니/마이크로 발전기 개발
마이크로급 동기발전기개발
미니급 가변속 유도/동기발전기개발
미니급 동기발전기개발
고효율 유도발전기 개발
가바너 및 액추에이터 개발
국제 표준화(IEC TC4)연계
On-line 통합 진단감시 시스템 개발
차세대 통합운영기술
수차관련 장비의 개보수 및 현대화
발전설비 수명관리 및 수명평가기술
터빈 성능평가 시험
제도, 법률, 기술수준 및 발전차액 개선, 인력육성 방안
수차관련 장비의 개보수 및 현대화
북한의 수력시설 개보수 및 현대화
추진계획
기초
응용
실용화
상용화

▶ 소요예산 총괄

(단위 : 억 원)

대분류	중분류	단계별 소요예산			총
		단기 ('08～'12)	중기 ('13～'20)	장기 (' 21～'30)	
수력자원 조사 및 활용기술	자원조사	114	117.7	40.3	272
	활용기술	14	28	28	42
소계		128	145.7	40.3	314
발전설비의 국산화 및 표준화 기술	발전설비 국산화 개발	109	255.2	84.4	483.6
	표준화 및 간소화 기술	31.32	12.08	2.6	46
소계		140.32	267.28	87	529.6
계통보호 및 자동화 기술 개발	계통보호	10	0	0	10
	자동화 기술	32	26	20	58
소계		42	26	20	88
수차발전설비 성능평가 기술, 제도개선 및 현대화	성능평가기술	96	37.9	17	150.9
	제도개선	2.6	4.16	5.2	11.96
	현대화	8	42.8	6.2	57
소계		106.6	84.86	28.4	219.86
총계		416.92	523.84	175.7	1116.46

동 보고서의 Road Map 관련 예산은 전문가들의 의견을 반영한 것으로서 정부의 예산계획은 아님을 알려드립니다.

1. Road Map 구성은 범부처(국가 전체) 차원으로 작성되었음.
2. Road Map 예산은 총 사업비(정부+민간) 개념으로 작성되었음.
3. 중기 및 장기 예산계획은 추후 동 보고서의 Up-date시(매 2～3년 단위) 수정할 계획임.

차례

Contents

차례

IV 해외 주요 국가의 기술 및 시장 동향 분석

차례

Contents

차례

참고문헌 및 부록

Table Contents

표차례

그림차례

Fig. Contents

I

기술의 개요

1. 기술의 개요

가. 기술의 정의

물은 중력의 영향을 받아 높은 곳에서 낮은 곳을 향해서 흐른다. 그 흐름을 수로로 끌어 들여 수차발전기를 회전시켜 전기에너지를 발생시키는 것이 수력 발전(hydropower generator)이다.

수력 발전은 높은 위치에 있는 하천이나 저수지 물의 위치에너지인 낙차를 이용하여 수차에 회전력을 발생시키고 수차와 직결되어 있는 발전기에 의해서 전기에너지로 변환시키는 것을 말한다. 수차를 회전시키는 물의 유량이 많고, 낙차가 클수록 발전설비용량이 커지고 전력량도 그만큼 많아진다.

신·재생에너지로서 수력은 2005년도 이전에는 설비용량 1만 kW를 기준으로 소수력(small hydropower)과 수력(hydropower)으로 구분하였으나, 2005년도에 개정된 신에너지 및 재생에너지 개발·이용·보급 시행 규칙에서는 설비용량이 삭제되어 '물의 유동에너지를 변환시켜 전기를 생산하는 설비'로 일원화되었다.

수력부문의 연구개발 및 보급대상은 주로 1만 kW 이하의 소수력 발전을 대상으로 하고 있으며, 다양한 수력자원 조건에 적용할 수 있는 친환경 수력 에너지의 개발, 발전설비의 설계 및 제작, 자동화 및 최적운영, 표준화 및 간소화 그리고 발전설비 현대화 등에 필요한 일체의 선진기술을 포함한다.

나. 기술의 개요

소수력(SHP : Small Hydropower)은 곡식을 제분하기 위한 물레방아용으로 처음 이용되었지만 나중에는 조금 복잡한 수차(water wheel)가 출현하여 물레방아를 대신하여 사용하였다.

1827년 프랑스에서 수차 터빈의 발명은 현대 수력의 발전에 크게 기여하였으며, 1880년에 수력 터빈이 처음으로 대용량으로 전기를 생산하는 데 사용되었다. 19세기 말에 유럽에서 개발된 터빈은 수차를 거의 완전하게 대체하게 되었다.

수력 발전의 기본기술은 19세기에 확립된 것으로 소규모의 발전이 일반적이었기 때문에 기초 기술 이외에 특별한 기술이 요구되지 않았다. 이 기간 동안 오늘날과 같은 기본적인 터빈 기술이 출현하게 되었으며, 유럽과 북미 전역에 소형 터빈이 널리 보급되었다. 그 후 송전선로의 확장과 설비증가가 용이해져 수력 발전을 이용한 전력 생산이 대형화 중심으로 전개되었다. 이로 인해 1930년대에서 1970년대 걸쳐 소수력 시스템과 대수력 설비가 새롭게 갖추어지게 되었다.

1973년 오일 위기는 소수력 자원의 개발에 대한 관심을 다시 점화시키는 계기가 되었고, 전력시장에는 새로운 터빈 제작자의 출현과 함께 산업의 부흥을 맞이하게 되었다. 1980년대와 1990년 초 낮은 원유 가격과 연이은 "dash for gas" 때문에 수력 시스템 개발에 대한 관심은 다시 낮아지게 되었다. 그러나 최근에는 전기산업의 개방에 따라 일부지역에서 독자적으로 전력을 생산하는 민간 발전사업자(IPP : Independent Power Producers)와 공공기관이 소수력 발전의 개발을 주도하고 있다.

신·재생에너지의 한 분야인 소수력은 자연적인 지역조건과 조화를 이루며 국내 부존 잠재량이 많고, 탄산가스 배출량이 가장 적어 범세계적인 환경규제에 적극적으로 대비하는 친환경 청정에너지원로서 에너지 밀도가 높아 지역의 분산전원에 기여할 수 있는 유용한 자원으로 재평가되고 있다.

최근 각국의 친환경 에너지 개발은 국제적인 환경요인에 부응한 기술적, 사회적, 환경적 효과의 높은 기대치로 인하여 가장 안정적인 기반기술이 확보되어 있는 소수력 발전설비의 투자를 더욱 확대하고 있다.

우리나라는 연평균 강수량이 1,245mm로서 강수량이 풍부하고 전국토의 2/3가 산지로 구성되어 있는 지형에 맞는 치수사업으로 댐이나 저수지를 건설하여 생·공용수, 관개용수, 하천 유지용수, 수력 발전 등으로 이용하고 있으며 일반하천의 낙차 이용, 다목적댐 및 양수발전소의 수위 조절을 위한 낙차이용, 농업용 저수지의 낙차 이용, 하수종말처리장의 방류수 이용, 수도 관로의 관압 이용, 화력발전소의 온배수 이용, 양어장의 순환수 이용, 공장의 냉각수 이용, 방조제 수문 이용 등 각 지역에 산재한 미활용 소수력 자원이 많이 부존(賦存)하고 있다.

소수력 발전의 이용은 국내 재생에너지 자원을 활용하여 전력을 생산할 수 있을 뿐만 아니라 청정에너지원의 개발을 통하여 지역개발을 촉진하고, 이로 인한 경제적 파급효과도 매우 큰 것으로 알려져 있다. 소수력 발전은 고전적인 기술임에도 불구하고 IT기술과 친환경기술을 접목한 순수 국내기술로도 확립이 가능한 기술이며, 계획, 설계 및 건설기간이 빠른 편이다.

계통연계시의 수력 발전시스템은 그림 1-1과 같이 하천이나 수로에 댐이나 보를 설치하고 수압관로로 발전소까지 물을 유동시켜 전력을 생산하는 것으로서 수차, 발전기 및 계통연계장치 등으로 구성되어 있다.

댐, 저수지 ⇒ 수압관로 ⇒ 수차발전기 ⇒ 계통연계장치 ⇒ 한전 송전선로

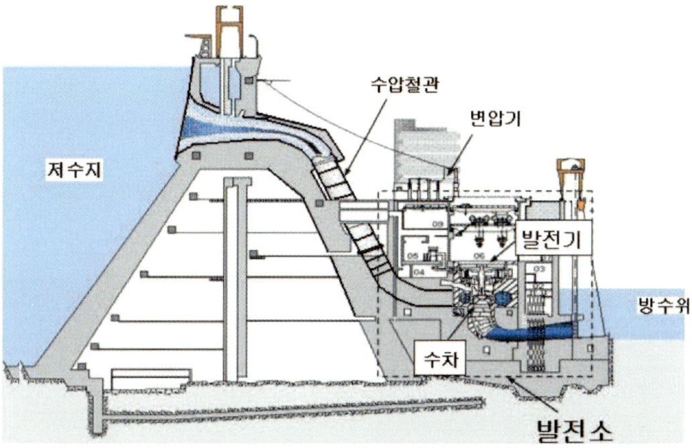

그림 1-1 수력 발전소의 단면도

1) 수력 발전의 필요성

우리나라의 에너지 자원은 97% 이상을 해외에서 수입하고 있어 에너지의 공급구조가 매우 취약하다. 1970년대의 제 1차 · 제 2차 석유위기의 경험을 하고 나서 안정공급 확보에 중점을 두고 석유대체 에너지의 도입, 석유비축 등에 의한 안정적 공급의 확보 등을 적극적으로 진행시켜 왔다. 수력 에너지는 우리나라의 에너지 정책 현실에서 전력생산량의 1.4%, 발전설비 구성별 용량의 8.4%에 불과하지만 다음과 같은 이유로 에너지원으로서 중요한 역할을 해왔다.

- 공급 안정성이 우수하다.
- 발전 가격이 장기적으로 안정적이고 싸다.

이상과 같은 장점을 가지고 있는 수력 에너지는 기술 숙련도가 높은 석유의 대체에너지로서 지속적으로 개발할 가치가 있다. 또한, 수력은 재생 가능하며 순국산 에너지이고, 에너지 안정성에 기여함과 동시에 이산화탄소(CO_2)를 배출하지 않는 깨끗한 에너지로 지구온난화 방지에 공헌하고 있어 개발의 필요성이 점점 높아지고 있다.

수력 발전의 특징은 다음과 같다.

① 청정에너지(clean energy)

수력 발전은 운전 중에 질소 산화물(NOx), 유황 산화물(SOx)을 배출하지 않을 뿐만 아니라 표 1-1에서 보는 바와 같이 이산화탄소 배출량도 석유나 석탄 등의 다른 에너지원에 비해 매우 적은 청정에너지로 지구 온난화 방지 관점에서 가장 적합한 에너지 중의 하나이다.

표 1-1 1kWh당 CO_2 배출량

구분	1kWh당 CO_2 배출량[g-CO_2/kWh]
석탄화력	975.2
석유화력	742.1
LNG화력	607.6
LNG	518.8
원자력	28.4
태양광	53.4
풍력	29.5
지열	15.0
수력	11.3

② 순국산 에너지

전력 생산량 중 수력 발전이 차지하는 비율은 1.4%이지만, 순 국산 에너지이다.

③ 전력공급량 조정기능

수력은 3~5분의 짧은 시간에 발전이 가능하기 때문에 전력수요의 변화에 가장 민첩하게 대응할 수 있는 특징이 있다. 따라서 유입식은 기저(基底)전력 공급용으로 사용하고 조정지식, 저수지식, 양수식은 첨두(peak)부하 공급용으로 사용이 가능하다.

④ 발전단가의 장기 안정성

수력 발전의 원가 구성은 자본비가 대부분이라서 인플레이션이나 연료 가격 변동이 거의 없으므로 타 전원에 비교하여 발전 단가는 싸고 장기적으로 안정되어 있다.

⑤ 에너지 변환효율이 높다.

열효율이 최고 40~50% 정도인 화력발전에 비교하여 수력 발전은 수차·발전효율이 80~90% 정도로 약 2배가 될 만큼 에너지 변환효율이 높다.

⑥ 지역에너지 공급

향후 개발이 예상되고 있는 소수력 발전소의 적지는 산간지대에 위치하기 때문에 전력계통 운용상에서 외딴 지역의 에너지 수요에 대처하는 전원으로서의 기능을 할 수 있다. 또한 자연재해 등의 발생 시에 필요 최소전원으로 사용될 수 있다.

⑦ 사회교육 기회의 제공

청정에너지인 수력 발전시설을 개발하여 지역 주민이나 마을의 장래를 짊어질 아이들에게 에너지·환경에 관한 교육의 장을 제공할 수 있고, 일상적인 에너지활동이나 신·재생에너지의 보급촉진을 통해 지역 주민에게 홍보 및 계도활동도 할 수 있다.

⑧ 지역의 발전에 공헌

소수력 발전을 위한 저수댐은 치수, 관개, 상수도, 공업용수 등으로 사용이 가능한 지역사회의 기반시설이며, 또한 지역 주민에게 장소를 제공하고 문화적 행사 등 각종 행사의 장소를 제공할 수 있어 지역사회에 활력을 줄 수 있다.

2) 수력 발전의 개요

① 수력 발전

물은 중력의 영향을 받아 높은 곳에서 낮은 곳을 향해서 흐른다. 그 흐름을 수로로 끌어들여 수차발전기를 회전시켜 전기에너지를 발생시키는 것이 수력 발전의 원리이다. 유량 Q[m^3/s]을 낙차 H[m]로 떨어뜨렸을 때 발생되는 수력 에너지는 식 (1-1)과 같다.

$$P[kW] = 9.8 \times Q \times H \quad (1\text{-}1)$$

수력 발전소에서는 그림 1-1에 나타낸 것처럼 적당한 치수의 수압관로로 수차에 물을 끌어들이기 때문에 낙차를 그대로 이용할 수는 없다. 따라서 이 손실이 발생하는 것을 고려하여 유효낙차 H_e[m]와 유량 Q[m^3/s]으로 산출되는 이론수력 P_e[kW]는 식 (1-2)로 나타낸다.

$$P_e[kW] = 9.8 \times Q \times H_e \quad (1\text{-}2)$$

② 효율과 발전소출력

식 (1-2)는 에너지원으로서의 수력이 모두 전기에너지로 변환된 것으로 가정이지만 실제로는 에너지변환의 과정에서도 손실이 생기기 때문에 효율 η은 식 (1-3)으로 나타내진다.

$$\eta = [출력]/[입력] = [출력동력]/[입력동력] \quad (1\text{-}3)$$

수력 발전에서는 수력 에너지로 발전기를 돌리는 수차의 축 동력으로 변환시킬 때 손실이 생기고, 축 동력을 전력으로 바꾸는 발전기에서도 손실이 생긴다. 수차의 효율을 η_t, 발전기의 효율을 η_g로 나타내면 수력 발전기의 발전출력 P[kW]은 식 (1-4)으로 나타낼 수 있다.

$$P[kW] = 9.8 \times Q \times H_e \times \eta_t \times \eta_g \quad (1\text{-}4)$$

현재 중·소수력용 수력 발전기의 수차 효율은 $\eta_t = 0.75 \sim 0.92$, 발전기 효율은 $\eta_g = 0.82 \sim 0.95$ 정도이다.

③ 발전 사용수량과 발전출력

하천의 유량은 계절에 따라 다르다. 식 (1-4)로 발전출력을 산정하는 경우에는 발전소에서 연간 사용할 수 있는 수량을 유량 Q로 대입한다. 이 계산치를 상시 출력이라고 한다. 발전소의 설비용량은 사용수량의 최대치로 발전하는 최대출력으로 산정한다.

④ 총 낙차와 유효낙차

수로식 발전소의 총 낙차 Hg와 유효낙차 He의 관계는 수차의 종류에 따라 달라진다. 유효낙차의 계산방법은 표 1-2와 같다.

표 1-2 유효낙차 계산방법

수차의 종류	유효낙차 계산방법
반동 수차 (그림 1-1 참조)	$H_e = H_g - H_{L1} - H_{L2} - V_2^2/2g - h$ 여기서, H_{L1} : 취수구와 수조간의 손실낙차(m) H_{L2} : 수조와 수차입구간의 손실낙차(m) h : 흡출관과 취수구 수위의 고저차(m) V_2 : 흡출관 출구의 유속(M/S) $V_2^2/2g$: 흡출관 출구의 손실낙차(m)
충동 수차 (그림 1-2 참조)	$H_e = H_g - H_{L1} - H_{L2} - h$ 여기서, H_{L1} : 취수구와 수조간의 손실낙차(m) H_{L2} : 수조와 수차입구간의 손실낙차(m) h : 수차 중심과 방수구 수위와의 고저차(m)

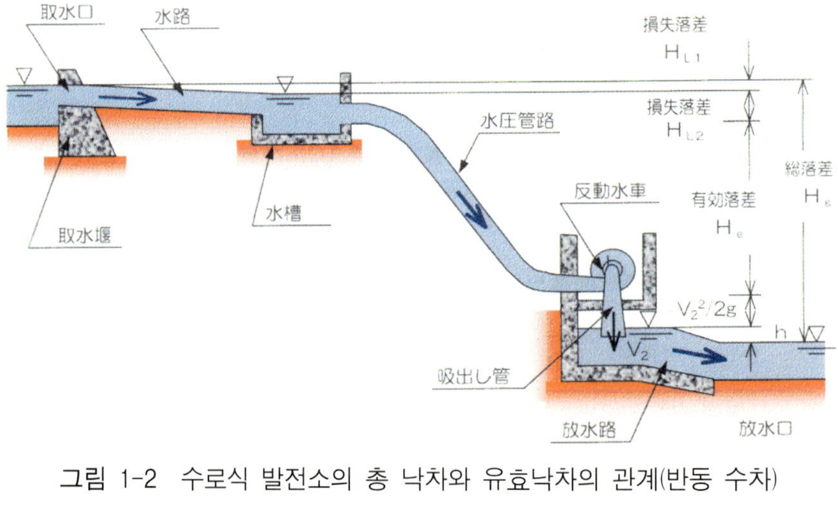

그림 1-2 수로식 발전소의 총 낙차와 유효낙차의 관계(반동 수차)

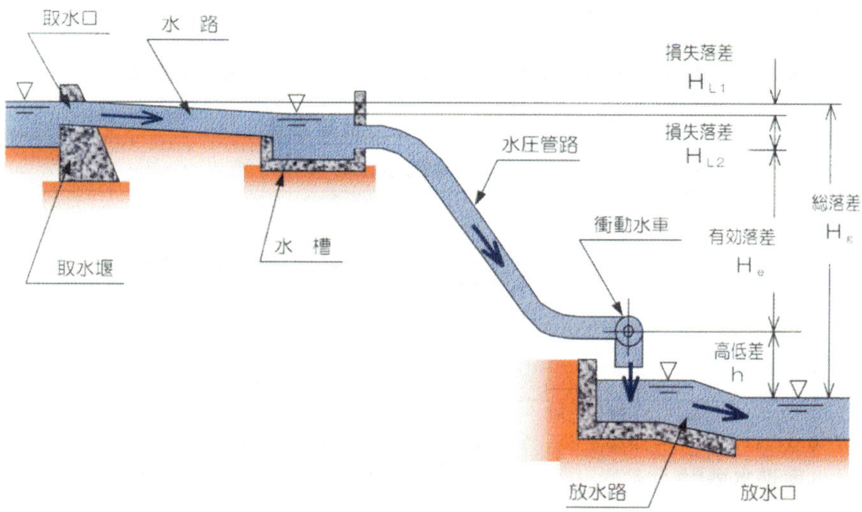

그림 1-3 수로식 발전소의 총 낙차와 유효낙차의 관계(충동 수차)

3) 수력의 분류

수력 발전은 발전설비용량의 규모에 의해 다음과 같이 분류한다.

표 1-3 수력 발전소의 분류

규모	설비용량 기준
대수력(large hydropower)	100,000㎾ 이상
중수력(medium hydropower)	10,000 ~ 100,000㎾
소수력(small hydropower)	1,000 ~ 10,000㎾
미니수력(mini hydropower)	100 ~ 1,000㎾
마이크로수력(micro hydropower)	5 ~ 100㎾
피코수력(pico hydropower)	5㎾ 이하

4) 수력 발전방식의 종류와 특징

수력 발전소는 하천의 경사, 유황(流況), 지세(地勢), 지질(地質), 운송의 편리, 공사자재의 유무, 보상 물건의 과다여부, 하류 이용 낙차의 유무, 유역면적의 대소, 전력부하의 예상, 송전선로 연계성 등을 감안한 경제성이 있을 때 건설되며 발전방식의 구조나 운영방법에 따라 다음과 같이 구분한다.

표 1-4 발전방식의 종류

분류 항목	종류
물의 이용	유입식, 저수식, 조정지식
구조면	수로식, 댐식, 댐수로식
낙차	저낙차, 중낙차, 고낙차
발전소 건물	옥내, 옥외, 반옥외, 지하, 반지하, 수중
기계의 배치	종축, 횡축, 사축
제어 방식	수동, 직접제어, 원격제어, 원격감시제어

① 물의 이용방식에 의한 분류

● 유입식(run of river type)

하천의 유량을 인공적으로 조정하지 않고 그대로 물을 끌어서 발전하는 방식으로 자연유량의 변화에 따라 발전량이 증감한다.

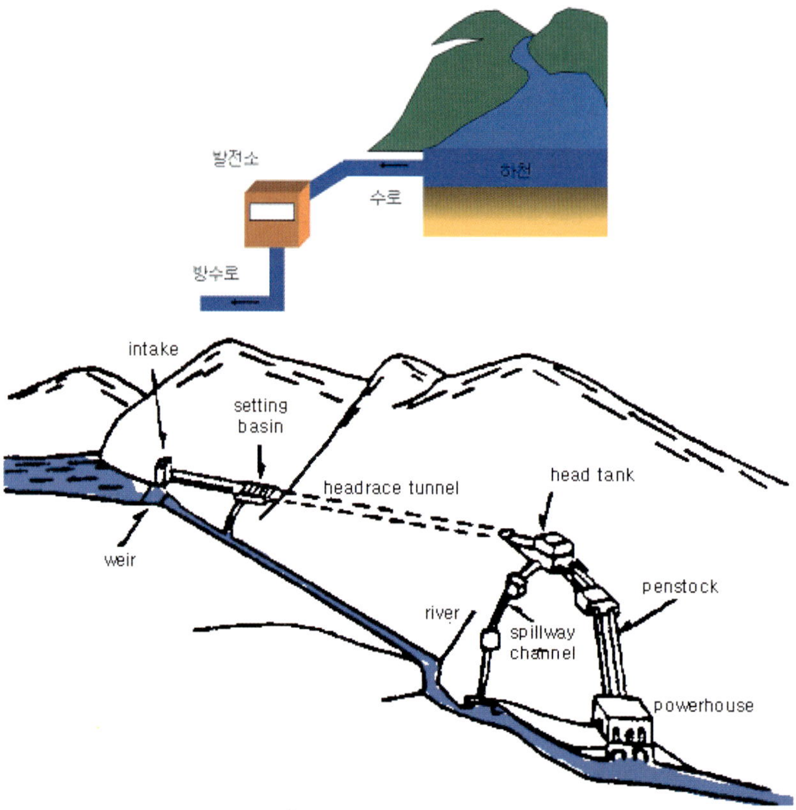

그림 1-4 유입식 발전방식

조정지식(regulation type)

전력의 소비량은 시간별과 요일별로 다르기 때문에 수로의 도중 또는 하천에 조정지를 설치하고 1일~1주일 정도의 부하변화에 따라 하천유량을 조정 사용한다. 야간이나 주말의 전력소비가 적을 때에는 발전을 중지하여 유량을 조정지에 저수하고 소비량의 증가에 맞춰 수량을 조정하면서 발전하는 방식을 조정지식이라고 한다.

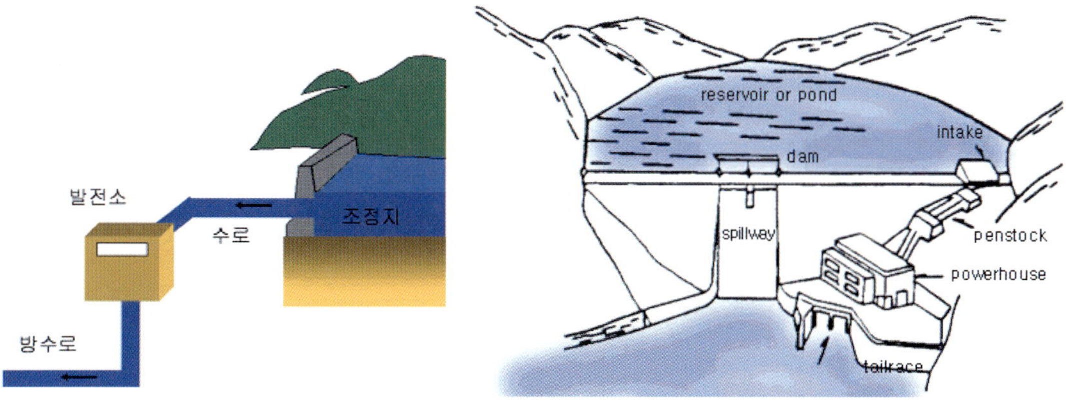

그림 1-5 조정지식 발전방식

저수지식(reservoir type)

하천에 흐르는 유량은 계절에 따라 크게 변화하기 때문에 홍수기에는 저수지에 저류 조정하고, 갈수기에 공급하여 연중 발전이 가능한 방식이다. 저수지식 발전소가 상류에 건설되면, 하류에 있는 발전소까지 유량 조절효과를 미치기 때문에 많은 이점이 있다. 전력의 소비량이 비교적 적은 초봄이나 초가을에 하천유량을 큰 저수지에 저장하여 전력이 많이 소비되는 하계나 동계에 사용하는 연간운용의 발전방식이다.

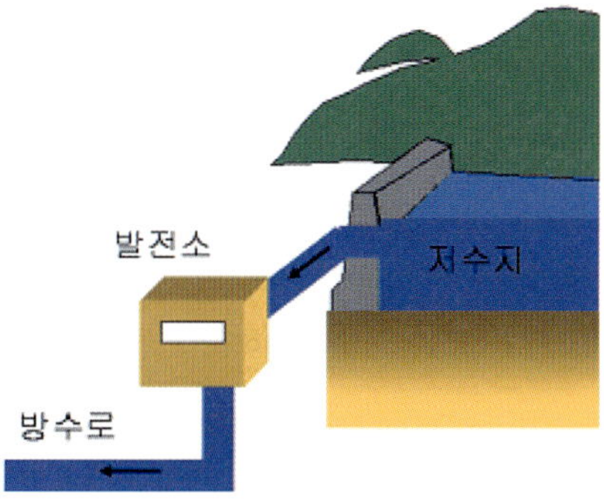

그림 1-6 저수지식 발전방식

② 구조에 의한 분류

● 수로식(waterway type)

하천의 상류에 둑을 만들어 물을 담수하고 낙차가 발생하는 장소까지 긴 수로에 의해서 낙차를 얻는 발전방식으로 유입식과 조합시키는 것이 일반적이며, 하천경사가 급한 상·중류에 적합하다.

발전소가 취수구와 같은 유역에 건설되는 방식과 별도의 유역에 건설되는 유역변경식이 있다. 이 수로방식은 댐이 없기 때문에 유입량 조절이 불가하고 유입량에 따라 출력이 좌우되며, 발전경로는 다음과 같다.

☞ **취수댐 → 취수구 → 침사지 → 수로 → 수조 → 수압관로 → 발전소 → 방수로**

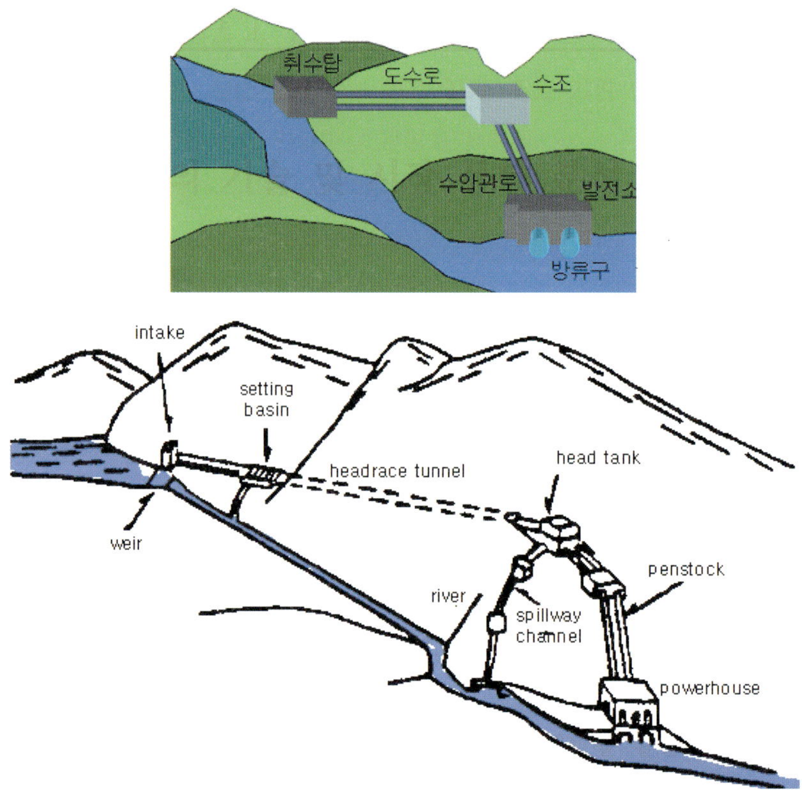

그림 1-7 수로식 발전방식

댐식(dam type)

댐에 의해서 하천을 막고 저수지를 만들어 댐 직하의 발전소와의 낙차를 이용하는 발전방식이다. 일반적으로 하천경사가 느린 중·하류에 유량이 풍부한 곳에 댐을 건설하고 댐에 근접한 곳에 발전소를 건설하는 것이 유리하다. 이 방식은 저수지식 및 조정지식과 조합시키는 것이 일반적이다.

☞ **댐 → 취수구 → 수압관로 → 발전소 → 방수로 → 하천의 방수구**

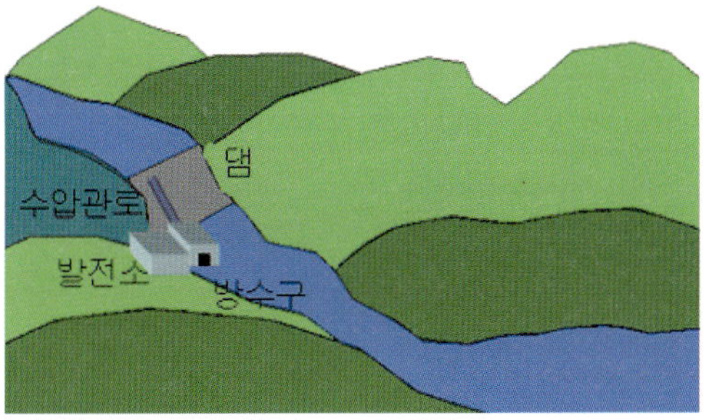

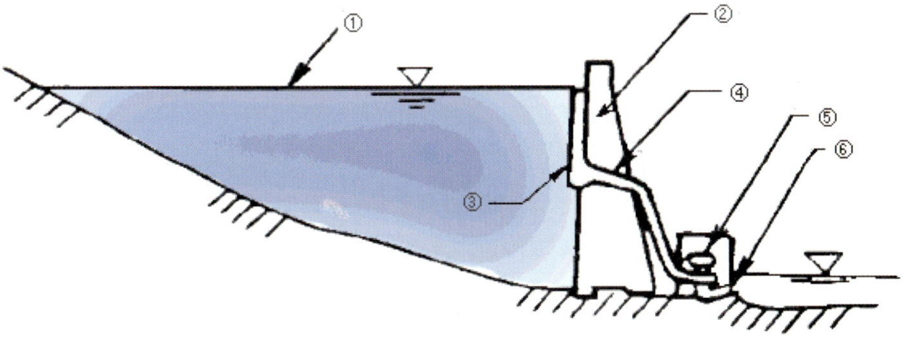

① 저수지 수위 ② 댐 ③ 취수구 ④ 수압관로 ⑤ 발전소 ⑥ 방수로 ⑦ 하천의 방수구

그림 1-8 댐식 발전방식

댐 수로식(dam and waterway)

댐식과 수로식을 합친 발전방식으로 양쪽의 특성을 겸비한 지점에 건설하고 각각 단독방식으로 한 경우에 비교하여 같은 저수량에서 큰 낙차를 얻을 수 있다. 이 방식은 저수지식, 조정지식 및 양수식과 조합시키는 것이 일반적이다.

☞ **댐 → 취수구 → 수로 → 수조 → 수압관로 → 발전소 → 방수로 → 방수구**

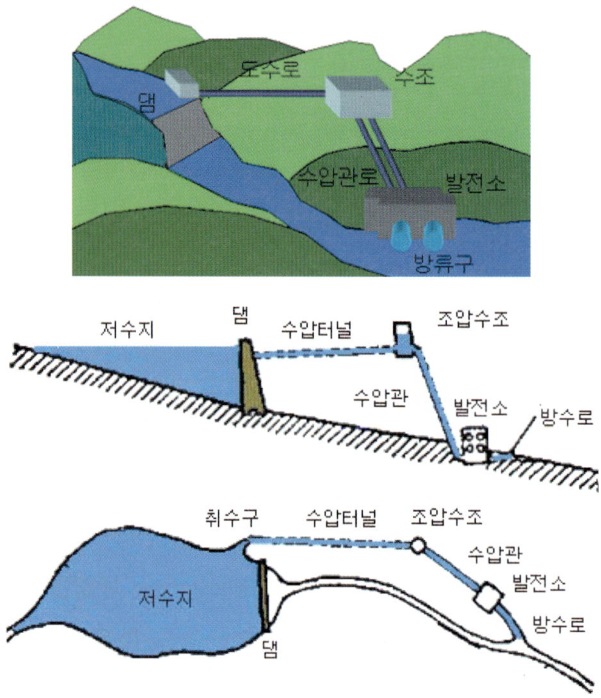

그림 1-9 댐수로식 발전방식

③ 낙차별 분류

낙차별로 분류하면 다음과 같다.

표 1-5 낙차별 분류

구분	낙차 범위(m)	수차 종류	비고
저낙차	H 〈 35	카플란, 프란시스, 튜블러	남강, 부안, 밀양, 보령, 광천, 합천소수력, 안동소수력, 충주제2
중낙차	H=35~250	프로펠러, 카플란, 프란시스, 사류	소양강, 충주제1, 안동, 합천, 대청, 섬진강, 주암, 용담,
고낙차	H 〉 250	프란시스, 펠턴	강릉, 청평, 삼랑진, 무주, 산청

④ 발전소 건물별 분류

발전소 건물에 따라 분류하면 다음과 같다.

표 1-6 발전소 건물별 종류

구분	내용
옥내 발전소	수차 및 발전기를 옥내에 설치하는 일반적인 발전소로 발전기를 지지하는 기초와 수차를 지지하는 기초가 동일한 경우가 있지만 이를 별도로 설치함에 따라 단상, 2상, 3상식으로 구분한다.
옥외 발전소	수차, 발전기 등의 주요 기기를 수용하는 건물을 생략한 것으로 건조한 지역에 건설되는 소형의 발전소를 전자동으로 제어하는 발전소에 드물게 채용된다. 발전기의 외함은 강판 등으로 덮여져 있다.
반옥외 발전소	주요 기기만이 수납되는 건물을 설치하고 기계의 조립, 분해는 옥외용 크레인으로 실시하는 발전소를 말한다.
지하 발전소	주로 기상, 지형, 외관 등을 고려하여 채용되는 것으로 모든 기기는 지하에 수용된다. 기기에 영향을 주는 습기, 기온 및 근무자의 건강 등에 특별한 고려가 필요하다.
반지하 발전소	수차 및 발전기는 지하에, 조립용 크레인은 옥외에 설치하고 배전반, 사무실 등은 지상에 설치하는 방식이다.
수중 발전소	튜블러 수차를 채용하는 경우 수차와 발전기를 도수관로상이나 도수관에 근접하여 설치하여 주 건물을 생략하게 된다.

⑤ 수차의 배치방법별 분류

수차를 배치방법별로 분류하면 다음과 같다.

표 1-7 수차의 배치방법별 분류

구분	내용
종축	발전기와 수차의 주축이 일직선이며, 수직으로 접속되어 있고, 저낙차 또는 중낙차의 발전소에 넓게 채용되는 방식이다. 고낙차에 있어서도 입축 펠턴 수차가 개발됨에 따라 고낙차 발전소에도 많이 채용되고 있다.
횡축	수차와 발전기가 동일 기초상에 설치되어 주축이 일직선상으로 접속되어 있는 방식으로 소용량 기기 및 펠턴 수차에 널리 채용되고 있다.
사축	저낙차의 개발에 튜블러 수차를 채용하여 수력 에너지 이용효율을 높이기 위해 주축이 경사지게 설치되는 경우가 있다. 또한, 유수 수차를 채용하는 경우에도 주축이 경사지게 된다.

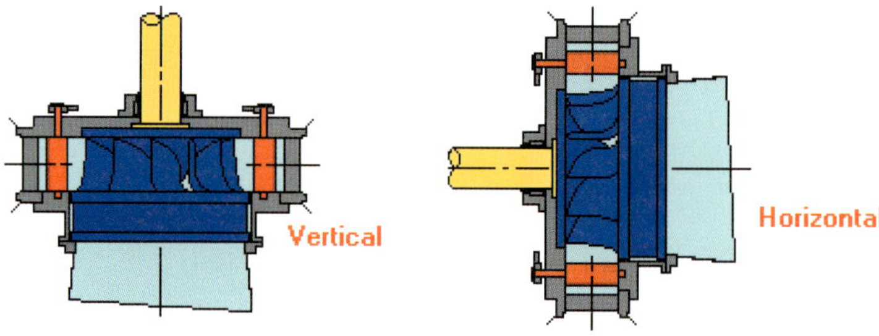

(a) 종축 (b) 횡축

그림 1-10 수차의 배치별 분류

⑥ 제어 방식별 분류

제어 방식별로 분류하면 다음과 같다.

표 1-8 제어 방식의 종류

구분	내용
수동제어	수차, 발전기의 제어를 완전히 수동으로 하는 것으로, 중소용량의 구형 발전소에 채용되어 있으나, 현재는 간이 자동식으로 개선되어 가고 있다.
일인제어	제어실의 한 명의 운전요원에 의해 수차의 기동, 정지, 병입, 부하조정, 역률조정, 차단기 조작 등이 행해지는 방식이다. 주제어기의 조작만으로 자동적으로 임의의 단계까지 또는 전단계까지 제어할 수 있다.
원격제어	이 방식은 비교적 소용량 발전소에 채용되어, 부하는 수위조정 장치에, 전압은 자동전압조정 장치에, 역률은 자동역률 정 장치에 의해 조정되고, 원격지에서 수차의 기동, 정지만을 행하는 방식이다.
원격감시제어	원격지에서 발전소를 상시감시하고 필요한 조작은 원격지에서 제어설비를 통해 제어하는 방식이다. 최근에는 중대형 발전소까지 운전될 만큼 발전소의 집중제어 기능이 향상되고 있다.

5) 수차의 종류 및 특성

① 수차 일반

수차란 물이 가진 위치에너지를 기계적 에너지로 전환하는 기계를 말한다. 좁은 의미로는 회전력을 발생시키는 회전차(runner)를 말하나, 일반적으로 회전차와 회전차를 둘러싼 케이싱(casing)과 그 내부에 장치된 부속 기기들을 일괄하여 말한다. 수차는 약 100년의 역사를 갖고 있다.

수차의 종류는 에너지 발생 면에서 대별하면 충동 수차(衝動水車)와 반동 수차(反動水車)로 나눌 수 있다. 충동 수차(impulse turbine)는 유수의 속도 수두를 이용하고, 반동 수차(reaction turbine)는 압력 수두를 이용한다. 현재 실용화되어 있는 수차 중에서 충동 수차는 펠턴 수차, 터고 수차, 횡류 수차 등이 있고, 반동 수차는 프란시스 수차, 프로펠러 수차, 사류 수차 등이 있다.

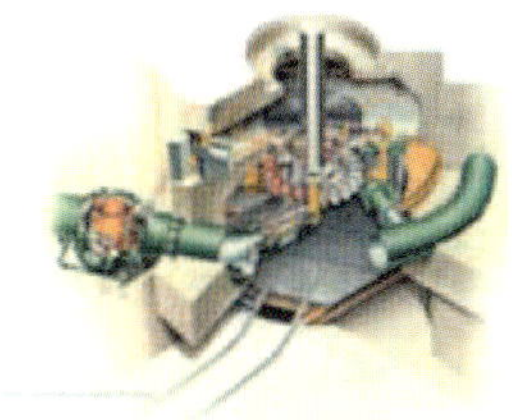

펠턴 수차

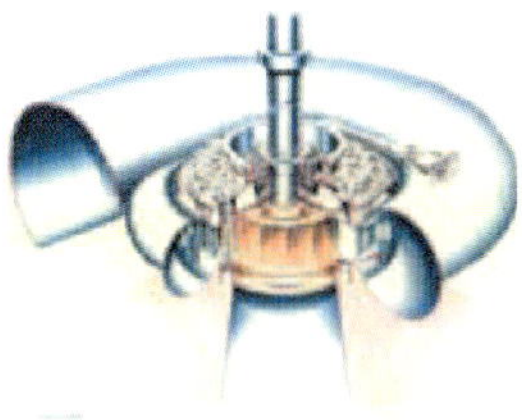

프란시스 수차

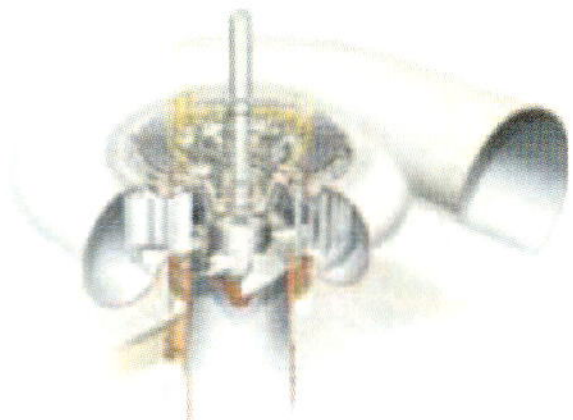

프로펠러 수차

벌브 수차

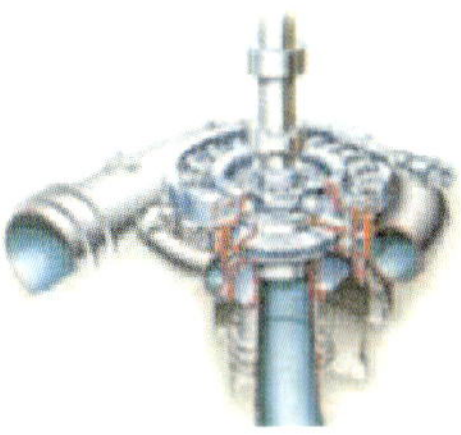

펌프 수차

그림 1-11 수차의 종류

지형에 따라 낙차나 유량이 달라지기 때문에 다양한 형식의 수차를 적용할 수 있다. 따라서 수력개발지점에 맞는 수차형식과 효율이 높은 수차 선정이 필요하다. 잘못된 수차를 선정할 경우 수차의 효율이 저하되고, 진동이나 소음이 커지고 수차의 수명도 단축되며 수차의 종류는 다음과 같다.

표 1-9 수차의 종류

<table>
<tr><th>구분</th><th colspan="2">수차 종류</th></tr>
<tr><td rowspan="3">충동형</td><td colspan="2">펠턴 수차(Pelton)</td></tr>
<tr><td colspan="2">횡류 수차(Cross flow)</td></tr>
<tr><td colspan="2">터고 수차(Turgo)</td></tr>
<tr><td rowspan="8">반동형</td><td colspan="2">프란시스 수차(Francis)</td></tr>
<tr><td rowspan="3">프로펠러 수차
(Propeller)</td><td>고정 날개형</td></tr>
<tr><td>가동 날개형(Kaplan)</td></tr>
<tr><td>벌브형, 튜브형, 림형</td></tr>
<tr><td colspan="2">사류 수차(Diagonal)</td></tr>
<tr><td rowspan="3">펌프 수차</td><td>프란시스형</td></tr>
<tr><td>사류형</td></tr>
<tr><td>프로펠러형</td></tr>
</table>

② 프란시스 수차

특징	유량조정 운전여부
o 적용 가능한 낙차, 유량의 범위가 넓어 소형 수차부터 대형 수차까지 많이 채용 o 유량을 조정할 수 있는 기구(guide vane)를 설치하고 수도 등 유량조절이 최우선되는 경우에도 사용할 수 있으나, guide vane의 구동장치, 유량조절용의 제어장치가 필요하여 고가가 된다. o 수류는 회전축의 가로방향에서 물이 유입되어 수차 내에서 축 방향으로 방향이 바뀌어 유출되기 때문에 방향이 직각으로 변화한다.	가능

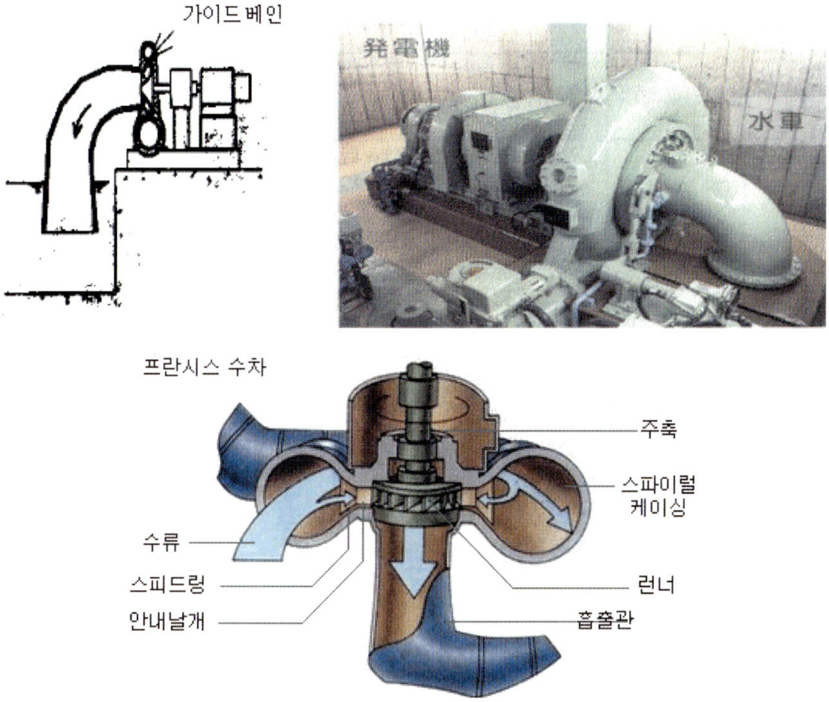

그림 1-12 프란시스 수차

③ Propeller 수차(고정 날개형)

특징	유량조정 운전여부
o 저낙차에 적합한 수차로 유량조절기능이 없어 낙차와 유량변화가 없는 지점에 최적 o 물의 흐름방향이 축류방향(axial-flow)이고, 레이디얼 형식(방사형)이 주를 이루고 있으나, 최근에 수차 제작회사들이 표준화시켜 개발한 수차들로 주로 발전기의 위치와 모양으로 구별되는 수차는 튜브(tube)수차, 벌브(bulb)수차, 림(rim 또는 straflo)수차 등이 있다. o 유량변화가 큰 경우에는 소유량에 합쳐서 설치, 조정하는 것으로 된다. 계절단위의 완만한 유량변화이면 수차를 여러 대 설치하여 운전대수를 변경하는 것으로 물의 이용률을 높일 수 있다. o 수류는 유입, 유출과 수차의 축방향이 같기 때문에 배관 직선부에 삽입하는 기기배치가 가능하다.	불가

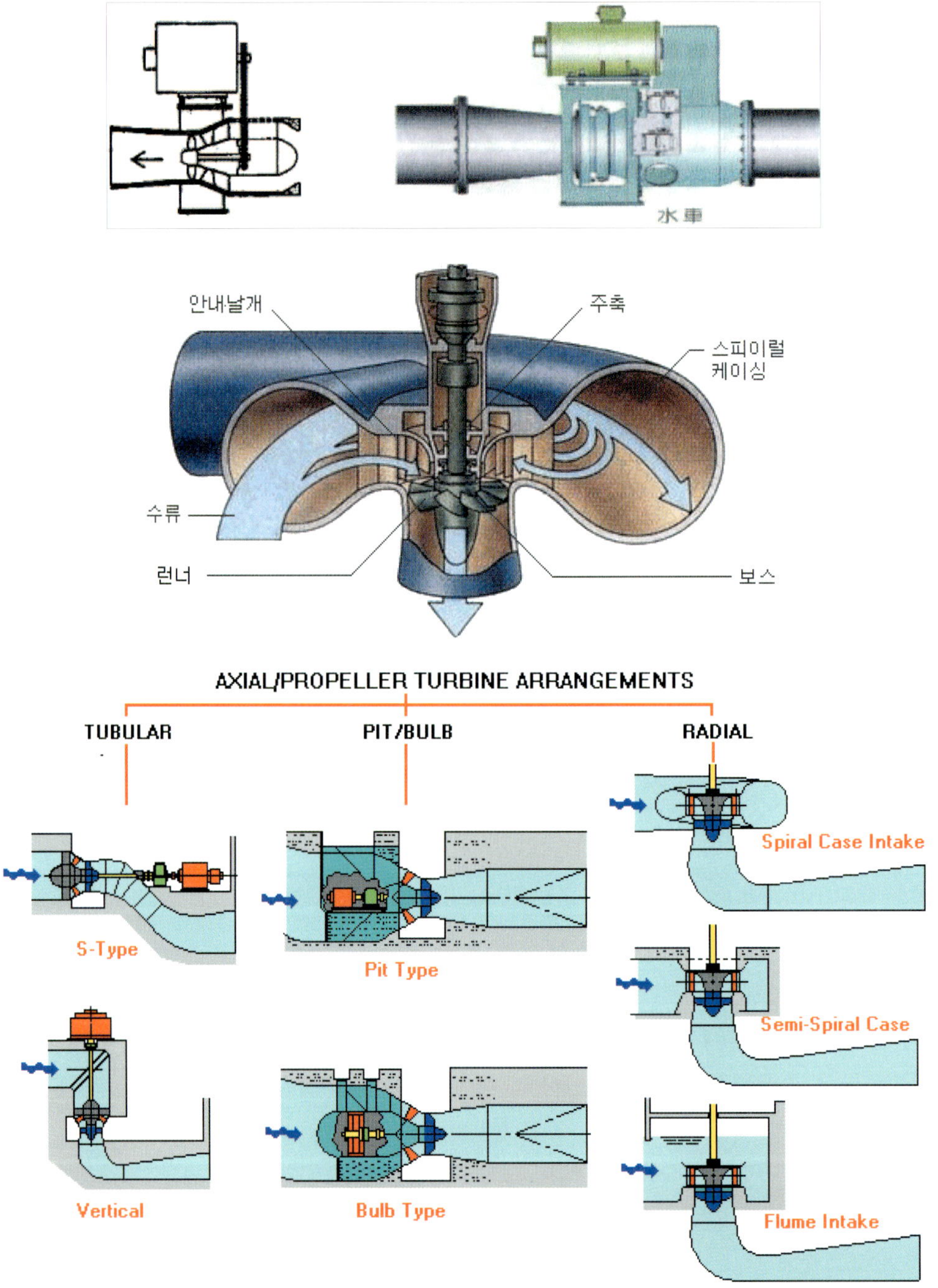

그림 1-13 프로펠러 수차

④ 펌프 역전 수차

특징	유량조정 운전여부
o 일반적으로 쓰이는 수차(와권수차 또는 축류수차)에 물을 반대로 흘려 수차를 역방향으로 회전시켜 발전에 사용하는 수차 o runner의 날개 형상 이외는 수차와 같은 부품을 쓸 수 있기 때문에 염가이지만, 효율은 다른 수차보다도 낮다. o 와권수차는 회전축의 가로방향에서 물이 유입하여, 수차 내에서 축방향으로 방향을 바꿔 유출하는 형식(편흡입형)과, 유입, 유출과도 회전축의 가로 방향이 되는 형식(양흡입형)이 있다. 축류수차는 유입, 유출 방향에 발전기를 설치하는 측에서 수류를 직각으로 구부릴 필요가 있다.	불가

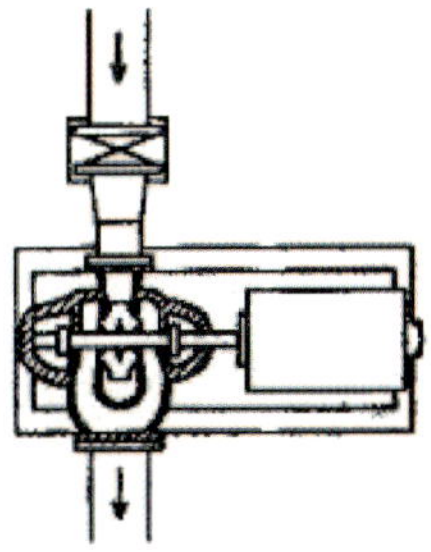

그림 1-14 펌프역전 수차

⑤ 수중식 발전기 일체형 수차

특징	유량조정 운전여부
o 수차 및 발전기가 일체로 되어 있는 수중 수차에 물을 반대로 흘려, 수차를 역방향으로 회전시키는 것으로 발전에 사용하는 수차 o runner의 날개 형상 이외는 수차와 같은 부품을 쓸 수 있기 때문에 염가이지만, 효율은 다른 수차보다도 낮다. o 수조 밑바닥부나 배관 내에 수중 설치하는 것으로 점검이나 부품교환을 위해 수중에서 꺼낼 수 있도록 설치하여야 한다.	불가

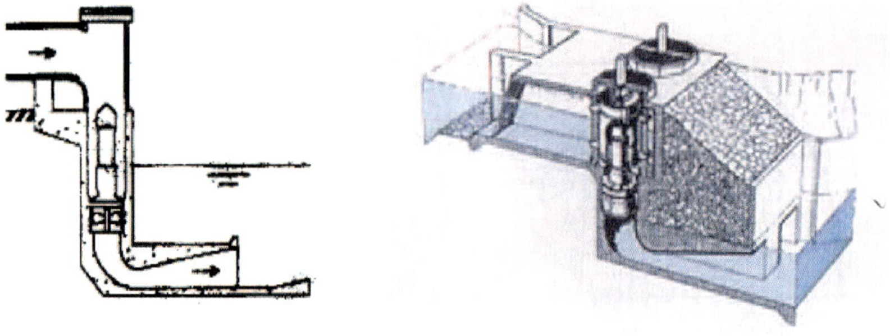

그림 1-15 수중식 발전기 일체형 수차

⑥ 튜블러 수차

특징	유량조정 운전여부
o 튜블러 수차라고도 하며, 관로 내에 수차가 설치되고, 발전기는 외부에 설치되는 형식 o 횡축(s-type)과 종축이 있으며, 횡축은 벌브형식에 비해 발전소 높이가 낮고, 보수가 용이하나, 효율이 낮다. o 종축은 취수구가 엘보(elbow)형태로 폭과 길이가 짧은 장점이 있으나, 효율이 낮다.	가능 (가이드베인, 러너베인 가변유무에따라)

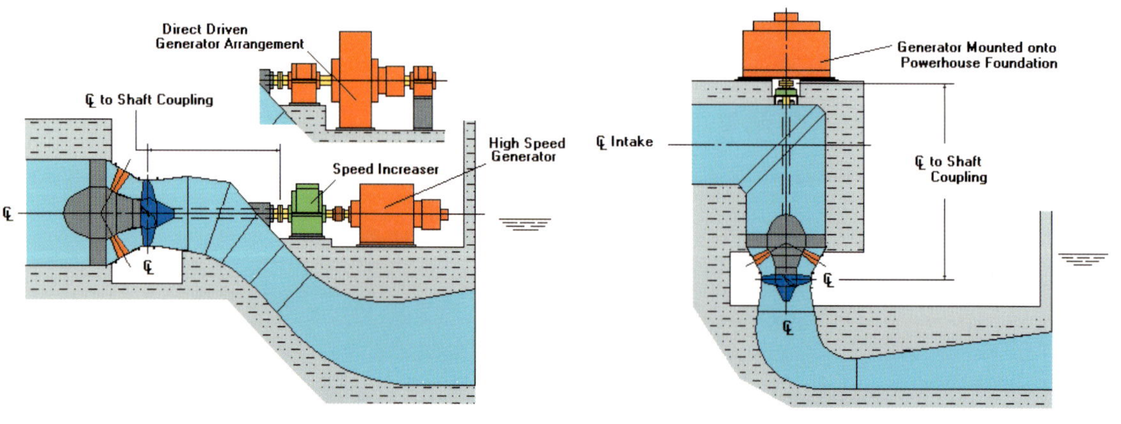

횡축 튜블러 수차 종축 튜블러 수차

그림 1-16 튜블러 수차

⑦ Cross Flow 수차

특징	유량조정 운전여부
o 중·소수력용 수차로서 유량을 조정할 수 있는 기구(guide vane)도 갖추고 있고 저유량에서도 효율저하가 작다. o 유수가 반경방향에서 축 중심으로 들어갔다 재차 반경 방향으로 나가는 구조로 충동 수차의 일종으로 독일 OSSBERGER社가 처음 제품화하여 오스버그 수차라고도 한다. o 구조가 간단하고 외측의 cover를 빼기만 하면 runner를 점검할 수 있기 때문에 보수가 용이하고 쉽게 제거할 수가 있다. o 물은 원통형 runner의 주축과 직각으로 유입하여 runner 관류 후 아래쪽으로 떨어진다.	가능

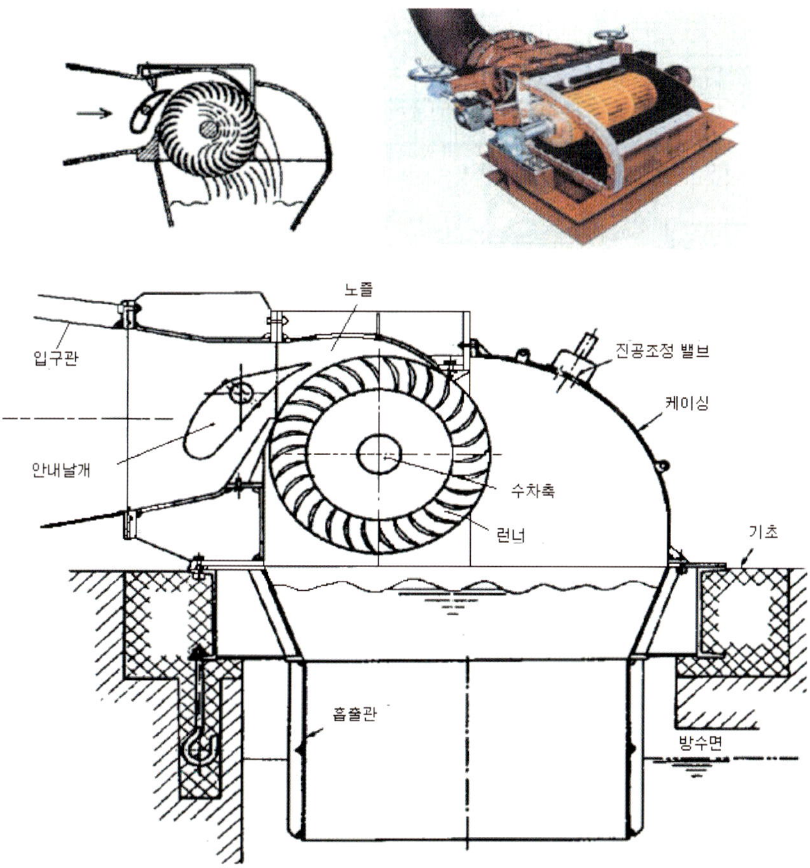

그림 1-17 Cross Flow 수차

⑧ 펠턴 수차

특징	유량조정 운전여부
o 고낙차에 알맞은 수차로 소형기로부터 대형기까지 많이 채용 o nozzle에서 유출하는 수류(jet) runner 주변의 버킷(bucket)에 작용되는 구조로 되어 있다. o 유량을 조정할 수 있는 기구를 갖추고 있고, 유량조정이 최우선 되는 경우에 사용할 수 있으나, 구동장치, 유량조정용의 제어장치가 필요하게 되기 때문에 가격이 비싸진다. 최근에는 소수력용에 needle을 생략하여 저가로 한 것도 있다.	가능

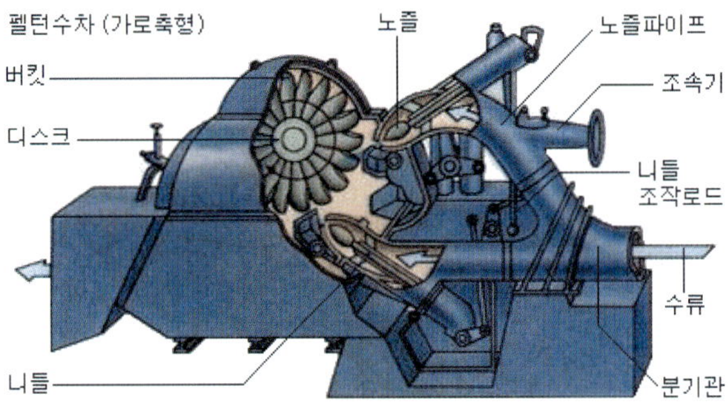

펠턴 수차 개요도

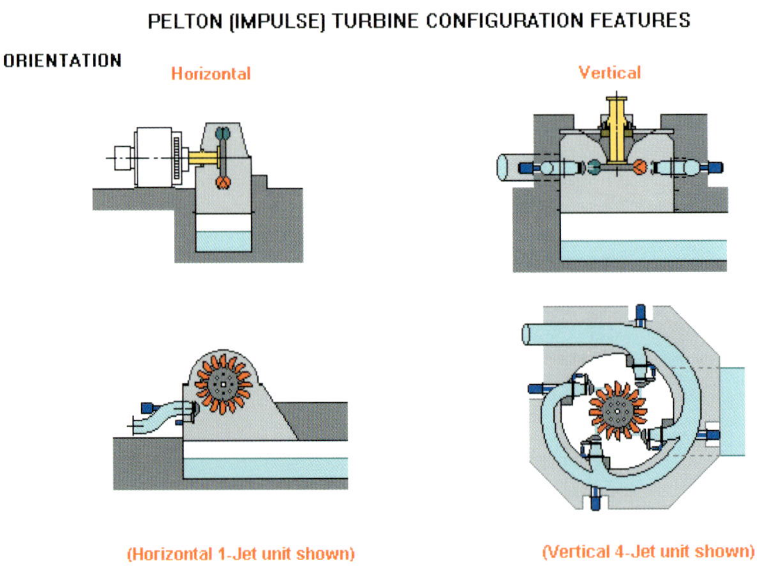

그림 1-18 펠턴 수차

⑨ Turgo 임펄스(Impulse) 수차

특징	유량조정 운전여부
o 중소수력용 수차로서 nozzle로부터 분사된 물이 러너에서 유출하는 수류(jet)를 runner 주변의 버킷(bucket)에 작용시키는 구조로 되어 있다. o Nozzle 안쪽의 needle를 이동시켜 유량조정을 할 수 있다. o 저유량이라도 효율저하가 작고 구조가 간단하고 유지보수가 용이하다.	가능

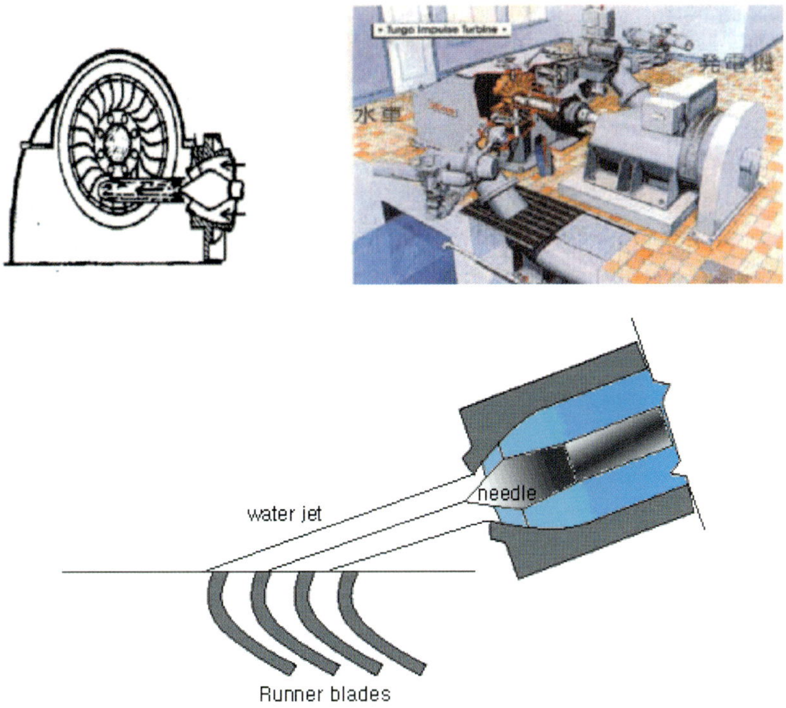

그림 1-19 Turgo 임펄스 수차

⑩ 상괘 수차, 하괘 수차

특징	유량조정 운전여부
o 이용할 수 있는 낙차가 낮은 소수량인 곳에 사용하며 효율이 낮으므로 발전이용을 생각한 경우의 가치는 높지 않으나, 최근에는 기념물로 설치되는 곳도 많다. o 구조가 간단하고 유지보수가 용이하다.	불가

(a) 상괘 수차

(b) 하괘 수차

그림 1-20 상괘 수차, 하괘 수차

6) 소수력 발전방식의 종류

소수력 발전은 기존 시설물을 이용하여 발전설비를 설치함으로써 수력 에너지를 회수하며 다음과 같은 발전방식이 있다.

① 하천수 이용

하천에 보(하천이나 수로를 횡단하여 설치되는 구조물)를 설치하여 취수하고 침사지・도수로・수조・수압관로에 의해 발전소까지 도수하고 발전 후에 다시 하천으로 방류한다. 설비의 기본 배치는 개거(자유수면을 가지는 도수로)를 설치하여 도수로 하단에 설치한 수조로부터 발전소까지의 낙차(수위의 표고차)를 이용하여 발전하는 것이며, 하천의 경사가 비교적 완만한 지점이 적합하다. 취수방법으로서는 경제성과 친환경보전의 관점에서 될 수 있는 한 새로운 취수보 등을 설치하지 않고 하천에 자연스럽게 형성된 터널 등을 활용하여 취수하거나, 농업용 보 및 조정지 댐 등 기존 구조물을 이용하여 취수하는 것이 바람직하다.

② 농업용수 이용

기존 농업용 수로의 낙차를 이용하기 위해 짧은 수압철관을 설치하고 간이 발전설비를 설치하여 농업용수를 이용하는 것이다. 비교적 유량이 크고 안정한 물의 이용이 가능한 경우에는 기존 수로에 수중식 발전기 일체형 수차 또는 투입식 발전기 일체형 수차를 설치하는 경우가 있다. 수로의 도중에 큰 낙차를 얻을 수 있는 곳에 낙차공 또는 급류 공을 bypass하는 형태로 취수하여 발전에 이용한 후 기존 수로에 다시 방류하는 시스템이다.

③ 상・하수도, 공장 냉각수 이용

원수 취수지점으로부터 정수장까지 또는 정수장으로부터 배수지까지의 사이에 얻어지는 낙차를 이용하는 방식이다. 이 방식의 송수과정에서 관로 말단부의 관압을 감압하기 위한 감압용 밸브 등이 설치되어 있는데, 이 감압되는 수압을 소수력 발전에 이용하는 것이다. 구체적으로 상・하수도의 밸브에 병렬로 설치한 수압관으로 수차・발전기를 설치하여 발전하고 동시에 수차에 의해 유량조절도 한다. 하수도를 이용하는 발전은 기본적으로는 최종처리시설에서의 배출수를 하천이나 해안으로 방류할 때의 낙차를 이용하는 발전방식이다. 또한, 하수도시설의 배치에서 상수도와 같이 하수처리 후의 송수도중 감압용 밸브부에서 얻어지는 낙차를 이용하는 발전방식이다. 공장 내의 순환되는 물에 착안하여 순환과정에서 얻어지는 낙차를 이용한 공장 내 발전방식도 있다.

우리나라의 경우 공장에서 사용되는 물의 양은 상당히 많은 편이다. 이들 공장에서는 제품을 생산하기 위해서는 많은 양의 냉각수가 필요하다. 사용 후 배출되는 물의 양이 상당히 많기 때문에 그대로 버리기보다는 재활용하는 측면에서 효과적인 수력 에너지로의 개발이 효과적이다.

④ 기타

기타 소수력 발전으로서는 기존 댐에서 방류되는 하천유지유량을 이용하여 발전하는 방식도 있다. 또한 최근에는 고층 건물에서 배출되는 미활용 수자원도 재활용하는 차원에서 미니급 또는 마이크로급의 발전에 이용하고 있다.

7) 소수력 발전의 특징

소수력 발전의 특징은 아래와 같다.

① 규모가 작기 때문에 발전설비를 설치할 때 지형을 변화시키지 않으며 사용하는 수량도 적어 하천수질이나 수생생물 등의 주변생태계에 미치는 영향이 작으므로 자연스러운 환경조화형 에너지이다.

② 발전 중에 이산화탄소(CO_2)를 발생하지 않는 청정에너지이고 지구 온난화 방지에 공헌한다.

③ 발전설비가 비교적 간단하여 단기간 건설이 가능하고 유지관리가 용이하다.

④ 소수력 발전에 의한 전기를 지역 에너지사업에 이용하면 지역발전과 자연에너지 이용으로 상호작용하여 경제적, 사회적 및 심리적인 효과 등 지역경제활동에 기여한다.

⑤ 기존 농업용수 시설이나 상·하수도시설 등을 이용한 발전계획이 가능하고, 발생전력에 의한 시설의 유지·관리비 경감에 기여한다.

⑥ 연간 사용가능한 수량 자료를 바탕으로 계획하면, 태양광발전이나 풍력발전 등의 기후와 관련된 자연에너지에 비하여 공급 안정성이 우수하다.

2. 세부 기술 분류 및 범위

가. 기술(산업)의 세 분류

다양한 자연 조건에 적용할 수 있는 친환경적인 소수력 에너지의 개발 및 보급 활성화를 위한 핵심기술은 다음과 같이 분류할 수 있다.

표 1-10 소수력 기술의 분류

소수력 자원조사 및 활용기술	소수력 자원조사 기술
	친환경(Eco-friendly) 설계 및 소수력 개발 기술
	기존 시설물을 이용한 소수력 개발 기술
발전설비의 국산화 및 표준화 기술	발전설비의 국산화 기술개발
	발전설비의 표준화 · 간소화 기술개발
	고효율 발전시스템 기술 개발
	가변속 발전기 개발
	스크린 장비 개발
계통보호 및 자동화 기술	계통보호 기술
	자동화 및 무인화 기술
	미래지향적 상태진단 보전기술 및 통합운영기술
수차발전설비 성능평가 기술 및 현대화	성능평가기법 개발
	성능시험센터 구축
	설비보전 및 현대화 기술

나. 기술의 범위

1) 소수력 자원조사 및 활용기술

친환경적 측면에서 지속적인 개발 가능한 미활용 소수력 에너지개발을 위한 발전가능량 평가, 주변입지 환경조사, 전력계통 연계성 및 기존 시설물을 이용한 소수력 개발지점 조사 등 제반 소수력 자원 조사 및 이에 따른 활용기술 개발을 말한다.

① 소수력 자원 조사 기술

최근 국제 환경규제 동향 및 sponsor(국가 또는 개인)의 경제적, 사회적 수준이 고려된 성공적 사업 가능성 제시 요구가 증대되고 있다. 따라서 고객 및 사업자의 요구사항을 충족시킬 수 있는 조사 Package Tool 개발과 더불어 사회 · 환경변화에 따른 기존 소수력 개발 가능지점 조사에 대한 재평가 및 광범위한 권역별 순차적인 신규 소수력 자원조사가 절실히 요구된다.

② 친환경(Eco-friendly) 설계 및 소수력 개발 기술

최신 발전기술이 적용된 환경 친화적 설계 기법과 경제적이고 신뢰성 있는 발전설비구축으로 사업의 성공적 수행을 요구받고 있으므로 운영 및 관리의 편의성을 고려한 최적 설계기법이 요구된다. 국내·외 발주처들과의 유기적인 협력 체제를 구축하여 프로젝트에 적합한 경쟁력 있는 최적 설계체제 확립이 필요하다.

이를 위해서는 engineer 양성 및 design skill 확립을 위해 전문 인력의 국내·외 교육훈련에 집중하고, 산·학·연의 협력체계를 확립함과 동시에 해외 전력시장, 선진 기술개발 동향 분석 및 제공 능력 확보가 필요하다. 또한, 소수력 개발을 과학적이고 경제적으로 건설하여 수자원 이용의 효율성을 높이고, 관광·레저기능을 포함한 친수공간으로도 활용하기 위한 친환경적인 소수력 개발 설계기술 개발에 역점을 두어야 한다.

③ 기존 시설물을 이용한 소수력 개발 기술

우리가 흔히 볼 수 있는 하천에 건설된 농업용 보·저수지를 이용한 소수력 발전 및 도시지역의 음용수 공급을 위한 정수장, 수도시설, 하수처리장 방류수, 산업시설 공업용수를 활용한 소수력 발전과 해안지역에 인접한 양어장, 하천과 바다가 접한 하구의 배수(갑)문을 이용한 신·재생에너지로서 소수력 개발이 요구되고 있다. 또한, 폐광지역의 용출수나 화력발전소 및 원자력 발전소의 냉각수를 이용한 발전은 에너지의 재이용, 경제성 및 친환경성 제고 차원에서 신·재생에너지로서 개발가치가 매우 높다.

2) 발전설비의 국산화 및 표준화 기술

수차발전기는 수력 발전소의 핵심설비로서 일반적으로 발전소 건설비의 30% 정도를 차지하여 건설비중이 크고, 준공 후에도 지속적으로 운영관리하여야 하는 가장 중요한 설비이다. 따라서 낙차와 유량에 따른 발전설비를 국산화, 표준화 및 간소화하여 제작가격을 낮추고 신뢰성을 향상시켜야 한다.

이와 관련하여 소수력 발전설비의 사후관리를 보다 효율적으로 하기 위하여 구체적으로 수차의 형식별, 비속도별 표준화와 소수력 발전용 유도발전기와 동기발전기의 표준화 설계, 선정기술 확립을 통하여 저렴하고 신뢰성 있는 소수력 발전설비를 제작, 보급하기 위한 기술이다.

① 발전설비의 국산화 개발

수력 발전은 낙차(Head)와 유량(Q)에 따라 발전설비의 효율에 큰 차이를 나타내며 이는 발전소 연간수익 증감의 주요인자로 작용하고 있다. 우리나라 소수력 자원을 경제적으로 개발을 위해서는 국내 소수력 자원의 특성에 적합하고 효율이 높은 발전설비를 국산화하여야 한다. 미활용 자원의 활용범위를 넓히고, 발전소 투자비용을 저감하고 경제성을 확보할 수 있는 발전설비의 국산화 기술 개발이 필요하다.

수차 기술개발은 프로펠러, 카플란, 프란시스 수차의 설계기술 및 국산화 개발을 추진하였으나, 사류 수차, 횡류 수차 및 펠턴 수차 등 수차형식별 국산화 적용가능성이 높은 다양한 수차의 설계기법 및 국산화 개발이 필요하며 동기발전기의 자동전압장치의 국산화와 발전기 권선절연 방법 및 냉각설비 등의 국산화 기술개발이 필요하다.

② 발전설비의 표준화 · 간소화

국내 소수력 발전은 개발지점이 많지 않아 수요자의 요구에 의한 주문제작 형식으로 제작되고 있어 고가의 설비비용 등 신규 사업의 초기 투자비 부담이 장애요인으로 작용하고 있다. 소수력 발전설비는 주로 수요자의 요구에 따라 주문 제작되어 왔기 때문에 규격화된 시스템이 갖추어지지 않아 비용의 추가는 물론이고 시스템의 통합 운전에도 여러 가지 장애 요인을 지니고 있다. 이를 극복하기 위해서는 수차발전설비, 수배전반 설비 및 계통연계 기술 등에 대한 표준화 및 간소화에 대한 체계적인 연구 개발이 요구되고 있다. 따라서 유량 및 낙차에 따라 적용 가능한 수차발전기 형식별 표준화 · 간소화 기술을 개발하여 신규 발전사업자의 참여를 유도하고 대량 생산 체제 구축에 따른 경제성 확보 추진 모색이 필요하다. 한편, 선진국에서는 주문 제작이 아닌 낙차와 유량에 따라 일률적으로 대량 생산된 수차발전설비를 형식별로 표준화하여 보급하고 있으므로 국내에서도 국내여건에 적합하고 적용이 가능한 수차발전기의 표준화 및 간소화 기술개발이 매우 중요하다.

③ 고효율 발전시스템 개발

현재 수력 발전소에서 주로 사용되는 발전기는 동기발전기와 유도발전기가 주류를 이루고 있다. 이들 발전기는 그 용량이 대부분 크기 때문에 손실에 비해 출력비중이 높아 효율이 상대적으로 효율이 높은 편이다.

그러나 소수력 또는 미니, 마이크로 급 수력시스템에 적용되는 발전기의 출력은 중 · 대형에 비해 낮아 출력에 비해 손실이 차지하는 비중이 높기 때문에 효율이 낮아지므로 발전기의 출력을 높이기 위해서는 기존에 비해 높은 효율이 보장되는 발전기의 개발이 필요하다. 또한 발전시스템의 간소화를 위해서는 기존 발전기의 부피를 줄일 수 있는 연구가 필요하다. 이를 위해서는 단위 체적당 높은 에너지 밀도를 보유한 영구자석형 발전기의 개발은 발전시스템의 체적밀도 감소를 위해 매우 중요하다.

④ 가변속 발전기 개발

수력 에너지는 계절에 따라 수자원의 변화가 가장 많이 변동하는 에너지로서 특별한 곳을 제외하고는 유량 및 압력의 변화는 항상 높기 때문에 일정한 출력을 보장하거나 효율적인 발전기의 운전을 유도하기 위해서는 유량 및 낙차의 변화량에 따라 발전량을 조절할 수 있는 가변속 발전시스템의 개발이 필요하다.

⑤ 스크린 장비 개발

일반하천이나 농업용 보에 설치된 소수력 발전소의 안정적인 운전을 보장하는 방법으로서 수차 입구부에 유입되는 이물질을 효과적으로 제거하는 장비의 기술개발은 발전설비의 안전운전은 물론이고 수차의 효율향상과 수명 연장을 위해서 필요한 설비이다. 따라서 일반하천이나 농업용 보를 이용한 소수력 개발에 따른 환경적 피해를 최소화하기 위해서 어류의 이동을 원활하게 진행할 수 있는 어류전용 스크린 장비와 어도의 이용한 소수력 설계 기술개발이 필요하다.

3) 계통보호 및 자동화 기술

① 계통 보호기술

소수력 발전은 현재 주로 발전사업자로서 운영되며 전력계통에 연계 운영되고 있다. 전력계통에 연계 운전되는 다른 분산발전기와 동일하게 소수력 발전도 계통연계에 관련된 국내외 표준 및 기술기준을 준수해야 한다. 계통연계 기술기준은 전력계통 보호 및 전력품질이 중요한 요인이 된다. 고압 및 저압연계기술은 디지털형 통합보호계전기(DPR)이나 지능형 전자장치(IED)에 의한 보호기술로 구현되며, 전력품질유지기술은 고조파 등 많은 기술요소가 있지만 소수력 발전에서는 계통연계 운전되는 발전기단의 역률유지가 중요한 요구 조건 중의 하나이다.

② 자동화 및 무인화 기술

소수력 발전소에 적용되기 시작한 IT기술은 발전소의 원격감시, 운전성능 종합관리 기능을 구비하여 설치 및 운영, 유지보수 비용의 최소화를 목표로 하고 있다. 효과적이고 경제적인 운영을 위해 도입되는 발전소 자동제어기술, HMI(Human Machine Interface)기술이나 운전방식의 다양화 및 운전 신뢰성을 높이기 위해 적용되는 디지털화기술은 기 확보하고 있는 기술들이며 이를 구현하는 수단인 PLC 등 제어기기 부분도 국산화되어 있으나 소수력 발전에 적용하기 위해서는 보다 콤팩트하고 저가인 시스템 개발이 필요한 실정이다.

자동화 및 무인화의 목표는 소수력 발전소를 안전하게 운전하여 적절한 유지보수 계획으로 고장에 의한 운전정지시간의 최소화, 유지보수 비용의 최소화 및 설비 가동률의 최대화이다. 수차발전기와 변압기, 차단기 등의 송·변전설비, 출입자 감시, 원격감시제어설비 등 발전설비 운영 상태를 점검하고 고장에 대한 신속한 조치와 복구를 스스로 판단하고 결정할 수 있는 체계적이고 과학적인 실시간 상태감시 및 원격감시 제어시스템 등 개발이 필요하다.

③ 미래지향적 상태진단기반 보전기술 및 통합운영기술

회전기기 진동 및 이음분석에 의한 진단결과 도출된 진동 및 이음의 원인을 제거할 수 있는 기술(weight balancing, bearing 설계 등)을 확보하여야 하며, 유체윤활 베어링 해석 및 설계, 회전기계 축계 해석 및 설계능력을 갖추어야 한다. 상태감시를 위한 전기적, 기계적, 열적, 화학적, 전자적 센서기술의 발전 추이가 매우 빨라 이들 기술을 효과적으로 적용하기 위해서는 센서개발, 센싱 기법 등 체계적 관리와 표준화된 기술기준의 구축이 요구된다. 상태진단 통합관리(ICM, Integrated Condition Monitoring)는 센서의 신뢰성을 바탕으로 설비 상태에 대한 고신뢰성의 정보를 제공하여 최적운영을 유도함은 물론 설비 열화에 따른 대체 판단기준의 고급정보를 제공하여야 한다. 따라서 상기 기술을 바탕으로 WEB 기반 원격 통합관리체계를 구축하여 해외 저개발국의 수력 발전 O&M 분야 시장진출이 가능하다.

원격통합관리체계는 전사적 자원관리(ERP)는 물론 On-line 보전 자동화의 기능을 갖추고 원격지에서의 실시간 진단분석이 가능하도록 구성된다. 전문기술과 경험, 전문적 진단, 시험, 분석평가 등의 기술적 노하우를 보유하여 국내·외 발전소의 제반 문제에 대한 기술자문 서비스를 수행할 수 있어야 한다. 최고의 전문기술과 경험 그리고 첨단장비를 사용하여 발전소의 제반 설비에서 발생할 수 있는 고장발생에 대하여 정확한 진단과 조치를 취함으로써 설비의 운전 상태를 안정적으로 유지시키고 상기 진단의 기술적 자료를 제시할 수 있어야 한다.

4) 수차발전설비 성능평가 기술 및 현대화

① 성능평가기법 기술

수차발전설비는 설계 및 제작기술 등이 제작업체마다 다양하여 발주자가 요구하는 수차의 품질이나 성능 만족도에 대한 수차의 종합적인 성능에 대한 객관적 검증이 필요하나, 수차

발전설비 및 보조기기에 대한 체계적인 기술기준이나 평가방법 및 수차성능을 인증할 수 있는 검사 기관이 지정되어 있지 않아 수차발전설비 성능에 대한 구체적이고 합리적인 기술기준과 평가기법의 확립이 필요하다.

소수력 발전설비 제작, 준공시험, 운영 중(대점검, 정밀분해점검)에 필요한 수차발전설비의 정밀진단을 통해 취득 자료를 분석하고 개선방안을 제시함으로써 설비 신뢰성을 유지하도록 하는 것이다. 발전설비별 주요 성능항목 선정, 수차발전기 효율평가, 전력품질평가를 위한 기준 수립으로 선진국과 상호 인증제도를 실시할 수 있도록 국제규격의 성능 표준화를 기하도록 하며, 이를 기반으로 성능시험센터를 구축 운영할 수 있는 기법을 말한다.

② 성능시험센터 구축

수차발전설비의 성능평가는 제작 및 설치단계에서 수차발전기의 성능(출력, 효율, 제어기능, 진동 등)이 설계치를 만족하는가의 확인이 필요하며, 운영 단계에서는 경년변화의 열화현상으로 나타나는 성능저하나 고장징후를 초기에 확인하고 적절한 보수조치로 고장발생을 방지함으로써 유지관리비용을 최소화하고, 수차발전설비 효율 증대를 위해서도 설계, 제작, 운영관리에 대한 체계적인 성능관리가 필요하다. 수차발전설비 성능진단사업은 점차 세계화되고 있으므로 수차발전기 신규제작만이 아닌 개량화 사업(Rehabilitation)에 따른 고장진단 및 운영관리 위탁에 따른 시설능력 평가사업 등에 성능진단이 수행되고 있어 수차발전설비 성능인증기관에 대한 시장의 수요가 갈수록 증대하고 있다. 따라서 설계, 제작, 운영관리에 있어서 수차발전설비의 성능을 평가할 수 있는 성능시험센터가 필요하다.

③ 설비보전 및 현대화 기술

설비 진단기법 및 평가기술을 활용하여 보다 체계적이고 과학적인 방법으로 노후설비를 진단함으로써 설비의 안정성과 신뢰도를 확보해야 한다. 설비의 보전이란 점검 제도를 확립하여 설비의 열화경향을 조사하고, 어느 시설의 어느 개소를 수리할 것인가를 예측하여 필요한 자재와 인원을 준비하여 계획적인 보수(補修, maintenance service)를 하는 것을 말한다. 즉, 설비의 보전이란 설비열화에 대한 대책이며 설비를 가장 유효하게 활용함으로써 생산성을 높이는 것이다. 현대화는 전체 발전소의 성능을 향상시키고 가치를 최대화시키기 위해 기존 기기들과 새로운 기기들을 통합하는 것이다. 발전소가 설계되고 건설 운영된 이후 발전기술은 향상되어 운전 및 경제적 조건 역시 최초 개발 당시와는 상당한 차이가 있을 수 있다.

Ⅱ

국내 기술 수준 및 기술동향 분석

1. 기술 수준

가. 기술 수준 설문조사

소수력 분야의 국내 기술 수준, 선진국과의 차이, 문제점 등을 파악하여, 기술개발 및 보급 확대를 위한 목표 수립에 반영하고자 설문조사를 실시하였다. 조사 대상은 각계의 다양한 의견을 수렴하고 반영하고자 동 분야에 직·간접적으로 관련된 150여 명을 선정하였으며, 향후 시급히 개선하거나 확보하여야 할 기술을 파악하기 위해 설문 내용에는 기술 수준, 국산화율, 기술개발 애로사항 등을 포함하였다.

나. 세부 요소 기술별 기술 수준

1) 설문조사 결과 분석

① 기술 수준

기술 수준은 소수력 분야를 크게 3개의 핵심기술로 구분하고 각 핵심기술에 대하여 세부기술로 세분화하여 조사가 정확히 이루어지도록 하였으며, 계산 조건은 각 기술이 해당 분야에서 차지하는 비중을 나타내어 전체의 기술 수준과 핵심기술의 기술 수준을 '∑(비중/100×국내수준)'으로 계산하였다. 또한, 기술 수준별 목표 달성을 구체화하기 위하여 표 2-1과 같이 기술 수준에 대한 단계별 평가기준을 제시하였다.

표 2-1 기술 수준의 단계별 평가기준

단계별 구분	특성	기술 수준(%)
기술 완숙기 및 시장 확대기	해외시장에서 경쟁력이 입증되며, 새로운 기술개발 요구에 독자적이고 능동적으로 대처할 수 있다.	81~100
기술실증 및 상업화	개발된 기술이 상업화되어 현장 적용되어 성능의 실증 연구가 이루어진다.	61~80
기술의 응용 연구	개발된 기술의 실증을 위하여 Pilot Plant 규모의 연구가 이루어진다.	41~60
기술 도입 및 기초기술 습득	도입기술을 통하여 운영기술을 습득하고 독자적인 기술개발을 위하여 실험적 규모의 기술을 개발한다.	21~40
개념 정립기	기술개발의 필요성이 인식되고 그에 필요한 요소기술을 파악한다.	0~20

소수력 분야의 기술은 표 2-2와 같이, “소수력 자원조사 및 활용기술”, “소수력 발전설비의 국산화 및 표준화기술”, “계통보호 및 자동화기술”의 3개의 핵심기술과 12개의 세부 기술로 구분하였다.

표 2-2 핵심기술과 세부기술의 국내 기술 수준(설문조사 결과)

<table>
<tr><th rowspan="2">분야</th><th rowspan="2">핵심기술</th><th rowspan="2">비중
(%)</th><th rowspan="2">국내
수준
(%)</th><th colspan="2">세부 기술</th><th rowspan="2">비중
(%)</th><th rowspan="2">국내
수준
(%)</th></tr>
<tr><th>No.</th><th>기술명</th></tr>
<tr><td rowspan="12">소수력</td><td rowspan="3">소수력
자원조사
및
활용기술</td><td rowspan="3">30</td><td rowspan="3">75.4</td><td>1</td><td>소수력 자원조사 및 분석기술
(Micro : 100㎾ 이하,
Mini : 1,000㎾ 이하,
Small : 10,000㎾ 이하)</td><td>30</td><td>75.2</td></tr>
<tr><td>2</td><td>기존 시설물을 이용한
소수력 개발기술
(하수처리장, 농업용 보,
화력발전소 방류수, 양어장,
공장냉각수)</td><td>40</td><td>74.7</td></tr>
<tr><td>3</td><td>일반하천을 이용한 소수력
개발 기술</td><td>30</td><td>76.4</td></tr>
<tr><td rowspan="6">소수력
발전설비의
국산화
및
표준화기술</td><td rowspan="6">60</td><td rowspan="6">70.3</td><td>4</td><td>형식별 수차설계기술
(프란시스, 프로펠러, 사류형,
펠턴 수차)</td><td>40</td><td>69.3</td></tr>
<tr><td>5</td><td>발전기 설계기술</td><td>20</td><td>80.8</td></tr>
<tr><td>6</td><td>수차발전기의 표준화 및
간소화기술</td><td>25</td><td>66.0</td></tr>
<tr><td>7</td><td>수명평가기술</td><td>5</td><td>63.1</td></tr>
<tr><td>8</td><td>성능진단기술</td><td>5</td><td>67.7</td></tr>
<tr><td>9</td><td>열화진단기술</td><td>5</td><td>67.8</td></tr>
<tr><td rowspan="3">계통보호
및
자동화기술</td><td rowspan="3">10</td><td rowspan="3">78.8</td><td>10</td><td>무인 자동화시스템기술</td><td>50</td><td>81.9</td></tr>
<tr><td>11</td><td>상시 감시진단기술</td><td>25</td><td>72.1</td></tr>
<tr><td>12</td><td>수배전반 간소화 기술</td><td>25</td><td>79.2</td></tr>
<tr><td colspan="2">계</td><td>100</td><td>72.7</td><td colspan="2"></td><td></td><td></td></tr>
</table>

설문조사 결과, 핵심 기술 중에서는 계통보호 및 자동화 기술(78.8%)이 가장 높고, 소수력 발전설비의 국산화 및 표준화기술(70.3%)이 가장 낮은 것으로 조사되었다. 또한, 세부기술에서는 발전기 설계기술(80.8%)과 무인 자동화시스템기술(81.9%)이 상대적으로 높은 반면에, 소수력설비의 핵심이 되는 형식별 수차의 설계기술(69.3%)과 수명평가기술(63.1%), 성능진단 기술(67.7%) 등은 다소 낮은 것으로 나타났다.

세부기술과 핵심기술의 수준을 바탕으로 소수력 분야의 전체 국내 기술 수준을 계산한 결과, 약 72.7%로 조사되어 기존 81.6%로 분석되던 수치보다 크게 낮은 것으로 나타났다. 이는 기존 조사에서 높은 수치로 알려진 자원조사(94.5%)의 기술 수준이 예상외로 낮게(75.4%) 분석된 것이 주요 요인이며, 계통보호 및 자동화 기술 등 기타 항목의 기술 수준도 전반적으로 낮아져 수치를 떨어뜨렸다.

또한, 소수의 전문가 집단에 의해 분석되던 종래의 기술 수준 조사 방법과 달리 이번 조사는 소수력 분야에 직·간접적 관계에 있는 대상자를 포함한 다양한 의견을 반영했기 때문에 조사 대상 조건의 차이에 의한 요인도 발생된 것으로 해석된다.

위와 같은 조사 결과를 종합해 볼 때, 기술 수준이 높은 것으로 분석되던 자원조사 기술은 면밀히 재검토하여 기술개발 계획에 재반영할 필요가 있으며, 수차형식별 기술과 수명/열화평가기술 등의 개발은 중점적으로 추진할 필요가 있다.

기술 수준과 국산화율 이외에도 세부기술 중 가장 기술개발이 시급한 기술을 파악하고 그 이유를 조사하였다.

기술개발이 가장 시급한 기술은 기존 시설물을 이용한 소수력 개발기술이었고, 형식별 수차설계기술, 수차발전기의 표준화 및 간소화 기술개발, 무인 자동화 시스템기술 또한 집중적인 기술개발이 필요한 것으로 조사되었다. 이와 같이 기술개발이 시급하다고 답변한 기술 중에서, 형식별 수차설계기술과 수차발전기의 표준화 및 간소화 기술의 경우에는 소수력 전체 기술 수준(72.7%)보다 기술 수준이 낮은 것으로 조사되어, 향후 이러한 분야의 기술 확보가 시급하다.

기술개발이 시급한 기술로 위와 같은 기술들을 선정한 가장 큰 이유는 해당 기술이 소수력 분야의 보급 확대에 기여도가 가장 클 것이라는 답변이 가장 많았고, 국외 수준에 비해 국내 수준이 현저히 낮다는 의견과 소수력 분야의 발전을 위해 가장 필요하다는 이유 등이 있었다.

② 국산화율

소수력 분야의 기술자립도 및 국내 기업육성 측면으로 볼 때, 핵심기술별 국산화율을 파악하는 것이 중요하여 설문조사를 실시하였다. 그 결과 각 핵심기술의 국산화율은 표 2-3과 같이 나타났으며, 전체 분야의 국산화율은 '∑(비중/100×국산화율)'로 계산되었다.

표 2-3 핵심기술의 선진국 대비 국산화율[1)]

핵심기술	비중(%)	국산화율(%)	
		설계	제작/생산
소수력 자원조사 및 활용기술	30	74.6	72.4
소수력 발전설비의 국산화 및 표준화기술	60	72.4	73.4
계통보호 및 자동화기술	10	79.9	81.1
전체 소수력 분야의 국산화율		73.8	73.9

국산화율 조사 결과를 보면, 계통보호 및 자동화 기술은 기술 수준 결과에서도 가장 높은 것으로 나타났는데, 국산화율에서도 가장 높게 나타났다.

반면, 소수력 발전설비의 국산화 및 표준화 기술은 가장 낮은 것으로 조사되어, 중요도는 높지만 기술 수준 및 국산화율은 낮아, 향후 시급한 기술개발이 요구된다.

설계 및 제작/생산 전체의 국산화율은 각각 73.8%, 73.9%의 결과를 얻어, 설계와 제작의 경우 거의 차이가 없는 것으로 조사되었다.

2) 세부 핵심 기술별 기술 수준

소수력 발전설비 세부 기술은 다양한 소수력 개발 지점에 맞는 발전설비의 콤팩트형 핵심기술을 개발하여 수력개발의 경쟁우위를 확보하고, 관련 산업을 육성하여 상용화를 통한 국내 산업기반을 확충하는 데 있다.

따라서, 다양한 자원 조건에 적용할 수 있는 친환경 수력 에너지의 개발, 발전설비의 설계 및 제작, 최적운영 및 발전설비 현대화 등에 필요한 핵심기술개발을 위한 구체적인 실행체계 수립을 통해 선택과 집중 육성할 기술개발 추진 전략분야로서 소수력 자원조사 및 활용기술, 발전설비의 국산화 및 표준화 기술, 계통보호 및 자동화기술, 수차발전설비 성능평가

1) 국산화율 : 핵심기술과 관계된 신·재생에너지 설비 중 국내 기업이 설계, 생산, 제작이 가능한 비율을 의미함

기술 등이다.

① 소수력 자원조사 및 활용기술

(가) 소수력 자원 조사

국내 소수력 자원조사는 민간에게 소수력 발전 사업을 장려하기 위해 1974년 한국원자력연구소에서 "소수력 발전 입지조사"를 시작으로 약 30년 이상 현재까지 정부출연기관, 한국전력공사, 발전회사 및 최근에는 정부의 신·재생에너지 보급 확대차원 지원정책에 부응하여 지방자치단체에서도 소수력 자원 개발이 활발히 추진 수행되고 있다.

최근 국제 환경규제 동향 및 사회·환경변화에 따른 고객의 경제적, 사회적 수준이 고려된 성공적 사업모델을 제시하는 자원조사 방법의 선진화, 기술 개량화 및 환경친화적 조사기술이 다양해지고 있다. 따라서 국내 조사기술은 조사방법의 개선 및 표준화를 통한 조사 평가가 시행되어야 하며, 과거 조사 자료를 토대로 현 실정에 맞는 선진화 기법을 도입하여 기존 조사지점에 대한 재평가를 실시하고 소수력 개발 가능지점 선정이 이루어져야만 한다.

(나) 친환경(Eco-friendly) 설계 및 소수력 개발 기술

친환경적인 소수력 발전소 계획 수립을 위한 수리·수문 해석능력과 데이터 분석 등은 현재 국내 기술 수준으로 적절히 수행되고 있는 수준이나, 최근에는 우리 현실에 맞는 친환경 설계기법으로 신·재생에너지 개발 차원의 소수력 개발의 중요성, 경제성 및 신뢰성을 정부와 국민들에게 인식시킬 수 있는 기회가 되도록 환경 친화적 설계기법의 도입이 필요하다.

(다) 기존 시설물을 이용한 소수력 개발 기술

국내 소수력을 포함한 수력 발전사업은 발전사업 인·허가, 환경단체와 지역주민의 반대, 주민 보상 문제, 입지선정 등의 어려움이 있다. 따라서 대수력 개발보다는 환경 위해를 최소화하는 일반하천의 본류보다는 지류나 농업용 보, 양식장, 정수장, 화력 및 원자력발전소 등 기존 시설물에 발전시설을 추가하여 새로운 에너지를 생산하는 기술 개발을 추진하여 친환경적이며 경제적인 신에너지 개발이 요구되고 있다. 현재 국내에서는 기존 시설물을 이용한 소수력 발전 이용률이 극히 저조한 실정으로 시범화 단계에 머물고 있어 기존 시설물을 이용한 소수력 개발기술이 시급한 상태이다.

② 발전설비의 국산화 및 표준화 기술

(가) 발전설비의 국산화 기술개발

수차효율은 기술이 빠르게 전개되어 96%에 근접한 효율이 달성되고 있는 시점에 와 있다. 실제 대형 수차는 소형 수차에 비해 상대적으로 높은 효율을 가지고 있다.
대개 수백 ㎾ 정도 또는 그 이상의 경우 터빈의 효율은 90% 이상인 반면에, 10㎾급 마이크로 수차 효율은 60~80% 정도로 낮은 편이다.

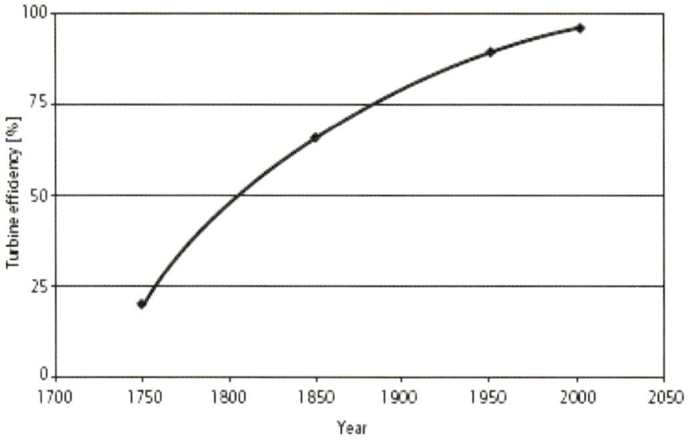

그림 2-1 연도별 수차 효율

소수력 수차 설계기술 및 국산화 개발은 보급 활용도가 높은 프로펠러, 카플란, 프란시스 수차의 개발을 추진하였으나, 국내에서 개발된 수차는 외국에서 제작한 수차와 비교해서 가격 경쟁력에 앞서지만 효율이 다소 부족하고, 설계 및 제작의 품질과 수차 부속설비(개도조절장치, 수밀장치, 냉각설비, 제어설비 등)가 미흡하여 수명과 품질향상이 요구되고 있다.
수차 기술개발은 한국에너지기술연구원 주축으로 수차 설계기술 및 국산화 개발로 국산화율은 평균 55% 수준이며, 국내에 설치 보급된 수차설치대수 125기 중에서 국산 수차는 62기가 설치되어 운영 중이며, 국산 점유율은 약 50%를 차지하고 있다.

표 2-4 수차 설치 현황

제작회사	국명	수차대수	발전소명
대양전기	한국	62	포천, 임기, 덕송, 대아, 경천, 성주, 운문, 횡성, 영천, 밀양, 안동, 용담제2, 무주, 안흥, 아산, 천안, 천상, 진해, 성남, 신천, 동화, 담양, 장성, 백곡, 대곡, 양양, 장흥, 달방, 광양, 주암, 고문
Obermaire	미국	17	봉화, 한석, 영월
Flygt	스웨덴	18	동진, 방우리, 소천, 정선, 반변
Dependable	캐나다	5	산내, 광천, 보령제1, 부안
Fuji	일본	6	추산, 용담제1
Toshiba	일본	2	합천제2
ACEC	벨기에	3	금강
Hitachi	일본	2	보성강
James Leffel	미국	2	괴산
Ossberger	독일	7	산청, 삼천포
ATA	핀란드	1	보령제2
계		125	51개소

한편, 수력 발전소에 사용되고 있는 대형 동기발전기와 유도발전기의 제작기술은 선진국에 비해 같은 수준 또는 그 이상의 높은 수준에 도달한 상태이다. 그러나 소수력 발전에 사용되고 있는 대부분의 발전기는 용량이 중형 또는 소형으로 대량생산이 아니라 개발지점에 의한 주문생산에 의존하고 있기 때문에 기술력이 대형 발전소의 경우에 비해 상대적으로 낮은 편이다. 이로 이해 소수력 분야에서는 주로 주문에 의한 설계 제작이 이루어지고 있어 공급이 확대되지 않은 상황에서 지금보다 효율을 더 높이기 위한 연구 및 기술개발과 제작에 대한 부분은 상대적으로 낮을 수밖에 없다. 국내에서 사용되고 있는 소수력용 발전기는 주로 유도발전기와 동기발전기가 사용되고 있고 발전기 설치대수 125기 중에서 동기발전기는 17기이고 유도발전기는 108기가 운용중이며, 국산 발전기는 84기가 설치되어 있다. 설치 운영 중인 발전기의 상당 부분은 국내 기술로 설계 제작된 것이지만 표준화가 되어 있지 않고, 현장의 필요 요구용량에 맞추어 설계 제작된 것이 대부분으로 높은 효율을 보장하기 위한 제반여건이 다소 미흡한 실정이다.

표 2-5 발전기 설치 현황

구분	설비용량(kW)	발전소명
동기 발전기	500 이하	포천, 추산제2
	1,000 이하	덕송, 추산제1, 합천제2
	1,500 이하	괴산
	3,000 이하	보성강
유도 발전기	500 이하	임기, 소천, 방우리, 금강, 봉화, 단양, 산내, 영월, 정선, 대아, 경천, 성주, 광천, 운문, 보령, 부안, 횡성, 영천, 안동, 안흥, 산청, 무주, 동진, 아산, 천안, 천상, 진해, 성남, 대곡, 신천, 백곡, 달방, 주암, 삼천포, 광양, 고문
	1,000 이하	반변, 밀양, 동화, 양양, 담양, 장성, 하동, 장흥
	1,500 이하	용담제1
	3,000 이하	용담제2, 삼천포화력

(나) 발전설비의 표준화 · 간소화 기술개발

발전설비의 설계기술 및 국산화 연구개발을 통하여 개발된 발전설비는 반드시 상용화 과정을 통하여 문제점을 해소하고 수정, 보완함으로써 신뢰성을 확보해야 한다. 현재 국내에서 수행된 수차개발은 실험실에서 행한 개발 연구로서, 실용화를 위한 후속 연구가 부족하여 소수력 발전설비의 표준화 및 간소화까지 이어지지 못하였다. 따라서 국내의 소수력 부존 잠재량을 경제적으로 개발할 수 있도록 하기 위해서는 소수력 자원의 특성에 적합하고 효율이 높은 수차발전기를 국산화하여 설치, 운영해야 하며 자원의 활용범위를 넓히고, 수차발전기 제작비용을 저감하기 위하여 초기 투자비의 20~30% 이상을 절감할 수 있도록 산・학・연 협동의 표준화, 간소화된 기술개발이 필요하다.

(다) 고효율 발전시스템 기술개발

국내에서 개발된 수차 효율은 약 85% 내외로 선진국의 수차효율 약 93%에 비해 효율이 낮고 고효율 독자 설계기술이 미흡하다. 선진국의 경우 수차를 제작할 경우 모델 테스트를 실시한 후 제작 납품하여 효율이 보장되지만, 국내 제작업체에서는 제작 원가상승으로 인하여 모델 테스트를 시행하여 제작하고 있지 않다. 선진국에서는 3D 전산유동해석(CFD)기법 도입으로, 수차 설계시 설계조건 변화에 따른 수차 변화 예측이 가능하도록 최적 설계조건을 확립하여 시행하고 유동해석을 통해 효율저하 및 캐비테이션 발생의 발생 요인을 근원적으로 제거하는 방향으로 설계하여 효율향상 및 신뢰성을 보증하고 있다. 최근 소수력 발전소는 환경 문제 등 여러 가지 요인을 감안하여 용량이 수십 kW 정도의 곳을 개발하는 경우가 점차 증가하고 있다. 이와 같은 장소에 소수력 발전기를 설치할 경우 효율이 상대적으로 낮아질 수 있으므로 예전에 비해 효율을 높이는 발전기의 개발이 더욱 절실하게 요구되고 있다.

향후 소수력의 개발은 지금보다 더 까다롭고, 발전용량도 더욱 줄어들 것으로 전망하고 있으며, 또한 발전이 가능한 곳이라면 어디에서나 친환경적으로 에너지를 얻고자 할 것이다. 때문에 미니 또는 피코급 발전기 시스템으로의 전환이 필수적이며, 기존의 발전기와 다른 고효율로 작은 사이즈의 발전기 개발이 필요하다. 영구자석 직류 발전기의 경우는 전 부하에서 80% 이상의 효율을 보증하고 유도발전기에 비해 상대적으로 높은 효율을 보장하고 있어 선진국의 경우 소용량의 발전설비에 유도발전기가 아닌 새로운 형식의 발전기와 제어기법의 개발을 통해 발전효율을 높이고 있다.

(라) 가변속 발전기 기술개발

발전기의 효율을 높이는 것도 중요하지만 유량이나 낙차의 변동에 따른 운전효율을 높이기 위해 가변속 유도/동기 발전기의 설계 및 제작이 선진국을 중심으로 활발하게 연구 개발되어 현장에 적용되고 있다.

이는 유량의 변화가 일정하지 않은 국내 수력자원에서는 매우 필요한 설비이다. 그러나 국내의 경우 소수력 개발에 대한 한정적인 수요와 연구 인력의 부족으로 인해 소수력에 매우 절실한 가변속 발전시스템에 대한 기술개발이 현재까지 이루어지지 않고 있다.

(마) 스크린 장비 기술개발

수차 입구부에 이물질을 제거하는 기술은 대형발전소에서는 스크린에 부유물이 걸리면 크레인을 설치하여 제거하고 있으나, 소수력 발전소에서도 필요한 설비이나 국내의 관련 산업 및 장비의 개발은 미진한 편이며, 간소화된 장비의 개발이 시급하다.

③ 계통보호 및 자동화 기술

수력개발시장은 친환경적으로 진보된 수력기술과 IT기술의 발전에 의한 시스템 통합기술을 중심으로 재도약하고 있다. IT기술의 발전으로 소규모 또는 중앙에서 시설물을 종합관리하는 통합운영시스템 구축이 세계적 추세이다. 2000년도 이전에 설치한 소수력 발전소는 체계적이고 과학적인 운영이 되지 않고 경험 등에 의존한 인력중심으로 운용하였으나, 2000년대 이후에 일부 공공기관 등에서 개발된 소수력은 기존 시설물과 병행으로 운영이 가능하여 무인발전소로 구축 운영 중에 있다. 선진국에서는 계측제어 및 정보통신 기술과 컴퓨터를 이용한 자동운전 및 원격제어시스템을 도입한 체계적이고 과학적인 시스템 운용으로 효율성을 높이고 있으므로 소수력 보급 활성화를 위해서는 발전설비의 계통보호와 자동화 기술개발이 필요하다.

자동화 및 계통보호와 관련된 국내의 기술 수준을 살펴보면 다음과 같다.

(가) 계통보호 기술 및 기기

분산형 전원에 대한 전력계통의 연계 운전시에 요구되는 보호기능은 국내외 표준에 의해 규정되고 있으며 주요한 국내외 표준은 다음과 같다.

- ○ 국제표준 IEEE 1547 "Standard for Interconnecting Distributed Resources with Electric Power Systems" : 이 표준은 분산전원의 전력계통 연계 시의 기술기준과 요구 조건들을 설정하고 있다. 분산전원의 성능, 운전, 시험, 안전성 및 유지보수에 대한 포괄적인 표준이다.
- ○ 국제표준 IEEE 1547.1 2005 "Standard for Conformance Tests Procedures for Equipment Interconnecting Distributed Resources with Electric Power Systems" : 이 표준은 분산전원의 연계 장비 및 기기가 1547 표준에 부합하는지를 보여주기 위해 실시해야 하는 형식시험, 제작시험, 및 납품시험에 대해 규정하고 있다. 즉, 표준화된 시험절차를 규정하고 있다.
- ○ UL 1741 "Standard for Inverters, Converters, and Controllers for Use in Independent Power Systems" : 이 표준은 분산전원의 평가와 인증을 위한 시험 표준을 제공하기 위하여 IEEE 1547 표준에 설정된 계통연계 요구조건에 안전성 요구조건을 결합한 것이다.
- ○ 국내 표준 : 현재 KS 규격에는 계통연계에 대한 포괄적인 표준은 없고, 다만 풍력발전 및 태양광발전에 대한 전력품질 및 성능평가에 대한 일부 기술기준이 있다.
- ○ 한국전력공사의 전력거래약관 중 "분산형 전원 배전계통 연계기술 기준" : 이 기술기준은 분산형 전원 발전설비를 한국전력공사의 배전계통에 연계하는 경우의 기술요건을 정하고 있다.

계통보호 기기는 인버터 등 전력변환장치를 사용하는 경우에는 그 보호 기능이 내장되는 수가 많지만 대다수 소수력 발전에서 채용하고 있는 유도발전기처럼 전력변환장치가 없는 경우에는 외부의 보호계전기를 이용하여 계통연계 보호기기를 구성하게 된다. 이때 적용되는 보호계전기(protective relay)는 개별적인 보호계전기의 조합에 의해서도 구성이 가능하고 상업화된 복합형 디지털보호계전기(digital protective relay, DPR)를 사용할 수도 있다. 디지털보호계전기는 국내에서 LS산전, 효성, 현대중공업, 젤파워, KD 파워, 루텍 등이 생산 공급하고 있다. 그러나 이런 DPR 제품들은 분산전원용 보호기기로서 국내・외 표준에 완전히 적합하다고 할 수가 없는데 이는 단독운전 등 국내외 표준에서 정하고 있는 보호기능들을 100% 충족하지 못하기 때문이다.

해외의 경우 일본의 미쯔비시전기, 미국의 바슬러(Basler)전기, GE사, Beckwith, Schweitzer 등이 분산전원용 통합형 디지털보호계전기를 생산, 판매하고 있다. 이러한 보호계전기들은 IEEE 1547 등 국제표준에 부합하는 보호기능을 내장하고 있다.

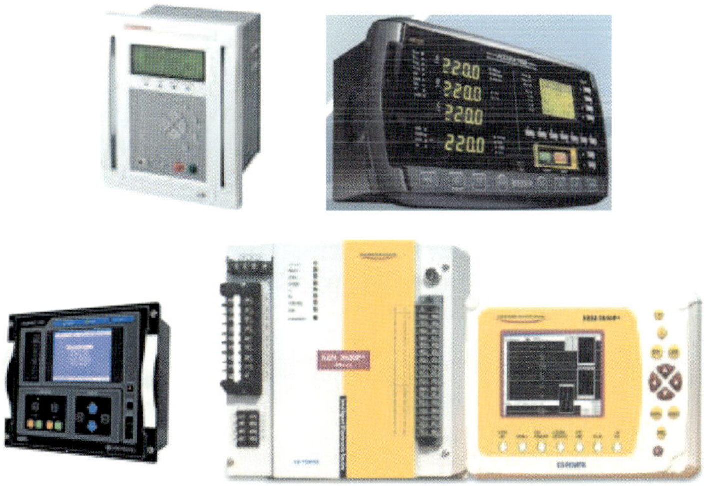

그림 2-2 국내 생산 디지털 보호계전기(DPR)

그림 2-3 해외의 분산전원 보호용 디지털 보호계전기

발전기의 운전에 관련된 다른 기술 분야로서 유도발전기의 경우 계통 연계 시에 과도한 돌입전류가 흐르므로 이를 방지하기 위한 기술 중의 하나인 소프트기동장치(Soft Starter) 등이 동일한 발전 방식을 채용하고 있는 풍력발전에서는 이미 적용되고 있으며 풍력발전기의 경우 용량이 1~3MW급으로서 현재 국내에서 운용되고 장비들은 거의 수입품이다. 저압의 소용량 기동장치들은 국산화되어 있다.

한편, 유도발전기의 경우 운전 역률이 강하함에 따라 무효전력을 보상하기 위한 커패시터 뱅크(capacitor bank)를 발전기의 연계점에 연결할 필요가 있으며 발전량에 따른 역률의 자동운전을 위한 자동역률조절장치를 이용하여 커패시터 뱅크를 온/오프 제어할 수 있으며 커패시터 및 조절장치들이 국산화되어 있다. 그러나 일정 발전량을 출력하는 소수력 발전에서 이러한 장치가 사용될 필요성은 낮다.

연속적으로 역률을 개선할 수 있는 무효전력보상장치인 SVC(static var compensator) 등의 기기들이 있지만 설치비용이 고가이므로 소수력 발전에서 적용하기는 어려울 것으로 보인다.

(나) 자동화 및 무인화 기술

소수력 발전에 관련된 자동화 및 무인화기술은 원격검침, 수력터빈제어시스템, 진단기술, 원격감시 및 제어기술 등을 통하여 구현될 수 있으며 기반기술이나 기기들은 개발되어 있으나, 경제성 및 제도적인 문제로 인하여 그 도입 및 적용이 지연되고 있다. 이와 관련된 기술들의 국내외 현황은 다음과 같다.

● 원격검침시스템(AMR, automatic meter reading)

디지털 전력량계 디지털식 전력량계는 국내의 다수의 업체들이 생산, 공급하고 있으며 전류, 전압, 전력의 계측뿐만 아니라 전류, 전압의 고조파 등 전력품질(power quality)까지도 측정하는 기능을 보유하고 있으며 내장된 직렬통신 기능을 통하여 원격에서의 검침도 가능하다.

특히 LS산전 등에서 공급하고 있는 원격검침시스템은 다양한 통신방식을 제공하고 있는데 전용선 통신 혹은 전력선을 이용하는 전력선통신(power line communication) 방식도 채용하고 있어 별도의 통신선로가 필요가 없으며 특히 원격지의 소수력 발전소에 경제적으로 적용이 가능한 기술이다. 뿐만 아니라 다양한 검침정보를 제공해 주고 있는데 저장된 검침데이터와 원격검침 전용 소프트웨어를 통해 검침값과 사용량에 대한 상시 확인이 가능하며 월보, 일보, 사용추이 그래프 표시, 요금정산 등 다양한 검침정보를 제공한다. 또한 단말장치 내에 정전 보상용 배터리 내장으로 데이터 보존기능을 가지고 있어 정전 시에도 데이터가 안정적으로 저장된다. 인터넷 검침시스템(웹 검침시스템)은 인터넷상에서 원격검침 정보 서비스를 제공할 수 있다.

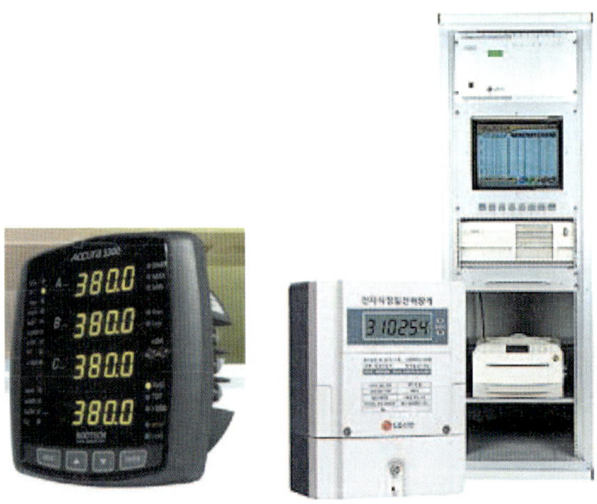

그림 2-4 디지털 전력량계 및 원격검침시스템

수력터빈 제어기 및 Actuator

터빈의 속도 및 출력을 제어하는 전기식 혹은 유압식 액추에이터(Actuator) 및 가버너(Governor) 제어기는 Voith-Siemems, ABB 등 다국적 회사들이 제작 공급하고 있으며 이들 기기는 대수력뿐만 아니라 소수력에서도 적용이 가능하다. 이러한 터빈 출력제어기들은 소수력 발전소의 무인화 및 자동화에 필수적인 기기들이나 국내 관련 산업 및 기기 개발은 미진한 편이며 개발이 시급한 실정이다.

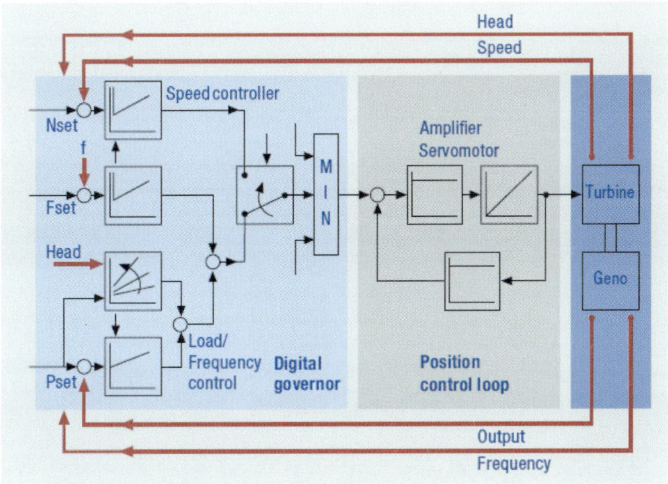

그림 2-5 Voith-Siemens의 터빈 가버너(turbine governor)

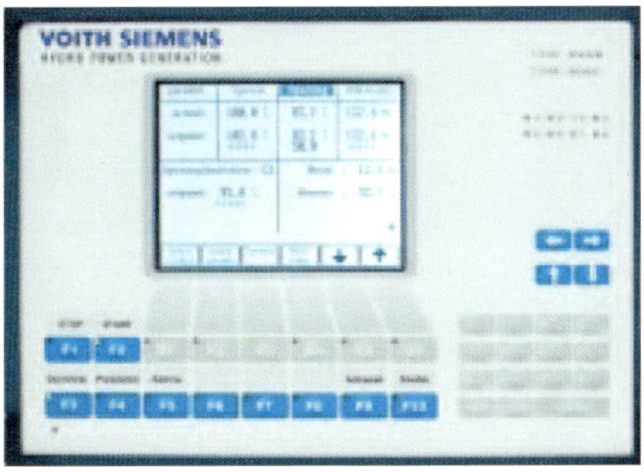

그림 2-6 디지털 가버너 제어기(Voith-Siemens사)

기기 진단기술

소수력 발전소의 주요 설비들 중에서 터빈, 발전기 및 변압기 등의 상태진단 및 최적화 기술은 국내에서 화력발전소나 대형 수력 발전소를 중심으로 기술이 개발되고 있다.

특히, 회전자의 단락진단, 고정자의 과열진단 및 비정상적인 진동진단 등의 예방진단 및 사후진단기술로 구분되는 발전기의 진단기술은 전기연구원, 전력연구원 등 연구기관과 대덕시스템 등 벤처기업을 중심으로 기술 개발 및 적용이 되고 있다. 발전기를 제외한 다른 전기설비에 대한 진단기술로서 화력발전소용 변압기 상시진단시스템 등이 개발되어 적용되고 있지만 이러한 진단기술들을 소수력용으로 적용하기 위해서는 콤팩트화, 저가화, 통합화 등의 문제가 해결되어야 한다.

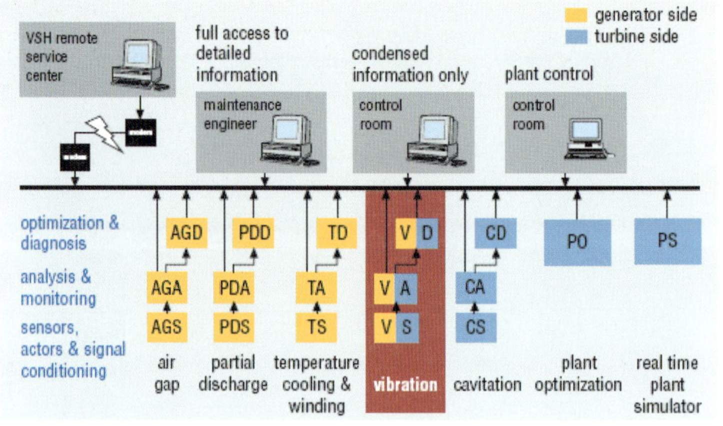

그림 2-7 수력 발전소의 진단시스템 구성(Voith-Siemens)

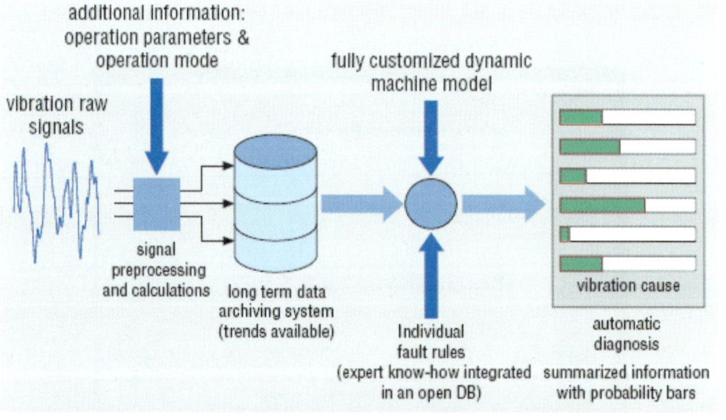

그림 2-8 상태기반의 진동감시시스템(Voith-Siemens)

원격감시 제어기술

원격감시 및 제어기술은 PLC나 DCS 등을 이용한 수력 발전소의 자동화 및 컴퓨터제어를 기반으로 국내에 제어자동화기기의 기반이 충분하기 때문에 기술적으로 구현이 어려운 것은 아니다. 다만 경제성 확보 및 무인화를 위한 제도적 정비 등이 필요하다.

특히, 기기의 표준화를 통한 원가 절감, 전력선통신기술(PLC)을 활용한 인프라 구축비용의 절감을 통하여 경제적인 시스템 구성이 가능하도록 하는 노력이 필요하다. 뿐만 아니라 국내의 정보통신 인프라를 활용하여 원격에서의 감시, 제어 시스템을 구축함으로써 유지보수 비용의 절감을 도모할 수 있을 것이다. 원격감시시스템과 이동통신을 이용한 고장 시의 메시지 전송(SMS) 기술은 이미 일반화된 기술 중의 하나이고 이를 통하여 고장시간의 최소화, 유지보수 비용의 절감을 도모함으로써 경제성 확보가 가능할 것이다.

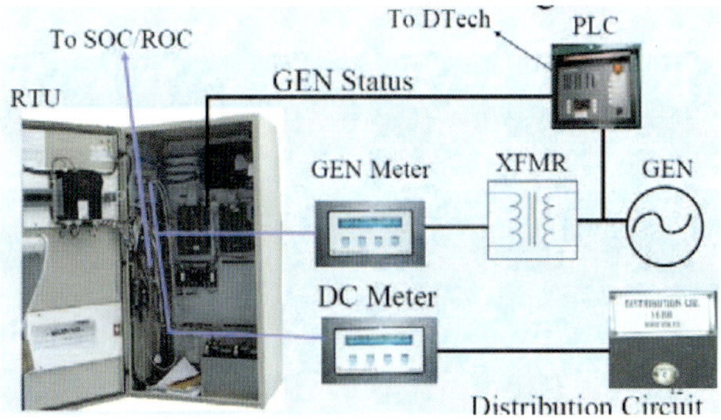

그림 2-9 분산발전기의 모니터링 시스템 구성 사례

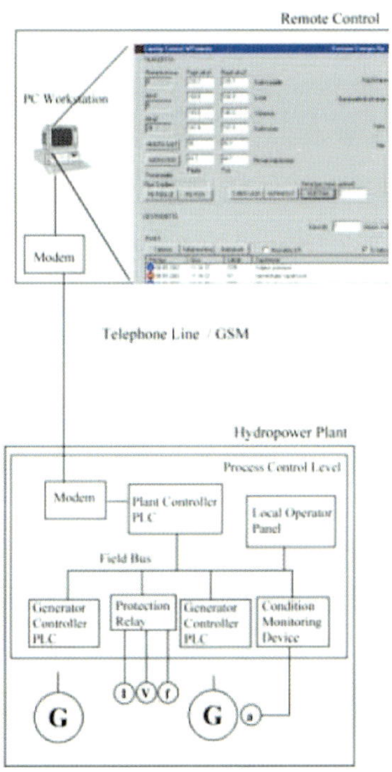

그림 2-10 PLC 기반의 원격제어시스템 구성

④ 수차발전설비 성능평가 기술

수차의 성능평가기법과 관련된 국가적으로 표준화된 성능평가 기준의 부재와 수차발전설비 성능시험 인증기관이 없어 수차 성능인증이 거의 이루어지지 않고 있다. 수차발전설비의 성능인증은 제작 및 설치단계에서 수차발전기의 성능(출력, 효율, 제어기능, 진동 등)이 설계치를 만족하는가의 확인이 필요하다.

또한, 운영단계에서는 경년변화의 열화현상으로 나타나는 성능저하나 고장징후를 초기에 확인하고 적절한 보수조치를 취하여 고장발생을 방지함으로써 유지관리비용을 최소화하고, 수차 효율을 증대하기 위해서도 설계, 제작, 운영관리에 대한 체계적인 성능진단 전문기관 등에 의해 수차 발전설비 성능인증이 필요하나, 소수력에서는 성능평가가 거의 이루어지지 않고 있다.

(가) 성능평가기법 기술

소수력 발전소의 증가에도 불구하고 발전설비에 대한 수차발전기뿐만 아니라 보조기기에 대한 설계 및 제작 단계에서 검토되어야 할 기술기준이나 평가방법이 정립되어 있지 않으며, 소수력 성능진단 전문기관 등에 의해 수차 성능이 인증되고 있지 않아 발주처에서 요구하는 보증사항(효율, 출력, 진동 등)을 정확하게 확인하지 못하고 있어 국가적인 자원 낭비요인이 존재하고 있다. 또한 국내의 수력 발전설비는 평균 사용 연수가 약 20년이 넘어 향후 설비 현대화가 빠르게 진행될 전망이며, 발전설비 상태진단이나 용량 증대사업이 활성화될 예정이다. 그러나 수차발전기 성능평가를 통한 설비 현대화 기술은 주 공급을 외국 제작사에 의존하고 있어 현재까지는 국내 산업이 활성화되지 못한 상태이다. 국내 대부분의 전력회사들도 관련 장비와 인력의 미확보로 성능평가가 거의 이루어지지 않고 있다.

(나) 성능시험 센터 구축

소수력 시장이 확대되고는 있으나 성능시험 및 인증과 관련된 국가적인 기관의 부재로 발주처의 규모나 담당자의 역량, 인식의 차이에 따라 해당기술의 품질이 달라지고 있어 국가적인 자원의 낭비요인이 존재하고 있다. 국내 대수력의 경우 선진국 일부사업자(제작자)에게 막대한 규모의 외화를 들여 성능을 확인받고, 국내수차의 경우 한국수자원공사에서 수탁시행하고 있으나 국가적인 인증기관이 없어 품질에 대한 신뢰확보에 대한 요구가 상존하고 있다.

(다) 설비보전 및 현대화 기술

수력 발전소의 설비보전 및 현대화 기술은 발전소 건설 후 장기간 발전으로 발전소의 성능저하가 일정수준 이상으로 발생되어 건설 당시 또는 설계 당시의 성능을 발휘하지 못하는 경우 고장이 발생되기 전에 건설 당시의 성능을 회복시키기 위하여 최신의 기술과 소재를 접합시켜 최적의 성능을 발휘하도록 하는 기술이다. 설비의 장기 운전에 따라 설비노후화에 대한 설비교체 등 지속적으로 발전설비 정비가 실시되어 있으며, 근래에는 수명연한이 다한 수차발전기의 수명을 연장하고 성능을 향상시키는 리모델링 사업이 국내외적으로 활발히 진행되고 있다.

신규발전소의 건설이 과거 성장위주의 개발정책에 따라 발전소 지역주민이 기피시설로 인식, 발전소 건설에 부정적 요인으로 작용하여 경제적·환경적 어려움으로 인해 용이하지 않았다. 신규 발전소 건설의 현실적인 대안으로 노후 수력 발전소에 대한 수명연장과 현대화에 대한 투자가 고려되고 있다. 국내 수력 발전소의 시설 대체 기술은 1943년 청평수력 발전소의 상업운전 이후 외국자본과 기술에 의해 건설되는 수력 발전소를 통해 기술의 습득과 전수가 이루어져 왔다.

1970년대 이후 국내 수력 발전소의 개발 한계와 맞물려 대용량 화력발전소와 원자력발전소가 본격적으로 건설됨에 따라 국내 전력생산의 핵심기능을 화력과 원자력에서 담당하게 되고 이에 따라 수력 발전에 대한 기술개발이나 인력양성은 등한시 되어온 게 사실이다. 더욱이 근래에는 신규 수력 발전소의 건설수요 감소, 마저 설계 및 제작 분야의 체계적인 기술이나 연구인력 등이 부족하고, 제작회사 또한 소수력을 제외한 중·대수력의 경우는 전무한 실정이다.

다. 선진국 대비 기술 수준

1) 기술 수준 총괄

2006년 말 기준으로, 소수력 분야의 전문가(기술연구회)의 분석을 통한 소수력 분야의 선진국 대비 기술 수준은 81.6%로 분석되었다.

핵심기술별 기술 수준을 보면, 과거 기술개발이 추진된 경험이 있는 자원조사 부문의 기술 수준은 94.5%로 높게 분석되었으며, 타 분야와의 일부 기술에서 호환이 가능하고 전통적으로 기술이 축적된 발전기 기술(90%) 또한 높게 평가되었다. 그러나 소수력 발전시스템의 핵심이라 할 수 있는 수차의 경우 선진국대비 65%의 수준을 나타내어 향후 이 부문의 기술개발이 시급함을 알 수 있다.

표 2-6 선진국대비 기술 수준(2006년 말 기준)

핵심기술(비중)	국외현황	국내개발현황	국외대비 수준(%)	국내생산업체
소수력 자원 조사 및 활용 (10)	• 전국 규모의 포장 수력 조사 개발 완료	• 국내 소수력 자원조사 및 평가(1989~1992년)를 완료하고, 환경친화적 자원조사 활용기술 개발 중	94.5	한국에너지기술 연구원, 종합 엔지니어링(도화, 삼안, 현대, 유신)
수차 (25)	• 수차 종류별로 설계기술이 확보되고 형식별로 표준화 및 간소화 개발 완료	• 카플란 수차, 입축 프로펠러 수차, 프란시스 수차 설계기술 및 국산화 개발 • 형식별 수차 설계기술과 표준화 기술은 미흡	65	대양전기
발전기 (15)	• 발전기 형식별로 표준화 및 간소화 개발 완료	• 유도발전기는 개발 완료, 가변속 유도발전기 개발 필요 • 동기발전기 기술개발 필요 • 베어링의 국산화 개발 필요	90	(주)두산중공업, (주)일진중공업, 현대중공업(주)
송배전설비 (12)	• 전자수배전반을 실용화하고 수배전반의 표준화 · 간소화 개발 완료	• 수배전반 기반기술은 확보 • 일부 보호계전기 개발 필요	90	한국전기조합, LG산전 등
강재설비 (취수문 및 밸브) (8)	• 설계기술 및 시공기술 실용화	• 강재설비 기반기술은 확보 • 밸브는 신뢰성 향상이 필요한 수준임	90	현대중공업(주), 금전기업 등 다수
자동화 및 계통연계장치 (7)	• 무인발전소 구축 및 계통연계장치 기술 실용화 • 자동화를 통한 시스템 신뢰성 향상	• 자동화, 계통연계 안전장치 등 부품개발이 필요 • 인터넷 기반 네트워킹 무인화 기술개발 필요	85	한국자동제어 조합, 하니웰, LG산전 등 다수
시스템감시 및 진단 (10)	• 수차발전기 가동상태를 파악하기 위하여 ON-LINE 진단시스템을 구축하여 실용화	• 시스템 감시 및 진단에 관한 기반기술은 확보 • 소수력에 대한 응용 및 적용 기술 개발 필요	85	하니웰, LG산전 등 다수

표 2-6 (다음 Page)

핵심기술 (비중)	국외현황	국내개발현황	국외대비 수준(%)	국내생산업체
성능평가 및 실증 (6)	• 관련국제 규격 및 절차서 등에 따라 성능평가 실시	• 인프라, 기술 수준 등이 미흡 • 프란시스 수차 실증연구 개발 중	60	국책연구소, 한국수자원공사
시공 (7)	• 저가 설계 및 시공기술 확보	• 시공기술 확보	90	LG산전, (주)효성, (주)두산중공업, 현대중공업(주) 등
전체			81.6	

2) 세부 핵심 기술별 선진국 대비 기술 수준

선진국의 경우 1970년대에 두 차례의 석유파동이후 정부가 소수력 기술개발에 집중적으로 투자하여 1990년 초에 낙차와 유량에 따라 표준범위에 적합한 수차를 형식별로 표준화하고, 대량생산에 의한 수차 건설비용을 절감하여 경제성을 향상시켰으며 가능한 자원개발을 강력하게 지원하고 있다.

1990년대부터 기후변화 협약에 따른 환경문제와 신·재생에너지 이용의 중요성이 강조되면서 청정에너지인 소수력을 개발하는 나라들이 늘어났고 각 나라마다 여러 가지 활성화 정책을 시행하고 있으며, 수차발전기의 표준화 기술향상과 시스템운용 자동화 등의 기술개발로 경제성이 확보되어 보급이 확대되어 가는 추세이다.

국내의 소수력 발전시스템의 기술 수준은 선진국에 비해 전반적으로 뒤처져 있고 소수력 자원조사 및 활용기술은 선진국과의 기술격차는 적으나 핵심 소재나 수차 설계제작 기술과 성능측정 및 인증시험 분야는 선진국과의 기술격차가 더 많이 나고 있는 실정이다.

해외 수력 발전소 선진국의 경우 원천 설계기술은 물론 오랜 운전경험과 풍부한 제작, 건설경험을 보유하고 있으며 특히 근래에는 환경적 인·허가의 규제강화 등으로 다양한 분야의 기술들이 검토되고 개발되어 왔다. 또한 1900년대 초에 건설된 수많은 수력 발전의 수명연장, 성능개선 등의 구체적인 경험과 사례를 통해 데이터의 취합 및 해석, 잔여수명 평가, 설비 및 구조물의 현장검사 등 이를 통한 발전소 전략개발, 운전전략, 노동력 및 정비계획 전략, 위험도 분석 및 생산 포트폴리오 향상 전략 등의 많은 노하우를 축적해 오고 있다.

특히, 선진국은 전 세계 수력 발전소 시장을 분할, 선점하고 있어 관련 산업이 번창하고 지속적인 기술개발과 인력양성이 가능한 선순환 구조를 유지하고 있다.

① 소수력 자원조사 및 활용기술

소수력 개발입지 선정 및 사전조사는 아시아 개발도상국 등에 기술자문 및 기술지원을 하는 수준이며, 토목 및 시공기술은 선진국과 동등한 수준이다.

소수력 자원조사 및 활용기술은 선진국과의 기술격차는 적으나, 선진국 수력 에너지 건설 엔지니어링은 대형 발전설비 제작자가 중심이 되어 자사 제품의 공급을 조건으로 조사, 설계 및 시공을 시행하고 있다.

② 발전설비의 국산화 및 표준화 기술

(가) 수차

선진국은 수차발전기의 형식, 발전방식, 규모, 설비용량별로 전 분야에 대해 표준화된 기술개발이 완료되어 상용화 보급을 확대해 가는 추세이다. 수차개발은 외국에서는 잘 확립된 기술이며, 효율도 높은 수차의 개발이 진행되고 있다. 이에 비해서 우리나라는 일부형식에 따른 수차를 국산화하였으나, 저낙차 및 소규모 유량에 적합한 수차를 개발하지 못한 단계이며, 또한 표준화 작업도 이루지 못한 실정이다. 미국은 90년대에 수차의 표준화를 완료하였고, 일본은 70년대에 전국 규모의 수력조사를 수행하였으며, 80년대에 Sunshine계획의 일환으로 수차의 국산화개발과 소수력 발전 시스템 자동화연구를 수행하고, 90년대에는 New Sunshine 계획으로 수차의 표준화개발을 완료하였다. 중국은 소수력 수차의 형식별 국산화 개발 및 표준화를 이루고 1990년 이후 매년 소수력 발전소를 건설하여 100,000개 지점에 30,000MW의 시설용량으로 세계에서 가장 많은 소수력 발전소를 보유하고 있다. 국내에서는 개발지점에 따른 수력 제원에 근거한 수차를 설계 제작하였으나, 선진국에서는 주문 제작이 아닌 낙차와 유량에 따라 일률적으로 설계 제작된 소수력 수차를 종류별로 표준화하여 경제성 향상을 기하고 있다.

표 2-7 표준화 수차 생산현황

제작회사	국명	형식	표준화 내용	비고
Allis~Chalmer	미국	Tube	D : 750~3,000㎜, 10단계	D : 수차직경
Fuji	일본	Tube Bulb	D : 800~2,500㎜, 11단계 D : 1,250~2,000㎜, 5단계	
CMEC	중국	Francis	D : 300~1,000㎜, 13단계	
Flygt	스웨덴	Tube	D : 200~2,400㎜, 10단계	
Bofors~Nohab	스웨덴	Bulb	D : 500~3,000㎜, 6단계	
Neyrpic	프랑스	Bulb	D : 800~1,800㎜, 5단계	

(나) 발전기

소수력 선진국인 유럽이나 일본의 경우 표준화된 용량이 설정되어 있어 필요한 곳에 표준화된 발전기를 바로 설치하거나 교체 등의 적용 시 편리하지만, 우리나라의 경우 표준화가 되어 있지 않아 교체나 신규 설치 시 설계 제작기간과 제작비용이 많이 소요되는 단점을 지니고 있다. 표준화가 된 경우 용량별로 효율의 보장이 가능하지만, 주문 제작의 경우 효율의 보증이 표준화에 비해 상대적으로 어려운 편이다.

표준화된 발전기의 용량은 다음과 같이 수천 kW의 것은 찾아보기 힘들고 주로 수백 kW 또는 그 이하의 경우가 대부분이다. 따라서 용량이 큰 곳에 발전기를 선택할 경우에는 비표준 등을 고려하는 것도 가능하지만, 대부분의 소용량 발전소에 적용되는 발전기는 표준화 및 수차와 일체화된 발전시스템의 적용이 매우 합리적이다.

표 2-8 유도발전기의 표준용량(참고용)

국가명	표준용량(kW)
유럽	0.12, 0.25, 0.37, 0.55, 0.75, 1.1, 1.5, 2.2, 3, 4, 5.5, 7.5, 11, 15, 18.5, 22, 30, 37, 45, 55, 75, 90, 110, 132, 160, 220, 250
일본	0.2, 0.4, 0.75, 1.5, 2.2, 3.7, 5.5, 7.5, 11, 15, 19, 22, 30, 37, 55
한국	소용량인 경우 유도전동기와 같은 용량을 선정하고 있지만, 중대형인 경우 주문 생산

소수력의 보급이 활성화된 선진국이나 소수력의 보급용량이 높은 중국과 같은 나라에서는 발전기에 대한 표준화가 이루어져 필요한 곳에 바로 설치가 가능하도록 시스템이 구축되어 있기 때문에 용량별 효율이 점차 개선되고 있다. 그러나 국내에서는 설치대수가 제한되어 있고, 출력용량도 발주처에 따라 달라지기 때문에 표준화에 의한 용량 선정까지는 다소 거리가 있는 것이 사실이다. 한편 발전소의 용량을 지금보다 낮추어 설치에 적합한 환경을 조성할 경우에는 표준화된 용량의 보급도 가능할 것으로 판단된다.

발전기는 소용량에 비해 용량이 높아질수록 효율이 높아지고 있고, 강판 및 절연기술의 향상으로 발전기에 대한 효율이 높아짐에 따라 예전에 비해 효율이 높은 발전기의 설계 제작이 가능하도록 기술력을 제고하고 있고, 신규는 물론 노후화로 효율이 낮아진 발전소의 설비 교체 시는 효율이 높은 발전기를 설치함으로써 발전량의 향상을 도모하기 위한 방법을 찾는 것도 중요하다.

소수력 수차 제작업체는 중국을 비롯하여 여러 나라에 산재되어 있는데 생산업체 수가 많은 나라에서는 수차발전기와 부속설비를 표준화하여 해외시장에 수출하고 있다. 미국의 수차 제조업체인 Allis Chalmers사의 경우 각종 수차에 대하여 표준화하였으며, Voith사는 저낙차(4~5m)에 적합한 수차를 표준화하고 수차의 설치형식도 낙차와 유량에 적합하게 표준화하여 공사비의 절감에 주력하고 있다. 일본은 신에너지재단, 전원개발(주)과 수차발전기 제조업체 7개사가 공동 연구하여 수차발전기 표준화·간소화를 이루었고, 우리나라 소수력 개발 초기에 많은 수차를 제조 공급한 스웨덴의 Flygt사도 저낙차 소수력 개발지점에 적합한 수중형 발전기의 표준화된 수차를 개발하여 세계 각국에 판매하고 있다.
세계시장을 선도하는 주요 수차발전기 생산회사 현황은 다음과 같다.

표 2-9 세계 주요 수차발전기 생산회사 현황

생산회사(국적)	생산 품목과 주요 특징	비고
Zond, Enron(미국)	• 소수력 수차발전기 생산	
Allis Chalmers(미국)	• 각종 수차에 대하여 표준화하여 생산	
Enercon, Aerocraft(독일)	• 소수력 수차발전기 생산	
Voith(독일)	• 저낙차 수차를 표준화하고 낙차유량에 적합하게 kit화하여 공사비의 저감에 주력하여 생산	
NEDO(일본)	• 후지, 도시바, 미쓰비시 합동으로 각종수차에 대하여 표준화	
Flygt(스웨덴)	• 저낙차 소수력 개발 지점에 적합한 수중형 발전기 생산	
Koessler(오스트리아)	• 500㎾ 이상 3MW 미만 소수력 수차발전기생산	
VATRCH(오스트리아)	• 3MW 이상 소수력 수차발전기 생산	
Hydro Link(체코)	• 500㎾ 이하 소수력 수차발전기 생산	
NEG Micon(덴마크)	• 소수력 수차발전기 생산	
Dependable(캐나다)	• 5MW 이하 소수력 수차발전기 생산	

③ 계통보호 및 자동화 기술

최신의 IT기반 기술의 선점을 위하여 국가간 또는 산업간 생존경쟁이 치열해지고 있어 모든 산업설비에서 IT기술의 지배력이 강화되고 기술의 종속이 심화되고 있다. 수력 발전분야의 IT기술에 대한 원천기술을 갖고 있는 선진기업들은 수력 발전 IT 기술로 하위의 각종 기계장치를 Package로 구매할 것을 강요하고 있는 사례도 점차 증가하고 있다. 발전 IT기술은 과거의 설비 감시제어기능을 중심으로 발전하였으나, 최근 기술 동향은 기존의 감시제어 기능에 통합운영개념 도입, 경영 정보 제공, 인터넷을 통한 자료공유 등 사회전반의 욕구를 충족할 수 있도록 기능이 추가되고 있다.

선진국 대비 국내 기술 수준 중 계통보호 및 연계 설계 및 기기 기술, 제어시스템 기술 및 원격감시기술 등은 선진국과 동등 수준으로 판단되나 제어기 및 액추에이터, 감시진단 기기 및 진단 소프트웨어 기술은 열세인 것으로 판단하고 있다. 특히, 진단기술은 대규모 화력발전소 등을 중심으로 국내 기술이 적용되고 있으나 소수력 발전소에 적용하기 위해서는 저가화, 콤팩트화, 통합화가 필요하다.

표 2-10 계통보호 및 자동화 기술 수준 비교

분야		국내기술 수준 (선진국 대비)	비고
계통보호 기술	계통보호 설계기술	◎	저압/고압연계
	계통보호 기기 기술	○	디지털 통합계전기, 분산전원 연계보호용 계전기 등
자동화 및 무인화 기술	제어기 및 액추에이터 기술	▼	가바나, 제어기 등
	제어시스템 기술	◎	PLC, DCS 등
	원격감시기술	◎	통신기술, RTU, SCADA 등
	기기 상태진단기술	▼	발전기, 터빈, 변압기 등

주 : ◎ : 선진국 대비 동등 수준 ○ : 다소 미진 ▼ : 열세

무인제어 및 계통 병입 안전장치는 경우 외국의 경우 개발이 완료된 상태이며 그림 2-11은 미국의 소수력 발전 자동제어 시스템을 나타내고 있다. 외국에서는 무인제어 시스템이 상용화되고 있으며, 계통 병입의 경우 독일은 소용량(50㎾ 이하)의 소수력 발전시스템도 계통선에 연계하여 전기를 판매하고 있다.

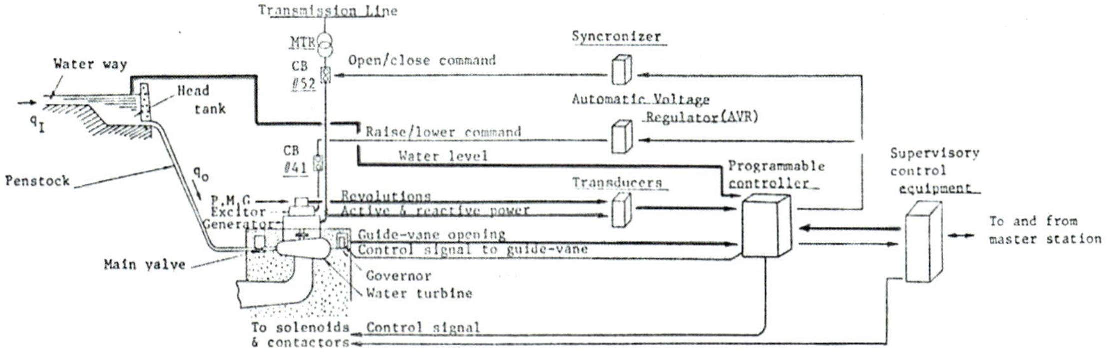

그림 2-11 소수력 발전소의 자동제어시스템

세계시장을 선도하는 계통병입 안전장치 생산회사는 다음과 같다.

표 2-11 계통병입 안전장치 주요 생산회사 현황

생산회사(국적)	생산품목과 주요 특징	비고
Flygt(스웨덴) Obermaire(미국) Dependable(캐나다) CMEC(중국) Fuji(일본)	계통병입장치 및 제어장치 〃 〃 〃 〃	소수력 발전설비 수출시 계통병입장치 및 제어장치를 일체형으로 공급

④ 수차발전설비 성능평가 기술

○ 수차의 성능진단 기술에서 외국이 우리보다 앞서가는 것은 수차효율 측정 기술이다. 수차효율측정의 핵심은 수차의 사용수량을 측정하는 것이다. 외국의 유량 측정기술이 앞서나가는 것은 이용 가능한 수력 발전시설의 적지가 풍부함에 따라 수력 발전에 대한 전력의존도가 높아 투자가 많이 이루어졌고, 핵심기술을 가질 수 있는 제작사가 유럽, 북미 및 일본에 집중되어 있으며, 석유파동 이후 정부에서 강력하게 소수력 발전사업에 많은 투자를 하였기 때문이다.

○ 소수력 보급이 활성화된 미국, 유럽, 일본 등은 국제전기위원회규격(IEC)과 절차서 등에 따른 기술기준에 의해 성능 평가가 수행되고 있다. 수차 제조회사는 정밀한 성능시험시설을 보유하여 모델시험을 실시한 후에 제작 설치함으로써 수차의 효율 향상으로 신뢰성을 제고하고 있다. 스위스 EPFL은 고기능의 수차 성능시설을 보유하고 있어 공인 시험 성적서를 발급할 뿐만 아니라 설계 수정 및 보완사항으로 수차 성능이 향상되고 있다.

○ 선진국 대비 국내 수차발전설비 성능평가 기술 수준은 다음과 같이 60% 정도이다.

표 2-12 수차발전설비 성능평가 기술 수준 비교

분야	기술항목	선진국 대비 기술 수준				
		부족	다소부족	동등	우월	보다우월
성능평가 및 실증	수차성능평가기법 수차성능시험센터		○ ○			

2. 현재 기술개발 및 산업체 동향, SWOT 분석

가. 기술개발 동향

1987년부터 대체에너지개발촉진법에 의거 정부주도로 소수력 기술개발에 관한 연구를 지원하여 주로 자원조사, 수차개발, 최적 운용기술 등의 설계기술을 확보하고 국산화 기술개발을 추진하였다. 국내 소수력 자원조사 및 평가를 '89년부터 '92년까지 정부의 지원으로 소수력 자원조사를 수행하여 전국을 대상으로 경제성이 있으면서 소수력 발전소 설치가 가능한 지역을 선정하고 개발 우선순위를 결정하기 위한 타당성 조사연구를 수행하여 발전사업자가 쉽게 개발입지를 확인할 수 있도록 하였다. '06년도에는 초기 투자비 저감과 보급 확대를 위한 소형 소수력 발전설비 기술개발과 소규모 미활용 소수력 자원 확대를 위한 수차, 구조물 등 관련 기술개발 등 6개 과제가 진행 중에 있다.

국내의 소수력 관련 기술개발 실적은 표 2-13과 같다.

표 2-13 소수력 발전 관련 기술개발 실적

연도	기술 개발 사업명	수행기관
1974	소수력 발전 입지조사	한국원자력(연)
1975	시범 소계곡 발전소의 연구조사 설계	한국원자력(연)
1982~1984	국내 소수력 자원 조사 및 평가	에너지기술(연)
1983~1987	한국형 소수력 발전시스템 개발	〃
1988	횡류형 수차 개발	〃
1988	소수력 발전시스템 설계기술	〃
1991	저낙차용 수차 개발	생산기술(연)
1989~1992	소수력 자원의 정밀조사 및 최적개발 분석	에너지기술(연)
1993~1996	소수력 발전소의 최적운용기법 개발 및 적용	〃
1997	소수력 발전소의 건설타당성 조사 기본계획	〃
1997~1999	소수력 발전소의 개발활성화	〃
1997~1999	카플란 수차 설계기술 및 국산화기술 개발	〃
2002~2005	프란시스 수차 표준화 설계모형 개발	〃

1) 소수력 발전용 수차개발 현황

수차의 국산화를 위한 기술개발에 착수하여 '99년에는 카플란 수차, 튜블러 수차를 국산화 개발하였으며 '02년도에는 국내에 산재되어 있는 농업용저수지 및 다목적댐을 이용하기 위한 중・저낙차용 프란시스 수차 기술개발을 착수하여 '05년도에 기술개발 완료 후 성능개선 및 효율향상을 위한 실증연구를 추진 중에 있다. 수차개발은 보급 활용도가 비교적 높은 프로펠러, 카플란, 프란시스 수차의 기술개발을 추진하였으나, 횡류형(Cross Flow) 수차, 사류 수차 등 국산화 적용 가능성이 높은 다양한 수차의 개발이 필요한 실정이다. 또한, 소규모 발전설비의 패키지화 제작기술의 표준화와 유량 및 낙차에 따라 적용 가능한 소규모 수차의 개발을 진행 중에 있다.

① 튜브수차(tube turbine)

튜브수차는 저낙차의 소수력 발전소에 적용이 가능한 수차이며, 유량과 낙차가 일정한 소수력 발전소에 효과적으로 외형은 그림 2-12와 같다.

그림 2-12 튜브수차의 외형

② 횡류형 수차(crossflow turbine)

횡류형 수차는 저낙차 및 중낙차의 소수력 발전소에 적용이 가능하며, 유량변동이 심한 소수력 발전소에 효과적으로 외형은 그림 2-13과 같다.

그림 2-13 횡류형 수차의 외형

③ 저낙차용 수차

저낙차용 수차는 저낙차의 소수력 발전소에 적용이 가능한 수차이며, 외형은 그림 2-14와 같다.

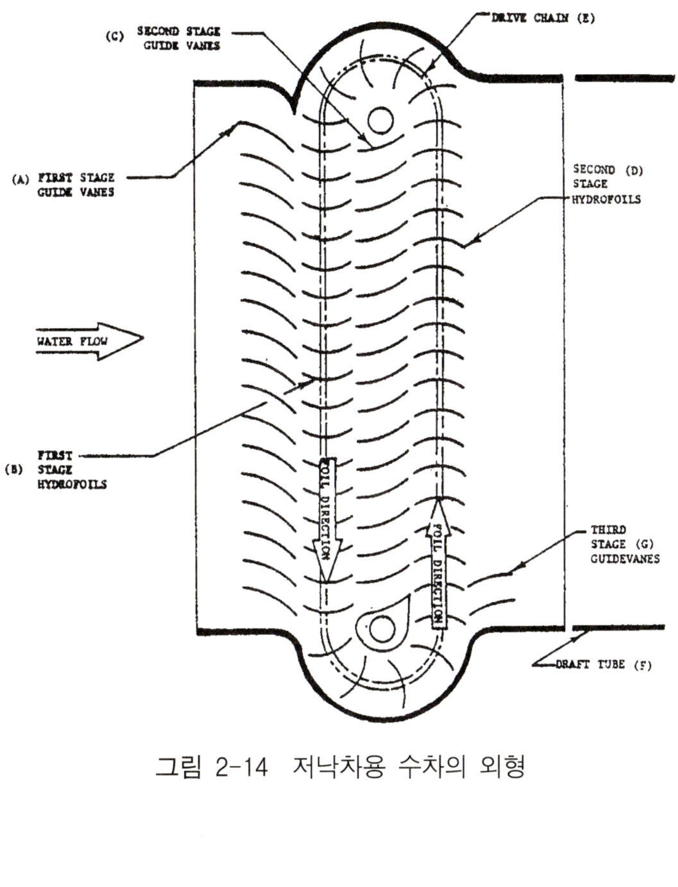

그림 2-14 저낙차용 수차의 외형

④ 카플란 수차(Kaplan turbine)

카플란 수차는 저낙차의 소수력 발전소에 적용이 가능한 수차이며, 특히 유량과 낙차의 변화가 심한 소수력 발전소에 효과적으로 외형은 그림 2-15와 같다.

그림 2-15 카플란 수차의 외형

⑤ 입축 프로펠러 수차(vertical axis propeller turbine)

입축 프로펠러 수차는 튜브수차와 같이 저낙차의 소수력 발전소에 적용이 가능하고 유량과 낙차가 일정한 소수력 발전소에 효과적이며, 회전축이 지면에 수직인 것이 특징으로, 외형은 그림 2-16과 같다.

그림 2-16 입축 프로펠러 수차의 외형

⑥ 프란시스 수차

프란시스 수차는 중·저낙차에 알맞은 수차로서 국내에 산재한 농업용저수지 및 댐을 이용한 소수력 발전에 적용이 가능한 수차로서 2002년 6월부터 3년간 한국에너지기술연구원과 대양전기가 공동으로 국산화 개발하였다. 프란시스 수차의 외형은 그림 2-17과 같다.

그림 2-17 프란시스 수차의 외형

2) 발전기

우리나라에서 주로 사용되는 발전기는 크게 유도발전기와 동기발전기가 주류를 이루고 있다. 최근 소수력에 적용되는 발전기는 소수력 개발에 따른 인·허가와 배전선로 연계기준에 따라 3,000㎾ 이하로 개발되고 있어 주로 유도발전기가 선정되고 있다. 이는 동기발전기에 비해 가격 및 유지보수의 측면에서 유리한 강점에 소수력의 개발 장소가 외딴 곳이 아닌 이미 전력이 공급되고 있거나 기존에 전력을 사용하고 있는 시설물의 구내 또는 계통에 근접한 곳에 이용되기 때문에 유도발전기의 적용이 여러 측면에서 유리하기 때문이다. 따라서 향후 개발되는 소수력 발전에는 유도발전기의 적용이 더욱 증가할 것으로 예상된다.

유도발전기나 동기발전기는 소수력 발전 외에 풍력 발전 등 다양한 분야에 유량 및 낙차 또는 풍량 등의 변화에 속도제어를 통해 적용이 가능한 회전기기이다. 그러나 소수력에 한정할 경우 현재까지의 수요는 매우 극소수로 주로 주문에 의해 제작되고 있다. 이와 같은 점이 발전기의 기술개발에 큰 단점으로 작용하고 있다.

유도발전기는 유도전동기를 회전속도만 높일 경우 그대로 사용할 수 있지만, 동기속도 이상 회전할 경우 기기에 스트레스로 작용할 수 있기 때문에 설계 시에 이를 고려하고 있다. 소수력에 사용되고 있는 발전기의 경우 출력은 낙차와 유량의 변동이 일정하기 않기 때문에 정격 효율을 유지하기가 매우 어렵다. 이와 같은 단점을 극복하기 위해 선진국의 경우 가변속 구동 시스템 기술을 발전기에 도입하여 효율을 높이는 연구가 한참 진행되고 있지만, 국내의 경우 보급에 한계가 있어 이에 대한 연구가 거의 전무한 실정이다.

현재 국내에서 생산되고 있는 유도전동기에 대한 기술은 세계가 인정할 정도의 높은 기술력과 제작기술을 보유하고 있다. 그러나 유도발전기에 대한 설계 및 제작이 활발하지 않은 이유는 국내 산업기반의 취약으로 공급량이 많지 않아 이에 대한 연구와 설계기술의 진전이 없기 때문이다. 따라서 향후 소수력의 보급 활성화를 위한 제작 및 설계기술의 향상이 이루어져야 할 것이다.

3) 계통보호 및 자동화 기술

계통보호기기는 소수력 발전뿐만 아니라 태양광, 풍력 등 분산전원의 보급 확대와 더불어 관련 기기의 국산화개발이 빠르게 진행되고 있으며, 이들 기기의 소수력 발전 분야에의 적용이 가능할 것으로 보인다. 특히, 분산전원의 전력계통 연계용 보호기기의 국산화 개발이 꾸준히 진행되어 오고 있으며 이들 중 일부는 국산화되어 있으나 국제적인 기술표준에 적합할 수준의 제품 개발은 지연되고 있다. 전력 IT사업 등 대규모 국책과제의 진행과 더불어 계통보호용 디지털 통합형 보호기기의 상업화가 조만간 완료될 예정이며 이 결과물을 소수력 발전 분야에도 적용이 가능할 것으로 보인다.

자동화를 포함한 무인화, 원격 감시를 위한 통신 및 기기기술은 국내 기술 수준이 해외 수준과 동등한 것으로 판단된다. 그러나 데이터 축적과 분석을 통한 장비의 이력관리, 수명예측 등 소프트웨어적인 기술개발이 더욱더 필요한 것으로 사료된다.

수명 예측을 통한 장비 가동시간의 연장 등 상태진단 기반의 유지보수기술은 대형 발전소를 중심으로 기술진행이 진행되고 적용되고 있으나 아직 소수력 발전소에 적용하기에는 가격적인 부담이 크다. 따라서, 수차, 발전기 및 수배전반 등을 통합적으로 감시 진단할 수 있는 저가형 진단기기 기술 개발이 필요하나 소수력 분야에서 아직 이들 기술개발이 진행되고 있지 않다.

4) 수차발전설비 성능평가 기술

발전설비의 가동률을 높이기 위해서는 제작 및 준공단계에서 수차발전기의 성능(출력, 효율, 제어성능, 진동 등)이 설계치를 만족하는가의 확인이 필요하며, 운영단계에서도 체계적인 관리가 필요하다. 소수력 발전소도 대수력 발전소와 같이 체계적인 성능평가와 효율시험 절차를 적용하지는 않더라도 최소한의 절차를 정하여 효율을 평가하여 관리하여야 수명 연장과 성능을 향상시킬 수 있으나, 이러한 성능평가나 효율시험이 소수력에서는 소홀히

되는 경향이 있다. 소수력은 사업주체에 따라 효율시험 실시여부나 항목이 매우 상이하게 이루어지고 있다. 대수력을 보유하고 있는 일부 발전사업자는 성능평가와 효율시험을 위한 인력구조와 기술 보유로 수행하고 있으나, 사업주체에 따라 성능평가 실시여부나 항목이 매우 상이하게 이루어지고 있다. 그러나 대수력을 보유하고 있는 일부 발전사업자는 체계적인 성능평가 인력구조와 기술을 보유하고 있기 때문에 성능평가가 잘 수행되고 있으나, 소수력 설비용량의 42%를 점유하고 있는 민간 발전사업자의 경우 성능평가는 거의 이루어지지 않고 있는 실정이다.

발전설비의 성능평가 및 인증은 운영 중인 단계와 준공단계에서 더욱 중요하다. 이는 인수설비의 품질보증뿐 만 아니라 향후 수명이나 성능에 매우 중요하므로 반드시 실시하여야 하나, 이러한 성능평가가 소수력에서는 인력과 기술부족으로 수차발전설비 성능평가가 거의 이루어지지 않고 운영관리하고 있다.

나. 산업체 동향

국내 수력 발전사업의 경우, 그간 다목적댐 개발에 따른 대형 발전소 위주로 개발되었으나, 입지조건이 유리한 개발지점이 적고, 또 남아 있는 지점도 소규모일 뿐만 아니라 최근 들어 환경보호 문제로 대형 수력개발은 점차 어려워지고 있다. 최근에는 유가상승과 기후변화협약 등에 따른 신·재생에너지 개발이 적극 장려됨에 따라 소수력 개발이 활발하게 추진되고 있다.

국내 수력 에너지는 부존 잠재량에 비해 활용 가능량은 부진한 실정이며, 특히, 환경 친화적인 청정에너지로서 최근에는 수도 관로, 화력발전소 온배수, 농업용 저수지, 하수종말처리장 등으로 그 적용범위가 급격히 확대되고 있는 추세이다.

국내 수력 발전기술중 수차는 대수력의 경우 거의 대부분이 외국산인 반면, 소수력은 초기에는 외국제품이 주류를 이루었으나, 정부의 기술개발 지원과 관련 연구소 및 제작사의 지속적인 노력으로 카플란 수차, 튜블러 수차, 프란시스 수차에 대한 국산화 기술자립은 일부 확보된 상태이며, 소형 패키지형 수차의 경우 국산화 개발이 진행 중에 있다. 1986년에 가동된 임기소수력부터 국산수차가 채용되어 전체 125기 중에서 62기가 국내에서 제작한 수차를 채용하여 운영 중에 있다. 수차의 일부 형식은 중소업체에서 설계기술과 제작기술의 국산화가 완료되어 보급하고 있다. 그리고 국내의 자본력과 기술력이 축적되어 있는 대기업에서 발전설비를 국산화하기 위하여 기술개발에 착수하고 있다. 수차 및 요소 부품을 국산화 개발하기 위해서 대양전기, (주)일진전기, 효성에바라, 신한정공, 태영기업 등에서 기술개발에 참여하고 있으며, 수차발전기 생산회사는 다음과 같다.

표 2-14 국내 주요 수차발전기 생산회사 현황

생산회사	주생산품목과 특징	비고
대양전기	3MW 이하 소수력 수차발전기 생산	
효성에바라	수차발전기 생산	2009년 이후
신한정공	수차발전기 생산	2009년 이후
태영기업	수차발전기 생산	2009년 이후
레네텍	수차발전기 수입 판매	
(주)두산중공업	대수력 수차발전기 생산	
(주)일진전기	5MW 이하 소수력 수차발전기 생산 (캐나다의 Dependable사와 기술협력)	2008년 이후
현대중공업(주)	발전기 생산	

소수력 발전소의 연도별 준공 현황은 2000년도 이전에 건설된 소수력 발전소는 민간 발전사업자가 다수를 차지하였으나, 지역에너지보급사업과 발전차액지원제도가 2001년도에 시행된 이후 개발된 소수력은 대부분 공공기관인 지자체의 하수종말처리장이나 상수도 관로, 한국수자원공사의 다목적댐이나 상수도 관로, 한국농촌공사의 농업용저수지, 한전 발전회사의 양수발전소 하부댐 및 화력발전소의 냉각수를 이용한 발전소가 대부분을 차지하고 있다. 그리고 최근 민간 발전사업자가 개발한 소수력 발전소는 한탄강댐 유역에 설치하여 준공된 고문 소수력 발전소(설비용량 1,500㎾, 2007.7)가 유일하다.

표 2-15 소수력 발전소의 연도별 준공 현황

구분	계	2000이전	2001	2002	2003	2004	2005	2006	2007
발전소	51	26	4	2	2	2	6	4	5
설비용량(㎾)	65,412	42,423	5,000	76	1,900	590	5,449	6,284	3,690

다. SWOT 분석

(강점)Strength	(약점)Weakness
• 국산에너지 중요성 증대로 신속한 사업 추진 가능 • 신·재생에너지 발전량 중 수력분야 점유율이 32%로 높음 • 타 신·재생에너지에 비해 국내 부존 자원을 이용한 전력 생산 • 향후 성장가능성이 큰 중국, 북한 및 아시아 시장에서 지정학적, 언어적으로 유리 • 화력발전소의 냉각수이용 기술 확보	• 수력 발전개발 입지의 제약 • 인·허가 추진의 어려움 • 협소한 수력시장으로 인한 기술개발 인프라 부족 • 수차발전기 설계·제작기술 등 수력 산업기반의 취약 • 발전사업의 경제적 불투명에 의한 투자 회피 • 수력 발전사업에 대한 부정적 인식 • 수력개발에 대한 국민 인식 부족
(기회)Opportunity	**(위협)Threat**
• 기후변화협약 이행에 대비한 정책변화 • 환경문제와 고유가로 친환경에너지 개발 기회 확대 • 수입에 의존하는 국내 에너지의 현실에 비해 세계 평균대비 국내 수력 개발 부진 • 남한의 3배 이상인 북한의 수력개발, 성능진단 참여 • IT 기술의 급속한 발달과 국가차원 인프라 확보 • 무인자동화시스템 개발 및 운영경험 축적 • CDM 사업으로 수익 창출	• 국가간 에너지 기술경쟁 심화 • 핵심기술 외국 의존도가 높음 • 원천기술은 제조사에서 보유, 미공개 • 기술의 급변화에 따른 표준화, 개방화 미흡 • 법적·제도적 사업추진 여건 미성숙 • 타 신·재생에너지원에 비해 정부의 지원 상대적 미흡

3. 국내 산업의 현황 및 타 산업과의 연관성

가. 산업의 현황

우리나라의 소수력 개발은 강원도 횡성군 안흥소수력 발전소(설비용량450㎾)가 1978년에 최초로 준공되었다. 경제성이 부족하여 개발이 미진하였던 소수력이 최근 수차발전기의 국산화와 정부의 보급 확대정책 등이 뒷받침되어 공공기관에서 민원발생 우려가 없는 기존 시설물을 이용한 소수력이 활발하게 개발되고 소수력 개발의 경제적 타당성이 입증되고 있다. 국내 소수력 개발 현황은 2007년 10월 말 기준으로 개인사업자 16개소, 한국수자원공사

16개소, 한국전력공사 및 발전회사 8개소, 지자체 5개소(하수종말처리장 4개소, 정수장 1개소), 한국농촌공사 6개소 등을 합하여 총 51개 지점에 65,412㎾ 설비용량이 개발되었으며, 연간전기생산량은 157,279MWh에 달하고 있다.

국내 소수력은 개발 자원에 대한 조사결과 경제성이 확보된 곳이 많지만, 초기 투자비의 과다와 민원 문제로 계획대비 설치 비율은 다른 에너지원에 비해 상당히 낮은 편이다. 따라서 소수력에 대한 설치 및 가동현황 및 실적은 다른 신・재생에너지에 비해 계속 낮아지고 있다.

이러한 상황으로 인해 소수력 발전 설비의 수요가 지속적으로 늘어나지 않고 있어 수차 및 발전기의 효율향상을 위한 기술개발 여건이 조성되지 못하고 있는 실정이며, 수차 제작은 주문 제작으로만 이루어지고 있어 설비용량에 따른 표준화가 정립되지 않아 제작단가의 상승 및 제작기간의 과다 소요되고 있다. 때문에 제품의 가격 경쟁력도 다른 에너지원에 비해 상대적으로 낮은 편이다.

1) 보급상의 애로사항

소수력 에너지는 친환경적이고 지속가능한 에너지로 그 중요성이 커지고 있지만 우리나라에서 소수력 개발보급 비중이 높지 않은 것은 다음과 같은 이유에 기인한다.

① 낮은 경제성

소수력 에너지는 타 신・재생에너지에 비해 상대적으로 경제성이 낮다. 소수력의 건설단가는 소수력 자원의 이용형태, 개발지점의 여건 및 발전설비용량에 따라 건설 투자비용이 다르므로 현재의 발전차액기준가격으로는 경제성이 확보되지 않아 이미 계획된 지점은 물론 잠재 소수력 자원 개발이 어렵다. 소수력을 개발하여 보급을 확대할 수 있는 지점은 일반하천을 이용한 방법이 대부분인데, 일반하천의 경우 소수력 개발에 따른 환경피해를 염려한 환경단체와 지역주민의 인식 부족과 마이크로급(1백 ㎾급 이하) 소수력 자원의 활용을 위한 제도적 지원책이 없다.

소수력 발전소의 평균 가동률은 40% 정도이고, 설비용량이 작아져 유량확보를 위한 토목공사 개발비용이 증가하기 때문에 현재의 발전차액지원제도로는 경제성 확보가 어렵다. 2000년 이후에 공공기관에서 기존 시설물(댐, 저수지, 하수종말처리장, 수도관로, 화력발전소)을 이용한 소수력 발전소를 건설하여 보급하고 있을 뿐이다.

② 투자규모의 절대적 부족

정부에서는 소수력 개발을 활성화하기 위해서 산・학・연 기술개발, 실증연구 지원, 발전사업자에 대한 설치비 융자, 지자체 지원사업, 발전차액지원제도 등을 확대해왔으나, 발전사업자가 기대하는 수준에는 미치지 못하고 있다. 소수력은 1987년부터 기술개발을 시작하였으나, 1990년대 저유가시대를 거치면서 기술개발에 대한 관심과 투자가 저조하였다. 소수력 기술개발 지원현황은 1991년부터 2006년까지 9개 과제에 약 51억 원이 투자되어 신·재생에너지 기술개발 예산의 0.75% 수준으로 타 에너지원에 비해 미약하여 경제성 확보를 위한 기술개발과 상용화에 어려움이 있었다. 일부 형식에 대한 수차발전기의 국산화 성과도 있었으나, 타 에너지원에 비해 적은 예산으로 분산해 지원함으로써 초기시장 형성에 실패하였다. 그래서 발전사업자가 발전소 건설에 투자하여 운영하기에는 경제성이 없는 에너지라는 부정적 인식이 팽배해 있다.

③ 국내 산업기반의 취약

소수력은 국내 산업기반이 취약하여 연구인력, 연구기반 등 기술개발을 위한 인프라가 열악하고 발전설비 원가절감을 위한 경쟁력 제고에 한계가 있다. 소수력은 발주처의 시방조건인 개발지점의 유량 및 낙차에 따라 수차(허브, 날개)의 설계조건을 각각 계산하여 주문생산에 의한 제작에 치중하여 표준화가 되어 있지 않아 소수력의 기술 수준 및 국산화율은 선진국의 73%수준에 그치고 있다. 수차 등 주요 핵심기술은 70% 수준이며, 특히 주요 시스템기술, 수차효율 기술 수준이 선진국에 비해서 낮은 것으로 평가되고 있다. 소수력 발전설비는 설계기술 및 제작기술의 국산화가 일부 완료되어 상용화하고 있으나, 국내의 자본과 기술력이 있는 대기업에서 소수력 발전시스템을 국산화하여 국제 경쟁력을 갖출 수 있도록 참여를 유도하는 정책이 필요하다.

④ 소수력 보급시장 창출의 애로

소수력 자원 잠재량에 비해 자연여건도 타국에 비해 유리하지 않은 상황이다. 우리나라는 강우량이 홍수기(6~9월)에 집중되어 소수력 개발지점의 기상상황 및 댐운영 결과에 따라 가동률의 편차가 발생하고 소수력 개발에 따른 입지선정 문제로 개발지점이 제약되어 시장 창출에 애로가 있다.

⑤ 발전설비용량 3,000㎾ 이하만 개발가능

한전의 분산형 전원 배전계통 연계 기술기준에 의하면 발전설비용량 100㎾ 이하는 저압(220V, 380V)에 연계, 100㎾ 초과는 특고압(22.9㎸)에 연계, 발전설비용량 3,000㎾ 이상은 발전소에서부터 발전소 인근의 변전소까지 연계하도록 되어 있어 전용선로 공사비 때문에 3,000㎾ 이하만 개발가능하다. 발전소에서부터 변전소까지의 전용선로 건설비용을 발전사업자가 부담할 경우 경제성이 거의 없다.

2) 국내산업의 현황

① 수력 등의 친환경 에너지 개발

각국의 친환경 에너지개발은 기술적, 사회적, 환경적 효과의 높은 기대치로 인하여 가장 안정적인 기반기술이 확보되어 있는 수력 발전설비의 투자로 확대되어 가고 있다. 특히 저개발국가에서의 수력개발 수요와 의지가 날로 증대되어 가고 있다. 국제적으로 에너지와 환경 정책이 피할 수 없는 현실로 다가 왔음에도 불구하고, 국내 친환경 수력 에너지 산업분야의 기술은 다른 산업에 비하여 후진성을 면치 못하고 있는 실정이다.

② 발전설비의 국산화 및 표준화

수차발전기의 일부형식은 중소업체인 대양전기에서 설계 제작할 수 있는 능력을 보유하고 있으며, 최근에 건설되는 대부분의 소수력 발전소에 채택되어 유영되고 있다. 국산 수차가 개발되기 이전에는 대부분 외국에서 도입하였기 때문에 고가였고 유지보수용 부품확보에 어려움이 있었으나, 국산화를 통해 이에 대한 문제점을 상당히 개선할 수 있게 되었다.

국산 수차는 아직까지 외국에서 제작한 수차와 비교하여 설계 및 제작의 품질과 수차 부속설비(개도조절장치, 수밀장치, 냉각설비, 제어설비 등)가 미흡하여 수명과 신뢰성에 대한 지속적인 관리가 필요하다. 수차개발은 처음부터 실무수차를 상용화로 개발하기 어렵기 때문에 작은 규모의 모형 수차를 설계, 제작하고 주로 유체학적인 성능실험을 통하여 설계특성을 분석한다. 수차개발을 처음부터 실물로 개발하지 못하는 이유는 개발된 수차를 실험할 수 있는 수력 발전소가 건설되어야 실증이 가능하고 다수의 시행착오를 거쳐야하기 때문이다. 따라서 연구개발을 통하여 개발된 수차는 상용화 과정을 통하여 문제점을 해소하고 수정 보완함으로써 신뢰성을 확보하는 과정이 반드시 필요하다.

발전기의 경우 수력, 화력, 원자력 등 모든 곳에 적용되고 있는 것으로서 대부분의 경우 중대형 위주의 것으로서 소수력에 바로 적용 가능한 발전기에 대한 내용의 제작 기술개발은 미흡한 실정이다. 소수력 발전설비라고 해도 수백~수천 ㎾ 정도의 경우 다른 발전원에 이용되고 있는 발전기 기술을 바로 도입하면 되지만, 최근 소수력에 적용되고 있는 발전기의 경우 수천에서 수백 또는 그 이하 용량의 발전기가 상대적으로 많이 보급되어야 하기 때문에 이에 적합한 발전기의 설계보급은 상대적으로 속도가 느린 상태이다.

소수력 발전소의 보급이 활성화될 경우 중전기 제작회사에는 설계 제작에 필요한 인력의 확보가 필요할 것이고, 설치 후 운영에 필요한 인력은 현장에서 필요로 하기 때문에 관련 전공자의 인력수급에도 매우 도움이 될 것으로 판단된다. 전동기에 필요한 철심 및 동의 경우 효율 개선을 위한 연구가 매년 진행되고 있다. 대형발전기의 경우는 물론 소형 발전기에도 유도전동기에서와 같이 고효율 재료의 적용을 통해 효율을 높이기 위한 연구가 연구기관을 중심으로 점차 진행되고 있다.

발전기의 효율은 수차의 효율에 비해 상대적으로 약간 높지만, 발전소 운영조건과 부하 등에 따라 효율이 변하는 특성을 지니고 있다. 대형 발전기의 경우 효율은 소형에 비해 용량이 커질수록 출력에 대한 손실비중이 낮아 효율이 높다. 그러나 소형의 경우는 대형과는 반대로 출력에 비해 손실이 차지하는 비율이 높아 효율은 낮은 편이다. 또한 동기발전기에 비해 유도발전기가 상대적으로 약간 효율이 낮은 편이다.

발전기의 효율을 높이기 위한 여러 가지 연구가 선진국과 소수력의 보급이 많은 나라를 중심으로 활발하게 진행되고 있다. 효율을 높이기 위한 연구로서는 발전기를 그대로 두고 운전방식의 변경을 통한 효율 제고와 설계 및 제작기술의 업그레이드를 통한 효율 향상 및 발전기에 사용되는 재료의 품질 향상을 통한 효율향상이 시도되고 있다.

소수력의 효율은 주로 터빈의 특성에 좌우되는데 이는 발전기 효율은 매우 높은 수준이지만 수차의 효율은 상대적으로 낮은 편이다.

발전기에 전기적인 에너지를 제공하고 있는 터빈 및 수차 효율은 다음과 같다. 일반적으로 사용되고 있는 수차의 경우 60% 정도의 낮은 효율을 나타내지만 높은 경우에는 95%까지 높은 효율을 보증하고 있다.

표 2-16 Typical Efficiency of Turbines and Water Wheels

Prime mover		Efficiency range(%)
Impulse turbines	Pelton	80~90
	Turgo	80~95
	Cross-flow	65~85
Reaction turbines	Francis	80~90
	Pump-as-turbine	60~90
	Propeller	80~95
	Kaplan	80~90
Water wheels	Undershot	25~45
	Breastshot	35~65
	Overshot	60~75

수차에 연결되어 사용되는 동기발전기의 경우 효율은 발전기의 사이즈에 따라 75~90%까지 변화하고, 대형기의 경우가 소형보다는 효율이 약간 높은 편이다. 또한 3상 발전기가 단상 발전기에 비해 일반적으로 효율이 높은 편이다. 효율은 연결되는 부하의 용량이 줄어들수록 더욱 줄어든다.

유도전동기의 경우에는 효율이 높은 반면, 유도발전기의 경우에는 효율이 전 부하에서 75%

정도가 되지만, 부분 부하의 경우는 65%까지 감소하게 된다. 그러나 유도전동기의 설계기술 향상으로 발전기에 대한 효율은 전동기에 거의 근접하는 상태까지 도달하고 있다. 대형 발전기의 경우 손실에 비해 출력이 차지하는 몫이 높아 효율이 높게 나타나지만, 소형의 경우 출력에 비해 손실이 차지하는 부분이 높아 효율은 상대적으로 낮아진다.

발전기 규약효율 보증값은 다음과 같으며 발전기 출력값이 증가하고 극수가 낮을수록 효율이 높아짐을 확인할 수 있다.

표 2-17 규약효율 보증값

정격출력		발전기효율%		정격출력		발전기효율%	
kVA	kW(역률0.8)	2~8극	10~14극	kVA	kW(역률0.8)	2~8극	10~14극
20	16	79.0	-	625	500	91.9	91.3
37.5	30	82.5	-	750	600	92.3	91.7
50	40	84.3	-	875	700	92.5	92.0
62.5	50	85.2	-	1,000	800	92.8	92.3
75	60	85.7	-	1,250	1,000	93.2	92.8
100	80	86.7	-	1,500	1,200	93.4	93.1
125	100	87.6	-	2,000	1,600	93.8	93.5
150	120	88.1	-	2,500	2,000	93.9	93.7
200	160	88.9	-	3,125	2,500	94.0	93.8
250	200	89.5	-	3,750	3,000	94.1	93.9
300	240	90.0	-	4,375	3,500	94.2	94.0
375	300	90.6	-	5,000	4,000	94.3	94.0
500	400	91.3	-	6,250	5,000	94.4	94.1

발전기를 선택할 때 이들 기기의 효율을 고려하는 것은 시스템의 전체 효율에 영향을 미치기 때문이다. 그러나 국내에서 제작하고 있는 소수력용 발전기는 필요에 따라 주문 제작되고 있고, 제작 후 실부하 시험 등 발전기와 수차의 종합효율을 보장할 수 있는 여건이 마련되어 있지 않아 정확한 효율의 측정이 이루어지지 않기 때문에 구체적인 효율의 보장은 미흡한 실정이다.

수차 및 발전기의 효율은 최대한 발휘할 수 있도록 발전기 또는 수차에 대한 개별적인 산정이 아닌 종합적인 관점에서 검토 되어야 한다. 다음은 사전에 종합 효율을 산정하는 방법을 나타낸 것이다.

표 2-18 수차·발전기 효율산정 흐름도

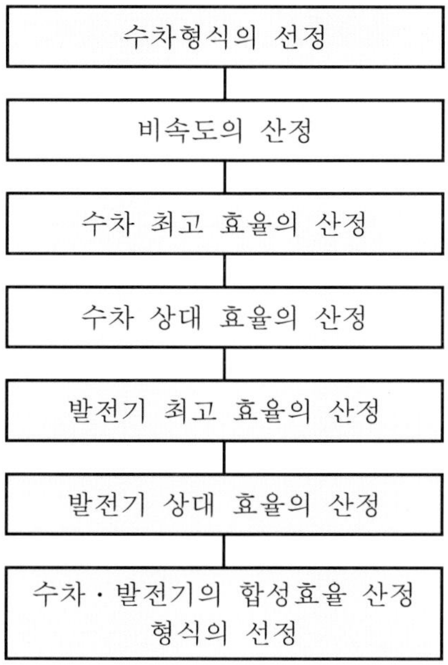

유도발전기의 경우 수력 발전소 외에도 풍력발전설비에 널리 사용되고 있다. 풍력발전에는 바람의 속도가 다양하게 변화하기 때문에 터빈의 날개에 감속기 등을 이용하여 속도조절을 해야 하므로 속도조절이 가능한 유도발전기를 주로 사용하고 있다. 그러나 풍력발전에 사용되는 유도발전기의 용량은 소수력에 비해 다소 큰 편이다.

③ 계통보호 및 자동화

소수력 발전 개발에 있어서 가장 큰 문제점은 발전소가 원격지에 위치하고 있기 때문에 고급의 운전기술자를 상주시키기가 곤란하고 또한 많은 기술자의 상주 시에는 운영상의 인건비 및 관리비가 차지하는 비중이 크기 때문에 경제성이 저하된다. 또한 소수력 발전소의 경제성 향상에 영향을 미치는 것은 계통연계에 소요되는 비용이다. 계통보호를 위하여 요구하는 송배전설비를 갖추기 위해서는 설비규모의 대소를 막론하고 전체 공사비에서 차지하는 송배전설비비의 비중은 설비규모가 작을수록 더 커서 경제성이 저하되는 결과를 초래하고 있다.

소수력 발전소의 경제성을 향상시키고 원활한 보급을 유도하기 위해서는 계통병입 안전장치를 국산화하고, 특히 전자식 계전기를 국산화하여 수배전반을 표준화, 간소화하고, 제어 시스템과 통신이 가능하도록 하여야 한다. 또한 소수력 발전시스템을 On-line상에서 진단하고 무인화 운전할 수 있는 설비와 기술을 개발하여 가능한 한 소수력 발전소의 상주인원을 감소시키고 안정된 발전을 행함으로써 소수력 발전소의 경제성을 향상시켜야 한다. 자동제어로 운영되는 복잡한 시스템을 최적으로 유지시키기 위해서는 기존 운전자의 감시와 조작만으로는 현실적으로 실현이 불가능하며, 새로운 운전 관리기술이 필요하다. 소수력 발전설비의 고장 검출 및 진단 시스템은 시스템의 성능저하를 미리 예측하거나 부품 손상 등을 신속히 검출하여 운영자에게 정보를 제공함으로써 시스템을 항상 최적의 상태로 유지시켜야 한다. 국내 소수력 유도발전기 계통병입 제어반의 기술은 크게 낙후되어 외국산 계전기 및 국산계전기를 조합하여 제어반을 제작하고 있다. 따라서, 제어반의 부피도 커지고 가격도 높은 것이 현실이다.

소수력 발전소에 사용되는 주파수계전기 등은 국산이 없고 수입에 의존하고 있으며, 다수의 계전기를 조합하여 조립하므로 가격이 고가이고, 또한 표준화된 계통 병입 기술이 없고, 한전측의 요구에 의존하므로 지역마다 계전기 설치기준이 다르다.

소수력 발전소의 건설비와 유지관리비를 절감하여 경제성을 향상시키기 위해서는 수입에 의존하는 계전기에 대하여 국산디지털종합계전기로 대체하여야 하며, 전자식 수배전반과 통신이 가능한 소수력전용 RTU(Remote Terminal Unit)를 개발하여 On-line상에서 소수력 발전설비를 무인화 운전할 수 있는 설비와 기술개발이 필요하다.

④ 성능평가 기술 및 현대화

소수력 발전설비의 국산화는 상당한 발전을 이루었지만 수차 및 보조기기에 대한 체계적인 기술기준이나 평가방법 및 소수력 성능을 평가할 검사기관이 정립되어 있지 않은 실정이다. 따라서 소수력 성능인증 기준을 마련하고 이에 따른 성능평가센터 지정 기준 안을 마련해야 한다. 대수력의 경우에는 수차의 설계·제작사가 주로 외국이고 이에 따라 성능평가 용역을 주로 외국 제작사에 상당한 기술료를 주고 수행하고 있는 현실이다.

국내의 수력 발전설비는 평균 사용 연수가 약 20년이 넘어 향후 설비현대화가 빠르게 진행될 전망이며, 해외 수력의 경우도 사용 연수 증가로 인한 설비 현대화가 활발히 진행되고 있으며, 이를 위한 상태진단이나 용량 증대 사업 시행 가능성 높다. 기존 수력 발전소의 개량(rehabilitation)은 효율증대뿐만 아니라 용량증대(uprating)를 통해 신규 수력 건설효과를 거두고 있다.

대수력의 경우, 수차발전기 성능평가를 통한 설비현대화 분야는 주 공급을 외국 제작사에 의존하고 있어 현재까지는 국내 산업이 활성화되지 못한 상태이다. 국내 발전회사들도 관련 장비와 인력의 미보유로 성능평가를 수행하고 있지 않다.

나. 타 산업과의 연관성

소수력은 토목, 건축, 기계, 전기, 전자통신 부분 등의 복합적인 시스템 기술로서 정부에서 선택과 집중에 따른 전략적인 투자로 기술개발과 산업화를 지원하면 소수력 보급이 활성화

될 수 있다. 소수력기술은 순수 국내 기술로 확립된 기술이며 소수력 개발지점의 특성에 적합한 수차발전설비를 표준화하고, 신기술 건설공법을 도입하여 건설비용을 저감시켜 경제성을 향상시키면 관련 산업이 활성화될 수 있다.

소수력 자원의 적극적인 개발은 버려지는 에너지원의 개발 및 이용 차원이 그치는 것이 아니라 전력수요 급증 시 부하 평준화 효과, 석유수입 대체 및 환경 친화적인 에너지원의 개발, 민간주도의 반영구적 사업개발 및 부수적으로 지역개발의 촉진과 경제적 파급효과, 관련기술의 수출 산업화 등의 효과를 거둘 수 있다.

우리나라는 막대한 소수력 자원 잠재량에 비해 강우량이 홍수기(6월~9월)에 집중되어 연간 이용률이 낮을 수밖에 없어 타국에 비해 유리한 자연여건도 아니다. 이러한 어려운 여건을 극복하기 위해서는 소수력 발전의 필요성을 확실하게 갖고 일관성 있는 정책을 통해 안정적인 투자환경을 조성하고, 선택과 집중에 따른 전략적 투자로 기술개발과 산업화를 지원하여 수요창출을 도모할 필요가 있다.

수력 발전설비의 생산 신장률은 선진국, 발전도상국 모두 공통적으로 높고 「정보화, 기기의 전력전자화」의 조류가 선진국, 개발도상국을 막론하고 진전되고 있다.

우리나라는 개발도상국과 선진국의 중간입장에서 발전해 가고, 점진적으로 선진국형의 산업발전 패턴을 찾아 나갈 것으로 예측된다. 향후 약 10년간은 전기기계의 일렉트로닉스 관련 산업이 선도역할을 하게 될 것이며, 친환경 에너지 분야도 이와 같은 기술 경향에 맞추어 발전해 나갈 것으로 전망된다.

다. 기술인력 확보 및 수급현황

1) 국내 제조업체의 규모 및 인력 현황

소수력 수차발전기는 설계, 제작 등 기본단계에서부터 재질, 응력, 안전율 등이 철저히 검토되고 고려되어야 발전설비 성능 및 효율향상을 발휘할 수 있다. 국내에는 수차발전설비 제작업체가 1개사밖에 없지만, 최근에 3개 업체가 기술개발에 참여하고 있다. 소수력 기술개발은 투자회수기간이 길고 협소한 시장규모 때문에 민간이 참여하여 기술개발을 독자적으로 수행하기가 어려운 실정이다.

2) 국내 해당산업분야의 연구기반 현황

소수력은 산업기반이 취약하여 연구인력, 연구기반 등 기술개발을 위한 인프라가 열악한 실정이다. 소수력 발전설비와 관련된 체계적인 연구를 수행하는 곳은 한국에너지기술연구원 1개소에 연구원 2명만 근무하고 있으며, 최근에 대학에서의 소수력관련 연구가 진행되기 시작했다.

3) 기술인력 확보

① 연간 교육인력

한국수력원자력(주), 한전 발전 5개사, 한국수자원공사, 한국농촌공사, 지자체, 민간 발전사업자 등에 필요한 수급 기술인력을 감안하여 연차별로 20명의 인력양성이 필요하다.

② 필요 기관 수

초기에 1개소를 시범적으로 운영하고, 발전설비의 첨단화와 소수력 개발 보급의 증가로 예상되는 인원을 감안하여 교육 기관 수를 점차적으로 증가한다.

표 2-19 연간 교육인력, 실무인력 기술 수준, 필요 기관 수

연도	2008	2009	2010	2011	2012	2013	2014
연간 교육인력	20	20	20	20	20	30	30
실무인력기술 수준	70%	70%	70%	75%	75%	75%	80%
필요 기관 수	1	1	1	2	2	2	2

연도	2015	2016	2017	2018	2019	2020	2021
연간 교육인력	30	30	30	40	40	40	40
실무인력 기술 수준	80%	80%	85%	85%	85%	90%	90%
필요 기관 수	2	2	3	3	3	3	3

4) 기술인력 확보를 위한 특성화 대학원

① 지원 인력

기존 운영시스템의 개선과 새로운 방식의 소수력 개발 보급을 촉진하기 위해서는 관련 전공(전기, 기계, 토목 등)에 따라 연차별로 2~3명 정도를 선발하여 전문적인 연구를 할 수 있는 인원이 필요하다.

② 공동 연구장비

현재 소수력 개발의 전문적인 연구에 필요한 기자재는 특정기관을 제외하고는 거의 갖추어진 것이 없는 실정으로서 일반적인 연구 기자재만 갖추어져 있으므로 전문 인력양성을 위해서는 점차적으로 연구 장비의 확충이 매우 절실하게 요구된다.

표 2-20 지원 인력, 공동연구장비, 필요 기관 수

연도	2008	2009	2010	2011	2012	2013	2014
지원 인력	2	2	2	3	3	3	4
공동연구장비	70%	70%	70%	75%	75%	75%	80%
필요 기관 수	1	1	2	2	2	2	2

연도	2015	2016	2017	2018	2019	2020	2021
지원 인력	4	4	5	5	5	6	6
공동 연구장비	80%	80%	85%	85%	85%	90%	90%
필요 기관 수	3	3	3	4	4	4	4

③ 필요 기관 수

소수력은 청정에너지로서 보급에 여러 가지 장애가 있지만, 새로운 보급 장소의 개발을 통해 보급률을 높이기 위해서는 각 분야별로 집중화된 연구가 필요하여 초기에는 1개소로 하되, 연구 분야를 전문화하기 위해서는 분야를 4개까지 확장할 필요성이 있다.

5) 기술인력 확보를 위한 핵심연구센터

① 필요 인력

소수력 분야의 연구를 활성화하기 위해서는 핵심연구센터의 설립이 필요하며, 다양한 세부분야의 연구에는 점차적인 연구 인력의 증가가 필요하며 이를 감안한 필요 인력은 연차별로 3명 정도이다.

② 필요 연구기반시설

기술개발에 필요한 소프트웨어와 하드웨어가 일부 갖추어져 있지만, 개발에 필요한 비용의 축소를 위해서는 설계 후 pilot 설비를 통한 제작비용 축소를 위한 연구기반 시설의 연차적인 증가가 필요하다.

③ 재교육시설

연구개발 또는 첨단기술 보급에 필요한 인력의 연차별 인력증가를 감안하여 재교육시설은 1개소가 필요하다.

표 2-21 필요 인력, 필요 연구 기반시설, 재교육 시설, 필요 기관 수

연도	2008	2009	2010	2011	2012	2013	2014
필요 인력	5	8	11	14	17	20	23
필요 연구 기반시설	70%	70%	70%	75%	75%	75%	80%
재교육 시설	60%	60%	60%	65%	65%	65%	70%
필요 기관 수	1	1	1	1	2	2	2

연도	2015	2016	2017	2018	2019	2020	2021
필요 인력	26	29	31	34	37	40	43
실무인력 기술 수준	80%	80%	85%	85%	85%	90%	90%
재교육 시설	70%	70%	75%	75%	75%	80%	80%
필요 기관 수	2	2	3	3	3	3	3

④ 필요 기관 수

현재는 확보되어 있지 않지만, 통합된 기능을 수행할 수 있는 기관의 선정을 통해 연차별 인원 증가를 감안하여 증가한다.

6) 기술인력 확보를 위한 학술진흥사업

① 지원 인력

소수력 개발 보급을 위해 전문인력 양성 목적으로 전공분야에 따라 최소한의 인원인 4명이 필요하며, 보급률 증가와 기술개발을 위해 필요인원은 연차별로 증가가 필요하다.

표 2-22 지원 인력, 연구과제 수, 필요 기관 수

연도	2008	2009	2010	2011	2012	2013	2014
지원 인력	4	6	6	8	8	10	10
연구과제 수	2	3	3	5	5	6	6
필요 기관 수	2	2	2	3	3	3	4

연도	2015	2016	2017	2018	2019	2020	2021
지원 인력	12	12	14	14	16	16	18
연구과제 수	7	7	8	8	10	10	12
필요 기관 수	4	4	4	4	5	5	5

② 연구과제 수

전공별 최소한의 인원을 고려하여 과제 수를 정한다.

③ 필요 기관 수

해당기관에 따라 전공별로 4인 이내로 하여 논문 지도 등을 할 수 있도록 산정한다.

7) 기술인력 확보를 위한 장학연구사업

① 수혜 인력

소수력 발전소는 도심지와 떨어진 곳에 위치한 곳이 많아, 현지 근무를 꺼리는 경향이 있다. 이를 보상할 수 있는 적극적인 지원방안을 마련하여 학교별 전공학과가 개설된 곳에 20명 내외를 선발하되 점차적인 인원보강을 위해 연차별로 인원의 증가를 고려한다.

② 실험 · 실습시설

일반적인 기초 장비는 갖추어져 있지만, 소수력에 관련된 내용의 실험과 실습에 관련된 장비 보급은 매우 낮은 편이므로 연차별 확충이 필요하다.

③ 해외연수인력

우리나라보다 높은 기술력을 보유한 선진국의 기술습득을 위하여 단기 연수로 기술을 습득한다.

표 2-23 수혜 인력, 실험 · 실습시설, 해외 연수 인력, 필요 기관 수

연도	2008	2009	2010	2011	2012	2013	2014
수혜 인력	20	20	20	30	30	30	40
실험 · 실습시설	70%	80%	85%	90%	90%	95%	95%
해외 연수 인력	10	15	20	20	25	25	30
필요 기관 수	2	3	4	4	5	5	6

연도	2015	2016	2017	2018	2019	2020	2021
필요 인력	40	40	50	50	50	60	60
실험 · 실습시설	95%	98%	98%	100%	100%	100%	100%
해외 연수 인력	30	40	40	40	45	45	45
필요 기관 수	6	8	8	8	9	9	9

8) 소수력 분야 해외 인력양성센터

① 소수력 분야 해외 주요 인력양성 관련기관

선진국의 주요 소수력 운영 인력양성기관은 다음과 같다.

표 2-24 소수력 분야 해외 주요 인력양성 관련기관 현황

국가	기관명	역할
영국	Edinburgh Univ	대학 연구기관
영국	Institute of Hydrology	연구 및 보급기관
핀란드	Tekes	연구기관
프랑스	Sogreah Consultants	연구 자문기관
독일	Ossberger GmbH + Co	제작 및 교육기관
독일	Universitat Stutgart, Institut Fur Stromungsmechanik and Hydraulische Stromungsmachinen	대학
노르웨이	University of Science and Technology	대학
스웨덴	Elforsk AB	연구 개발 기관
미국	Electric Power Research Institute(EPRI)	연구 개발 기관
미국	DOE(Department of Energy)	정부, 연구 개발기관
미국	Idaho National Laboratory	연구기관
캐나다	McGill	대학
중국	Hangzhou Regional Center(HRC)	교육 훈련기관
중국	Institute of Water Resources and Hydropower Research (IWHR)	연구기관
인도	Alternate Hydro Energy Centre(AHEC)	전문 교육기관
일본	NEDO	정부교육기관
일본	동경전력(TEPCO)	교육기관

② 인도 인력양성 전문기관은 다음과 같다.

기관명

Alternate Hydro Energy Centre(AHEC)
Indian Institute of Technology Rookee, India

개요

- AHEC는 인도의 평지 및 언덕지역의 소수력 개발을 위해 1982년도 인도정부의 Non-Conventional Energy Source(MNES)의 장관에 의해 인도 기술연구기관(Indian Institute of technology : IIT)에 처음으로 도입되었다. IIT의 아카데미 센터인 AHEC는 현장 엔지니어와 기술자를 정기적으로 교육하고 있다.

교육 내용

- A global overview of SHP development
- Recommaissance survey, hydrological and topographical investigationusing modern technique such as GPS, RS & GIS
- Environmental aspects
- Power potential assessment, planning and layout of SHP schemes
- Country policy for small hydro-power development in govt, as well as private sector
- Community participant in SHP development
- Design of intake, water conductor system and power house building and their selection
- Selection and permanent of electro mechanical equipment
- Operation and control of SHP stations
- Power evacuation
- Economics and financial aspects
- Case studies
- Visit SHP stations

시사점

- 소수력 개발을 위해 첨단 설계기법의 도입과 운영, 경제성 측면 등을 고려한 다양한 교육과정을 개설하고 있다는 점은 매우 높게 평가되고 있다.

③ 중국의 인력양성 전문기관은 다음과 같다.

기관명

Hangzhou Regional Center(HRC)

개요

- UN 개발 프로그램과 중국 정부의 공동 협력을 받고 있는 Hangzhou Regional Center for Small Hydro Power(HRC)는 1981년도에 설립
- HRC는 교육훈련, 연구개발, 자문, 설계는 물론이고 개발하고자 하는 나라 등에 대한 정보를 제공하고 있음.
- 교육센터 내에는 사무국, 행정실, 중소수력에 대한 신기술 연구개발팀, 기획 및 설계연구, Yatai Construction Supervision Consultation 및 HRC Service Center 등 6개 부서로 구성되어 있음.

시설 규모

다음과 같은 교육 장비를 보유하고 있다.

- Application Range of Turbine Generating Unit
- Complete Equipment Ordering Procedures
- Packaged Turbine Generating Unit
- Turgo Turbine Generating Unit
- S-Type Tubular Turbine Generating Unit
- Barrel Turbine Generating Unit
- Cross Flow Turbine Generating Unit
- Open Flow Turbine Generating Unit
- Generator
- Electronic Load Controller
- Butterfly Valve

시사점

- 중국은 '01년도 기준으로 4만 개 이상 약 26GW의 전력용량을 가진 세계에서 가장 많은 소수력 발전소를 운영하고 있다.
- 소수력 개발의 풍부한 경험을 토대로 아시아 태평양 지역에서 교육, 연구개발, 자문 및 정보 교류를 통해 소수력 이용을 확대시킬 목적으로 1981년 항저우 지역에 아시아 태평양 소수력 교육센터를 UN과 중국 정부의 후원을 받아 설립하였다.
- 50년간의 노하우로 인해 소용량의 경우 표준화된 기술력을 보유하고 있다.

기관명

Institute of Water Resources and Hydropower Research(IWHR)

- 설립년도 : 1958년
- 3개의 기관통합으로 설립(Water Resources Research Institute under the Ministry of

Water Resources, Hydropower Research Institute under the Ministry of Electric Power Industry and the Institute of Hydraulic Research under the Chinese Academy of Sciences)
- 1969년도 분리 후 1978년 재결합, 1994년 개명
- 40년의 경험축적, 15개 부서와 센터를 보유
- 연구인력 : 340명 엔지니어, 415명의 전문엔지니어를 포함하여 1,383명의 기술자로 구성
- 국제적 교류와 주요 해외 대학 연구소뿐만 아니라 연구기관과의 협력 유지
- UNESCO와 중국정부로부터 후원을 받는 부식 및 침전(IRTCES)에 대한 국제연구와 훈련센터, 대댐 중국 국제 위원회(CHINCOLD), 관개 및 배수에 대한 중국 국제위원회(CNCID) 및 수력연구 국제 협회의 중국 회원을 위한 협력 등이 위원회에 구축되어 있다.
- 본 연구기관은 석/박사를 위한 교육 프로그램을 제공할 수 있는 국가 자문위원회를 구성하여 2001년에 329명의 석사와 35명의 박사를 배출하였다.

라. 활성화 전략

에너지 해외의존도가 높은 우리나라는 친환경적이고 부존자원의 적극적 개발과 활용이 가능한 신·재생에너지의 한 부분인 소수력 개발의 필요성이 증대되고 있다. 특히, 기후변화협약에 대비한 순 국산 에너지인 국내 소수력 산업의 경쟁력 제고가 시급한 실정이다. 교토의정서 발효에 따라 CO_2 배출저감을 위한 각국의 친환경에너지 개발노력은 개도국들의 포장수력이 풍부한 수력 에너지개발에 집중될 것이다. 2015년에는 세계 에너지 정책이 완성단계에 이르게 될 것으로 전망되며, 친환경 소수력 개발 및 관리 분야는 그 중심에서 모든 요구조건을 만족시키는 대안으로 자리매김하고 관련기술을 보유한 업체간 생존경쟁이 치열할 것으로 예측된다. 따라서 향후 소수력 산업 분야의 미래 변화를 전망하고 이를 토대로 소수력 기술개발의 비전을 설정하여 성공적 목표달성을 위한 실천전략의 수립이 절실한 시점이다. 이를 위해서 소수력의 핵심기술 개발 및 확보는 새로운 동남아 및 대북사업의 시장 개척과 공익적 목적 달성을 위해 반드시 필요하다. 소수력 발전기술을 선진국 수준으로 조기에 진입하기 위해서는 기술개발에 집중할 필요가 있다. 소수력 기술개발은 투자회수기간이 길고 협소한 시장규모 때문에 민간자본의 시설투자만으로 기술개발을 투자하기에는 어려운 실정이므로 자원조사 및 원천기술개발 분야의 경우 정부에서 주도적으로 지원하여 개발할 필요가 있다.

소수력 자원의 적극적인 개발은 사장되는 에너지원의 개발 차원뿐 아니라 경제·사회적으로 전력 수요 급증 시의 부하 평준화 효과, 석유 수입 대체 및 민간 주도의 반영구적 사업으로서 환경 친화적인 에너지원의 개발과 부수적으로 지역개발의 촉진과 경제적 파급효과, 관련기술의 수출 산업화 등의 효과를 거둘 수 있다.

환경 훼손이 상대적으로 적은 청정에너지이면서 에너지 밀도가 높고 지역의 분산전원에 적합한 에너지원인 소수력 발전의 기술개발과 개발 지원 사업을 활발하게 추진하여야 한다. 경제성이 부족하여 개발이 미진하였던 소수력이 최근 수차기술개발에 따른 국산화와 정부의 보급 확대정책 등이 뒷받침되어 공공기관에서 민원발생 우려가 없는 기존 시설물을 이용한 소수력을 개발하여 운영 중에 있고 개발의 경제적 타당성이 입증되고 있다.

이런 시점에서 소수력 개발을 활성화하기 위해서는 타당성 조사, 개발방식, 발전설비 및 발전소 운영방법에 대한 원천 기술력이 확보되어야 한다. 아울러 건설비용과 상업발전개시후의 운영비용을 절감시킬 수 있도록 IT기술을 접목한 무인 자동화시스템을 구축하여 경제성을 높여야 한다.

그리고 일반 하천이나 기존 시설물을 이용한 농업용 보, 수도관로, 하수종말처리장, 화력발전소, 방조제, 양어장 등 다양한 국내의 수력 발전에 대한 정확한 홍보가 필요하다. 정부는 소수력 기술개발 투자예산의 대폭 확대와 소수력에 관련된 법령을 전면 개정하여 과거 에너지 안보차원에 머물던 신·재생에너지의 개발보급에서 상용화를 위한 본격적인 개발보급 사업으로의 추진모색이 필요하다. 따라서 국내 부존에너지인 수력의 보급 확대를 위해서는 국민의 인식변화, 관련 기술개발, 인·허가 절차의 획기적인 간소화, 정부의 제도적 기반조성 및 관련 산업의 육성 등 다각적인 노력이 필요하며 민간투자를 촉진하기 위한 지원 대책을 서둘러서 마련해야 한다. 부족한 에너지를 분담하고 환경오염을 덜게 하는 효과가 있는 소수력 발전의 보급 활성화를 위하여 다각적인 노력이 필요하다. 이를 위해서는 일관성 있는 정책을 통해 안정적 투자 환경을 조성하고, 선택과 집중에 따른 전략적 투자로 기술개발과 산업화를 지원해 나갈 때 소수력 보급목표를 달성할 수 있을 것이다.

III

그간 R&D 추진성과 및 보급시장 분석

1. 그간('88～'06) R&D 추진현황

1950년 6월 전라남도 강진군 도암면 향촌마을 소계곡에 소수력 발전용 프란시스 수차를 설치하여 130개의 조명등에 불을 밝힌 것이 우리나라 최초의 소수력 발전소였다. 1954년에는 '한국수력개발'이 창립되어 광주, 순천, 양평 등 농촌지역사회의 소수력 발전 개발사업에 착수하여 기존 물방아를 프란시스 수차로 교체하는 사업을 수행하기도 하였다. 1958년에 지역사회개발위원회 시범부락인 경기도 광주군 태촌면 광동리에 3마력 프란시스 수차를 설치하여 제1호 정미소가 가동되어 연간 도정료 백미 130가마 이득을 얻어 농촌소득 증대에 큰 역할을 담당하였다고 한다.

소수력 분야에서의 본격적인 기술개발은 제1차 석유파동 이후 에너지 개발의 필요성을 절감한 정부에 의해 추진되었다. 1974년에 "소수력 개발 입지 및 자원조사"에서 개발 가능한 소수력 부존자원이 2,400개 지점에 시설용량 583천 ㎾로 조사되었다. 1975년에 "시범 소계곡발전소의 연구조사 설계"가 수행되었으며, 강원도 횡성군 안흥 소수력 발전소(시설용량 450㎾)이 1978년에 최초로 준공되었다. 소수력에 대한 관심은 1978년 제2차 석유파동이후 더욱 고조되면서 1982년에 "소수력 발전 개발방안"을 마련하여 민간자본에 의한 소수력 발전소 건설을 유도하였다. 1982년부터 1984년까지 국내에서 소수력 발전 개발이 가능한 유망 후보지의 자원을 실측하여 실제적인 소수력 부존자원을 조사한 결과, 개발 가능한 지점은 49개소에 시설용량은 60,786㎾로 조사되었다. 에너지 자립도 향상 및 대체에너지 개발을 위한 "대체에너지 개발촉진법(1987.12) 및 동법시행령(1988. 5)"을 제정・공포하고 정부주도로 소수력 개발에 관한 연구를 지원할 수 있도록 함으로써 본격적인 기술개발이 착수되었다.

수력 발전소는 30년 정도 사용 가능한 반영구적인 설비로서 시장형성이 중요하므로 개발입지의 선정, 발전 가능량 평가, 주변입지, 환경조사, 전력계통 연계성 등의 사전조사 등을 통해 초기시장 창출을 지원할 필요가 있다. 이를 위해서 우리나라 각 지역의 수계에 산재되어 있는 부존자원을 효율적으로 이용하고, 관련 산업을 육성하기 위하여 개발지점을 세밀히 조사하여 경제성 있는 입지가 선정되도록 수력 자원조사 및 활용기술 개발에 국가주도의 사전조사와 기술지원이 정책적으로 수행되었다. 이를 통하여 수력 개발의 공익성을 확보하고, 친환경 수력 발전 시장이 확대되었다.

소수력 발전설비에서 수차 기술개발에 대한 연구는 지속적으로 진행되어 한국에너지기술연구원 주도하에 카플란 수차, 튜블러 수차, 프란시스 수차의 경우 2007년 현재 국산화를 이루었다. 한편, 수차에 연결하는 발전기에 대한 별도의 연구는 거의 진행한 적이 없고, 일반적으로 사용되는 발전기를 그대로 사용하거나 주문 제작한 발전기를 사용한 경우가 대부분이다.

유도전동기의 경우 수요가 많아 규격화된 제품이 생산되고 있어 용량별로 효율이 보증되지만, 소수력에 사용되는 유도발전기나 동기발전기는 규격화된 제품이 없기 때문에 대부분 주문 제작으로 이루어져 왔다. 주문 제작하는 발전기도 대량생산이 아니라 소량을 중소기업에서 제작하기 때문에 설계 등 기술력이 대기업에 비해 상대적으로 낮아 효율과 시스템의 성능을 보장하는 데 어려움을 겪어왔다.

국내 소수력 제작 메이커는 한정되어 있어 경쟁이 아닌 독점적인 형태로 발전기를 제작하고 있지만, 유지보수와 가격경쟁력은 인정받아 국내 대부분의 발전소에 설치 운영하고 있다.

가. 기술개발 지원현황

소수력 분야의 기술개발 지원현황은 아래의 표와 같이 '91년부터 '06년까지 9개 과제에 총 5,076백만 원이 투자되었으며 그중 정부에서 3,362백만 원을 지원하였다. 이는 2006년까지 투입된 신・재생에너지 기술개발사업의 전체예산(7,059억 원) 중에서 약 0.72% 정도가 소수력 분야에 지원된 것으로 매우 미흡한 수준이다.

표 3-1 기술개발 지원현황

구분 \ 연도		'91	'92	'97	'98	'99	'02	'03	'04	'05	'06	계
과제 수	신규	1	-	1	-	-	1	1	2	1	2	9
	계속	-	1	-	1	1	-	1	2	3	1	10
	계	1	1	1	1	1	1	2	4	4	3	19
사업비 (백만 원)	정부	50	93	111	94	82	226	426	706	930	644	3,362
	민간	-	-	33	40	34	88	158	219	483	659	1,714
	계	50	93	144	134	116	314	584	925	1,413	1,303	5,076

표 3-2 신·재생에너지 기술개발사업 소수력 분야 지원내역('06년 신규과제까지 포함)

No.	과제명	주관기관 (수행책임자)	총사업기간	사업비(백만 원)		
				정부	민간	계
1	저낙차용 수차개발	한국생산기술연구원 (김현진)	'91.04～'92.12	143	-	143
2	카플란 수차 설계기술 및 국산화 개발 연구	한국에너지기술연구원 (이철형)	'96.12～'99.12	288	107	395
4	중·저낙차 프란시스 수차 국산화 개발	대양전기 (박봉일)	'02.06～'05.05	647	264	911
5	소수력 발전시스템 무인화설비 및 계통병입 안전장치 개발	대양전기 (박봉일)	'03.07～'06.06	623	211	834
6	환경친화적 소수력 자원 조사 및 활용기술개발	한국에너지기술연구원 (박완순)	'04.06～'06.05	327	-	327
7	소수력 수차 축변위 추적식 수차 봉수장치(Mechanical Seal) 개발	대양산업 (임광현)	'04.12～'06.12	388	156	544
8	프란시스 수차의 실증연구	한국에너지기술연구원 (이철형)	'05.08～'07.12	400	420	820
9	패키지형 50kW급 소형 수차발전시스템 개발	효성에바라㈜ (임우섭)	'06.8～'09.7	839	851	1,690
10	수도관 차압을 이용한 마이크로 소수력 발전 실용화 기술개발	(주)신한정공 (황영호)	'06.8～'09.7	844	877	1,721

나. 기술개발현황

1) 연대별 정책 및 기술개발 현황

국내의 연대별 정책 및 기술개발 현황은 아래의 표와 같다.

표 3-3 국내의 연대별 정책 및 기술개발 현황

연대별	정책(법)	기술개발	보급
'70년대	-	• 소수력 발전 입지조사 • 시범 소계곡 발전소의 연구조사 설계 • 안흥 수력 발전소 건설	-
'80년대	• '82년 소수력 개발방안 • '87년 대체에너지 개발 촉진법 공포	• 국내 소수력 자원평가 및 타당성 조사 연구 • 소수력 발전시스템 개발 연구 • 연천발전소 외 8개 소수력 발전소 건설, 운영 (설비용량 : 19,890㎾)	19,980㎾
'90년대	• '97년 에너지기술 개발 10개년 계획 수립 • '97년 대체에너지 개발 및 이용・보급 촉진법으로 개정	• 소수력 자원의 정밀조사 및 최적 개발 분석 연구 • 소수력 발전소의 최적운용기법 적용 연구 • 카플란 수차 설계기술 및 국산화 개발 연구 • 광천 소수력 발전소 외 12개 소수력 발전소 건설 운영	17,980㎾
2000년 이후	• 신・재생에너지 개발이용 보급법 개정 • 발전차액지원제도 도입으로 정부보조금 지원	• 소수력 에너지의 적용범위 확대를 통한 소수력 개발 활성화 • 프란시스 수차설계기술 및 국산화 개발 • 소수력 발전시스템 무인화설비 및 계통병입 안전장치 개발	개발가능량 1,500,000㎾

2) 소수력 기술개발 현황

1987년부터 대체에너지개발촉진법에 의거하여 정부주도로 소수력 기술개발에 관한 연구를 지원하여 주로 자원조사, 수차개발, 최적운용기술 등의 설계기술을 확보하고 국산화 기술개발을 추진하였으며 기술개발 현황은 다음의 표와 같다.

표 3-4 소수력 기술개발 현황

분야	기술 개발 내용
자원 조사	• 국내 소수력 자원조사 및 평가('89～'92년) • 환경친화적 소수력 자원조사 및 활용기술 개발('04～'06년)
연구 개발	• 저낙차용 수차개발('89～'92년) • 카플란 수차 설계기술 및 국산화 개발('96～'99년) • 중·저낙차 프란시스 수차 국산화 개발('02～'05년) • 소수력 수차 축변위 추적식 수차 봉수장치(mechanical seal) 개발 ('04～'06년) • 프란시스 수차의 실증연구('05～'07년) • 패키지형 50㎾급 소형 수차발전시스템 개발 중('06～'09년) • 수도관 차압을 이용한 마이크로 소수력 발전 실용화기술 개발 중 ('06～'09년) • 소수력용 고기능성 친환경 rubber dam 기술 개발 중('07～'09년) • 일반하천 및 농업용 보를 이용한 10kW급 소수력 발전 시스템 개발 중('07～'09년)
최적운용기술	• 소수력 발전소의 경쟁력강화에 의한 개발 활성화방안 연구 ('98～'99년) • 소수력 발전시스템 무인화설비 및 계통병입 안전장치 개발 ('03～'06년) • 소수력 발전시스템 무인화설비 실증 연구 중('07～'08년)

기술개발내용을 보면 '99년 까지 카플란 수차, 튜블러 수차, 프란시스 수차를 개발하였으며 카플란 수차와 프란시스 수차는 현재 상용화 보급 단계에 있다. '99년도에는 국내 소수력 자원조사 및 개발 활성화 방안에 대한 연구를 수행한 바 있으며, 2002년도에는 국내에 산재되어 있는 농업용 저수지 및 다목적댐을 이용하기 위한 중·저낙차용 프란시스 수차 기술개발을 착수하여 2005년에 성공적으로 완료하여 실증 연구를 추진 중이다.

초기 투자비 저감 및 보급 확대를 위한 소형 소수력 설비 기술개발과제를 진행하고 있다. 과제 내용은 "프란시스 수차의 실증연구"(한국에너지기술연구원), "패키지형 50kW급 소형 수차발전시스템 개발"(효성에바라), "수도관차압을 이용한 마이크로 소수력 발전 실용화 기술개발"(신한정공) 등이다. 2007년도 소수력 기술개발 과제 "소수력용 고기능 친환경 Rubber Dam 기술개발"(화승소재), "소수력 발전시스템 무인화 설비 실증연구"(대양전기) 등이 추진되고 있다.

2. 주요 R&D 성과

가. 기술적 성과

1) 소수력 자원조사 및 활용기술

소수력 자원조사 및 활용기술의 R&D 성과는 다음 표와 같다.

표 3-5 국내 소수력 자원 및 타당성조사 수행실적

연도	사업명	수행기관
1974	소수력 발전 입지조사	한국원자력연구소
1982～1984	국내 소수력 자원조사 및 평가	한국에너지기술연구원
1989～1992	소수력 자원의 정밀조사 및 최적 개발 분석 연구	한국에너지기술연구원
1997	소수력 발전소의 건설타당성 기본계획 연구	한국에너지기술연구원 충청북도
1999	하수종말처리장의 소수력 발전 타당성조사 연구	한국에너지기술연구원 충청남도
2000	하수종말처리장의 소수력 발전 타당성조사 연구	한국에너지기술연구원 충청북도
2001	하수처리장 미활용 에너지이용 타당성조사 연구	한국에너지기술연구원 전라남도
2004	육상양어장 수질오염 저감 시설을 위한 소수력 발전 시스템의 적용	제주대학교 · 남제주군
2006	환경친화적 소수력 자원조사 및 활용기술 개발	한국에너지기술연구원 산업자원부

① 소수력 발전 입지조사(1974, 한국원자력연구소)

소수력 자원의 평가는 1970년대 초 1차 석유파동 이후 1974년 "소수력 발전 입지조사"를 과학기술처와 원자력연구소에서 수행하였다. 이는 정부가 미활용 에너지개발의 일환으로 전국적으로 방치되고 있는 유수에너지 중에서 소규모(10~4,000㎾)의 수력 발전이 가능한 지점을 조사하여 기술적, 경제적으로 개발 가능성을 판단하여 이중 일부를 시범적으로 개발하기 위한 것으로서 약식측량, 개략적인 계획 및 설계까지 수행하였으며 결과는 다음과 같다.

표 3-6 국내 소수력 자원 부존량

도별	경기	강원	충북	충남	경북	경남	전북	전남	합계
입지수	114	869	208	118	584	245	156	106	2,400
부존량(MW)	22.9	259.8	71.8	26.1	110.6	46.9	27.4	17.0	582.5

1975년에는 한국원자력연구소에서 "시범 소계곡 발전소의 연구조사 설계"가 수행되어, 이를 기본으로 하여 한국전력공사에서 강원도 안흥에 설비용량 450㎾의 소수력 발전소를 건설하여 현재도 가동 중에 있다.

② 국내 소수력 자원조사 및 평가(1982~1984, 한국에너지기술연구원)

1970년대 후반 2차 석유파동이후 산업자원부에서는 "소수력 개발 방안(1982.3)"을 마련하여 시설용량 기준 3,000㎾ 이하의 규모에 대하여 개인이 소수력 개발에 참여할 수 있도록 하였다. 소수력 부존자원의 재평가, 실질적인 개발위치 및 개발 우선순위를 결정하기 위한 타당성조사 연구는 1982년부터 1984년까지 한국에너지기술연구원에 의해 수행되었다. 이 조사연구에서는 개발가능 후보지를 도상에서 추출하여 개발용량을 평가한 후 이 결과로서 개발 가능성이 있는 후보지를 선정하여 현장 실측을 수행하고, 실측된 자료는 기술적인 계산 및 충분한 검토를 거쳐 개발용량을 결정하여 각 후보지에 대한 투자비를 계산하고 수익/비용 계산을 통해 경제성 분석을 수행한 것이다. 평가된 결과를 요약하면 다음과 같다.

표 3-7 국내 소수력 자원 개발 타당성 평가

구분	1982년	1983년	1984년	계	비고
지점수(개소) 총 용량(㎾)	42 20,000	39 38,650	35 27,000	116 86,750	경제적후보지 (B/C>1)

연구 성과로서는 소수력 발전기술에 대한 개념을 정립하였으며, 개인이 소수력 개발 시에 도움이 될 수 있도록 116개 지점의 소수력 개발 후보지에 대한 제반 정보를 제공하였다.

③ 소수력 자원의 정밀조사 및 최적개발 분석연구 (1989~1992, 한국에너지기술연구원)

에너지 자립도 향상 및 대체에너지 개발을 위해 정부에서는 "대체에너지 개발 촉진법(1987. 12)" 및 "동법 시행령(1988.5)"을 제정, 공포하고 정부 주도로 대체에너지로서의 소수력 개발에 관한 연구를 적극 지원하게 되었다. 소수력 자원의 정밀조사 및 최적개발 분석연구를 통하여 소수력 발전소의 성능특성 및 경제성 예측모델을 개발하였고, 실측된 49개 후보지에 대하여 설계유량, 유효낙차, 발전용량, 연평균 가동률, 연간전기생산량 등 소수력 발전소 건설에 유용한 초기 설계제원을 제시하고, 이들 결과를 이용하여 경제성 분석을 수행하였으며 결과는 다음과 같다.

표 3-8 소수력 자원 개발 타당성 평가 결과

구분	1989년	1990년	1991년	1992년	계
지점수(개소)	10	16	13	10	49
총용량(㎾)	20,320	23,410	11,630	5,426	60,786

연구 성과로는 80년대의 부족한 수문자료의 확충과 최적개발 분석을 통하여 수계별 49개 소수력 개발 후보지에 대한 성능특성분석과 예측기법 등을 확립하였고, 소수력 발전사업 허가심사 시 기법을 적용하여 심사함으로써 실제운영상의 성능을 반영할 수 있는 기술을 정립하였다.

④ 하수종말처리장의 소수력 발전 타당성조사 연구 (1999, 한국에너지 기술연구원, 충청남도)

정부의 지역에너지사업의 일환으로 충청남도의 하수처리장을 대상으로 소수력 개발 타당성 조사연구를 수행하였다. 연구 결과 아산 하수처리장의 규모는 36㎾, 천안 하수처리장은 40㎾로 평가되었다.

2) 수차

수차에 관련된 기술개발 현황은 다음의 표와 같다.

표 3-9 소수력 발전용 수차 설계모형 개발현황

연도	개발 내용	수행기관
1983~1987	튜브 수차 설계모형 개발	한국에너지기술연구원
1988~1989	횡류형 수차 설계모형 개발	한국에너지기술연구원
1997~1999	카플란 수차 설계 모형 개발	한국에너지기술연구원, 대양전기
2000~2001	입축 프로펠러 수차 설계모형 개발	대양전기, 한국에너지기술연구원
2002~2004	프란시스 수차 설계모형 개발	대양전기, 한국에너지기술연구원

발전용 수차의 개발은 초기부터 실물로 상용화 개발하기 어렵기 때문에 작은 규모의 모형수차를 설계, 제작하고 주로 유체역학적인 성능실험을 통하여 설계특성을 분석한다. 수차개발을 처음부터 실물로 개발하지 못하는 이유는 개발된 수차를 실험할 수 있는 수력 발전소가 건설되어야 가능하고, 또한 수차 개발은 많은 시행착오를 거쳐야 하는데 실물수차로 많은 시행착오를 수행하게 되면 이에 따른 비용이 막대하게 소요되기 때문이다. 발전용수차는 소규모의 수차모형을 개발하여 성능특성을 분석한 후, 이때 획득한 성능특성자료를 이용하여 실물수차를 설계할 수 있도록 규정하고 있다. 연구개발을 통하여 개발된 수차는 반드시 상용화과정을 통하여 문제점을 해소하고 수정, 보완함으로써 신뢰성을 확보할 수 있다. 현재 우리나라에서 수행된 수차개발은 실험실에서 진행한 개발연구로서, 실용화를 위한 후속 연구가 부족하여 소수력 발전용 수차의 표준화 및 간소화까지 이어지지 못하였다.
소수력 발전소 건설비의 약 25%를 차지하는 수차는 준공 후에도 지속적으로 유지 관리해야 하는 중요한 설비이며 수차 부분은 수차 본체, 입구밸브, 유압장치, 소내 배수장치, 운전제어 장치 등으로 구성되어 있다.

3) 발전기

소수력의 보급 활성화와 국산화를 위해서 수차 시스템의 개발에 집중하여, 아직까지 발전기의 효율향상 및 표준화, 콤팩트화에 대한 기술개발은 매우 부족하나 디젤발전기 등 산업용 발전설비의 국산화의 진척에 따라 발전기에 대한 기술은 상당한 기술적 성과를 확보하고 있다.
소수력용으로 사용되는 발전기는 유도발전기와 동기발전기이며 구조가 간단하고 별도의 제어장치를 필요로 하지 않는 유도발전기가 많이 채용되고 있으며, 중대용량급의 경우 제어성능이 우수한 동기발전기를 채용하는 경우도 있으나 자동전압조정장치, 동기투입장치 등 부수적인 운전제어장치 등이 다수 필요하여 유도발전기에 비해 경제성이 떨어지는 단점이 있다.

국내에서는 소수력 개발에 따른 인·허가의 어려움, 정부의 기준가격 지원제도, 한전의 송배전선로 연계 제한 등으로 인하여 시설용량 3,000㎾ 이하로 대부분 개발되고 있어 주로 유도발전기를 채용하고 있으며 유도발전기 제작기술은 베어링을 제외하고는 90% 이상이 국산화되어 있다. 국산 발전기는 외산에 비해 고정자 권선절연과 효율 등이 다소 미흡한 것으로 알려져 있다.

4) 원격감시제어설비

소수력 발전시스템 무인화 설비 개발에 관한 연구개발실적 및 기술 수준은 다음과 같다. 1985년부터 1987년까지 소수력 발전시스템의 자동화 연구를 한국에너지기술연구원에서 수행하였으며, 연구 개발된 자동화시스템의 블록선도는 다음의 그림과 같다.

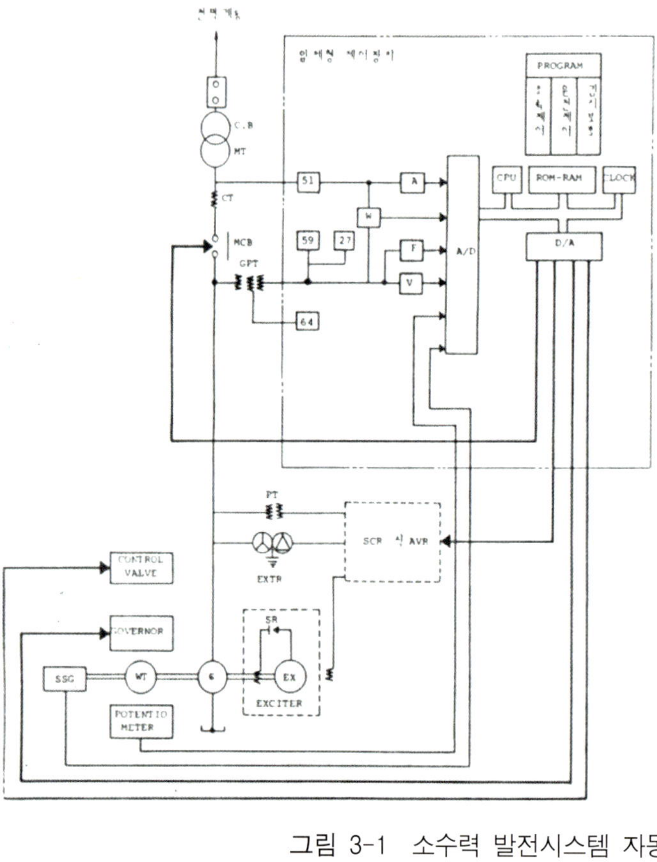

SSG	속도 신호 발신기
WT	수차
G	발전기
EX	교류여자기
SR	정류기
EXTR	여자용 변압기
GPT	접지 전압 변성기
PT	계기용 변압기
CT	계기용 변류기
A/D	A.D 변환기
D/A	D.A 변환기
CPU	전산처리장치
ROM	Read Only Memory
RAM	Random Accessory Memory
W	전력계
A	전류계
F	주파수계
V	전압계
27	교류 저전압 계전기
51	과전류 계전기
59	과전압 계전기
64	지락 과전압 계전기

그림 3-1 소수력 발전시스템 자동화 블록선도

소수력 발전은 장기투자 사업으로서 미래의 상황을 가정하고 현재의 시점에서 경제성을 분석해보면 타 신·재생에너지원에 비해서 발전차액지원 기준가격이 낮아 아직은 불확실한 요소들이 많이 있다. 따라서 소수력 개발을 위한 투자비가 한정된 상태에서 투자의 효용성을 극대화하기 위해서는 사업의 기술적, 경제적 타당성을 분석하는 일이 매우 중요하다. 또한 준공후 발전소의 운영비용은 소수력 개발을 추진하기 전부터 세밀한 검토를 필요로 한다. 무인화 소수력 발전소로 구축 시에는 운영유지비용 절감에 따른 경제성이 높아 소수력 개발이 촉진될 수 있다.

무인화 소수력 발전소는 시스템의 안정성 유지가 최대 관건이므로 장애발생의 진단유무와 장애발생에서부터 복구까지 운전정지시간의 단축이 필요하다.

과거에는 발전소별로 운전원이 상주하여 관리하였으나, 운영비용의 최소화를 위해서는 운전원이 상주하지 않은 무인감시제어시스템을 도입하는 것이 바람직하다. 무인감시제어의 대상설비는 수차발전기는 물론 송변전설비, 취수문 및 방수로의 수문설비, 출입자 감시설비 등이다.

최근 IT기술의 발전으로 권역단위 또는 중앙에서 발전소를 일괄적으로 관리하는 발전소통합 운영시스템 구축이 세계적 추세이며, 우리나라에서도 댐별 발전소 운영을 원격지에서 일괄적으로 수행할 수 있는 원격감시제어시스템을 구축하여 운영하고 있다. 이러한 무인화 시스템을 소수력 발전소에도 도입하여 구축하면 투자 경제성과 운영관리 효율성을 높일 수 있다.

나. 산업태동 성과

소수력 발전의 국내시장이 협소하고 산업기반이 취약하며 연구 인력과 연구기반 등 기술개발을 위한 인프라가 열악한 실정임에도 불구하고 일부 수차발전기형식은 국산화 기술개발을 달성하였다. 이러한 국산화 기술개발로 인한 발전소 건설비용의 저감과 신·재생에너지 공급협약(RPA)과 발전차액지원제도 등 정책적인 지원에 따라 소수력 발전의 경제성 확보가 가능해짐에 따라서 공공기관에서 민원 발생 우려가 없는 댐이나 농업용저수지, 하수종말처리장, 수도용 관로, 화력발전소의 냉각수 등을 이용한 소수력 개발이 활발하게 추진되고 있다.

다. 전문기업 육성

1) 소수력 자원조사 및 활용기술

수자원 분야의 종합엔지니어링회사인 (주)삼안, 도화종합기술공사, 현대엔지니어링, 유신코

퍼레이션과 한국에너지기술연구원 등이 있다.

2) 발전설비

수차 설비용량 2,000㎾ 이하는 대양전기에서 생산 가능하고, 향후에는 효성에바라, 신한정공, (주)일진전기에서도 생산이 가능하다. 발전기는 설비용량에 관계없이 국내에서 설계제작이 가능하고 대양전기, 효성중공업, (주)일진전기, (주)두산중공업, (주)현대중공업, 보국전기 등에서도 생산이 가능하다.

3) 계통보호 및 자동화

최근 급속한 성장세를 보이고 있는 IT기술의 발전과 PLC, SCADA 등 자동화 기기의 국산화 개발로 발전소별 혹은 원격에서 운영되는 통합운영시스템의 구축이 가능해졌으며 계통보호 및 자동화 분야는 한국자동제어조합, 한국하니웰, LG산전, 맥스원과 같은 전문기업이 있다.

4) 수차발전설비 성능평가

수차에 대한 성능시험을 할 수 있는 성능평가센터 등이 아직 구축되고 있지 않고 있으며 관련 시장도 아직까지 미미하다. 수차의 성능 진단 업무를 수행하고 있는 한국수자원공사 성능진단 팀에서는 국내에서 2005년 3건(22백만 원), 2006년 2건(80백만 원)의 수탁을 받아 수차 성능진단을 수행한 바 있으며, 한국수자원공사 자체시설에 대해서는 매년 10건, 금액으로 환산하면 약 100백만 원/년 정도의 수차발전기에 대한 성능진단을 수행하고 있다. 국외에서는 인도 Nagaland州 정부에서 건설한 Likimro 수력 발전소의 운영관리 수탁자인 NEC Energy의 요청에 의해 수차발전기(Pelton Turbine) 성능진단을 수행한 실적이 있다.

3. 국내 시장 동향

가. 보급현황 및 생산 실적

1) 보급현황

우리나라의 소수력 개발은 강원도 횡성군 안흥 소수력 발전소(설비용량 450㎾)가 1978년에 최초로 준공되었다.

소수력 보급현황은 아래의 표와 같이 설비용량은 2007년 10월 말 기준으로 51개 지점,

65,412㎾이며 민간기업 16개소, 한국수자원공사 16개소, 한국전력공사 및 발전회사 8개소, 지자체 5개소(하수종말처리장 4개소, 정수장 1개소), 한국농촌공사 6개소가 가동 중에 있다. 일반 하천을 이용한 경우가 13개소, 댐 및 저수지 28개소, 하수종말처리장 4개소, 정수장 2개소, 양수발전소의 하부저수지 3개소, 화력발전소 냉각수 1개소 등이다.

표 3-10 소수력 보급 현황

구분	설비용량(㎾)	점유율(%)
51개소	65,412	100
민간 발전사업자(16개소)	28,609	43.8
한국수자원공사(16개소)	15,434	23.6
한전 및 발전회사(8개소)	14,145	21.6
지자체(5개소)	475	0.7
한국농촌공사(6개소)	6,749	10.3

2) 생산실적

신 · 재생에너지 발전차액지원제도에 의한 소수력의 총 발전량은 다음과 같이 약 72만MWh이며, 차액지원금은 약 120억 원이다. 2001년 이후 매년 평균 14.1%의 증가율을 보이고 있으며, 신 · 재생에너지 전체 중에서 차지하는 비중은 2002년의 68.3%에서 2006년에 32.1%로 점진적으로 하락하고 있다. 이와 같은 감소는 LFG, 풍력, 태양광 등 타 신 · 재생에너지원의 보급 확대에 기인한다.

표 3-11 소수력의 발전량 현황(단위 - 발전량 -:MWh, 금액 : 백만 원)

구분		계	2002	2003	2004	2005	2006
신 · 재생 에너지	발전량	1,586,186	143,247	269,458	293,589	389,956	489,936
	금액	31,735	3,373	5,707	5,142	7,551	9,962
소수력	발전량	703,840	106,009	158,851	124,189	157,512	157,279
	금액	12,316	2,576	3,847	2,842	2,390	661
기여도		44.3%	74.0%	58.9%	42.3%	40.4%	32.1%

* 전력시장 평균가격(원/kWh)
50.48('03년) → 55.78('04년) → 61.97('05년) → 79.07('06년)

국내 발전기의 생산실적은 매년 3% 이상 증가하고 있다. 발전기 기술은 1970년 후반부터 선진국으로부터 기술을 도입하여 대형 발전소에 사용되는 수차 발전기, 터빈 발전기 등을 이미 개발하였고, 발전소용 주발전기는 1,000MW급 발전기 2기를 공급하였다. 그리고 1998년에는 초전도 기술을 이용한 3상 220V 30kVA급의 초전도 발전기가 국내에서 최초로 개발되었다.

특히, 신·재생에너지로 주목받고 있는 풍력발전기의 경우 1.1MW의 유도발전기를 일본에 수출할 정도이고, 1.5MW의 이중여자형 유도발전기도 개발하여 사업화가 진행 중이며, 2MW급 이중여자형 유도발전기를 개발하여 실증 시험할 정도로 대형화 개발이 진행되고 있다.

반면 소수력에 적용할 수 있는 발전기는 상대적으로 수요와 공급이 적어 다른 발전설비에 비해 기술개발 수준이 매우 미흡한 실정이다. 그러나 최근 청정에너지에 대한 관심이 증대됨에 따라 소수력의 개발보급에 대한 인식은 점차 커지고 있다. 최근 수십 kW 정도의 용량으로는 민원문제가 거의 없고 풍부한 유량과 일성한 낙차를 가진 유휴시설에 대한 발전 가능성이 확인되어 이를 이용한 소수력 발전의 보급을 위한 기초 연구가 진행되고 있다.

나. 최근 시장 동향

우리나라의 소수력 개발은 산과 계곡이 많은 지역적 특성을 이용하여 댐이나 소하천을 이용한 발전방식이 주종을 이루었으나, 개발주변지역의 각종 민원이 있으며 전력판매 단가가 낮고 수량의 계절별 편중에 따른 연중 지속적인 발전불가로 가동률이 40% 정도에 그치고 있어 경제성 부족으로 인해 소수력 개발이 원활하게 이루어지지 않았다. 그런데 최근에 정부의 신·재생에너지 보급 정책에 따른 지역에너지 보급사업, 신·재생에너지 공급협약(RPA)과 발전차액지원제도로 소수력 개발 필요성이 증폭되면서 공공기관에서 민원발생 우려가 없는 기존 시설물인 댐이나 농업용 저수지, 하수처리장, 수도용 관로, 하수종말처리장, 화력발전소의 냉각수 등을 이용한 소규모 소수력 개발이 활발하게 추진되고 있다.

일반하천을 이용한 소수력 개발은 민원발생으로 인한 인·허가 추진의 어려움과 경제적 타당성 부족으로 인하여 민간발전사업자의 소수력 개발은 덕송 수력 발전소('93.03.22 상업발전) 이후 사례가 없었다. 2007년 8월에 상업발전을 개시한 경기도 연천군 소재의 고문소수력 발전소(설비용량 1,500kW, 신에너지(주))는 민간 발전사업자가 한탄강유역의 일반하천에 '93년도 이후 14년 만에 발전사업 허가를 획득하여 한국농촌공사 소유의 농업용 보를 이용하여 개발한 사례이다.

민간발전사업자가 일반하천에 발전사업 허가를 득하여 건설 중인 발전소는 동진강 소수력(설비용량 850kW), 덕치 소수력(설비용량 800kW), 분천 소수력(설비용량 1,500kW) 등 3개소가 있다.

지역에너지사업으로 추진 중인 곡성군청과 괴산군청의 소수력 개발방식은 일반하천을 이용한 개발방식으로 현재 실시 설계 중에 있다.

다. 장기 시장 전망

1) 국내시장에 대한 장기 전망(설문조사 결과)

소수력 분야 국내 시장에 대한 장기 전망 설문조사 결과는 다음과 같았다.

표 3-12 국내 시장에 대한 장기 전망 설문조사 결과

항목		단위	2006년 말	2012년	2020년	2030년
업체 수(누적)		개	5	10	19	32
관련 인력 (누적)	연구인력	인	20	36	59	87
	생산인력	인	50	100	168	223
국내 보급(누적)		TOE	39,320	53,135	84,619	119,658
연간 매출액		억 원/년	110	260	575	1,091
연간 수출액		억 원/년	-	33	118	279

2) 소수력 발전보급 목표량

정부의 신·재생에너지 보급 정책에 따라 친환경적인 소수력 에너지 시장의 성장도 탄력을 받을 것으로 예상된다. 국내의 경우 환경보호 문제로 인하여 대용량 수력 개발은 거의 불가능한 실정이며, 유가상승과 환경문제 등에 따른 신·재생에너지 개발이 적극 장려됨에 따라 소수력 개발도 활발하게 추진되고 있다.

국내의 소수력 발전 기술 중 수차의 경우, 초기에는 외국수입에 의존하였으나, 정부의 지원과 관련 연구소 및 제작사의 지속적인 노력으로 1997년부터 국산 수차가 채용되어 소용량 수차에 대한 기술자립은 일부 확보된 상태이고, 대형 수차의 경우 국내시장의 수요 포화로 인하여 국내 대형 발전설비 제작사들은 해외 설비수주로 이미 사업방향을 전환한 상태이다.

소수력 발전소에서 생산된 전력은 관련법에 따라 한국전력거래소에 전량 판매하고 있기 때문에 전력판매는 보장되어 있다. 정부에서는 표 3-13과 같이 2011년까지 소수력 발전 보급목표량을 80MW로 정하여 추진하고 있으며, 금년 7월까지의 실적은 보급목표량을 2.2배 달성하고 있다.

표 3-13 소수력 발전 보급목표량 및 실적현황

구분	05	06	07	08	09	10	11	계
보급대수(기)	5	10	20	35	75	105	150	400
보급용량(MW)	1	2	4	7	15	21	30	80
실적현황(MW)	5.4	6.3	3.7					

3) 소수력 발전보급 잠재량

신・재생에너지백서(산업자원부, 2006.08)에 의하면 공해가 없는 청정에너지인 소수력 발전은 1,500MW 정도의 국내 부존량이 있으며, 시장잠재량은 2030년까지 660MW이다. 수력 개발이 가능한 후보지 대싱은 다음과 같이 유효저수량 3백만 돈, 유역면적 15㎢ 이상의 농업용 저수지, 2만 톤/일 이상의 하수종말처리장, 시설용량 5만 톤/일 이상의 정수장, 높이가 2m 이상인 농업용 보 등이며, 이 같은 미활용 수력 자원을 이용할 수 있는 개발지점은 매우 다양하다. 국내 보급 잠재량이 많은 일반하천을 이용한 수력 개발은 하천에 가동보나 콘크리트 보를 설치하여 하천유지용수와 관개용수 등으로 이용하면서 수상레저와 같은 관광자원으로 개발하면 지역경제에 도움을 줄 수 있으므로 경제성 확보방안을 마련한 적극적인 개발이 필요하다.

소수력 자원의 적극적인 개발은 사장되는 에너지원의 개발 차원뿐 아니라 경제・사회적으로 전력 수요 급증 시의 부하 평준화 효과, 석유 수입 대체 및 민간 주도의 반영구적 사업으로서 환경친화적인 에너지원의 개발과 부수적으로 지역개발의 촉진과 경제적 파급효과, 관련기술의 수출 산업화 등의 효과를 거둘 수 있다. 향후 수력 발전소의 규모는 점차 작아지고, 기존의 발전소들보다 원거리에 위치하며 개발비용은 점차 증가할 것으로 예상된다. 따라서 주위 환경과 관련된 새로운 기술개발도입과 국가적 차원에서 재정적 지원강화와 개발지점 주변 지역민의 이해와 협력이 필요하다.

표 3-14 소수력 발전 보급 잠재량

구분	지점수	잠재량(kW)	특징
일반하천	120	1,412,500	가동보를 이용한 개발
하수종말처리장	63	5,300	이용률 70~80%
수도관로	58	2,500	이용률 90%
농업용 저수지	163	48,000	저수량 3백만 ㎥ 이상 계절 영향 큼
농업용 보	18,252	5,000	이용률 40%
다목적댐 용수로/조정지	6	6,744	이용률 60%
화력발전소 냉각수 이용 및 양식장 순환수, 기타	25~30	19,956	이용기술을 확보하여 건설
합계		1,500,000	

라. 주요 선도 기업 현황

국내에서 소수력에 관한 주요 기술을 전문적으로 다르고 있는 업체 및 기관은 다음과 같다.

표 3-15 소수력 전문기업 현황

핵심기술		국내 전문기업
소수력 자원조사 및 활용		한국에너지기술연구원, 종합엔지니어링 (도화, 삼안, 현대, 유신)
발전설비의 국산화 및 표준화	수차	(주)두산중공업, 대양전기, 효성에바라, 신한정공, (주)일진전기
	발전기	대양전기, 효성에바라, (주)일진전기, (주)두산중공업, (주)현대중공업
	송배전설비	한국전기조합, LG산전 등
	강재설비	현대중공업(주), 금전기업 등 다수
계통보호 및 자동화		한국자동제어조합, 하니웰, LG산전 등 다수
수차발전설비 성능평가		한국에너지기술연구원, 한국수자원공사

4. 북한 수력 발전 현황

북한은 산림과 농지가 황폐화되어 홍수와 가뭄에 매우 취약한 상태이며 북한 수력 발전설비는 적기 정비부족과 노후화로 인하여 가동률이 저조한 상태로 알려져 있다. 북한의 수력발전 설비용량은 약 5,974천 ㎾(전체의 약 62%)이며, 대부분 가동연수가 40년에서 70년으로 노후도가 심화되어 실제 가동 설비용량은 2,000천 ㎾로 추정되고, 송배전은 산업과 민간의 전력계통망이 분리되어 있지 않은 관계로 민간에 대한 제한 송전이 어려우며 문어발식 배전으로 전압 변동이 심한 것으로 추정되고 있다,

또한, 수요지 중심의 1지역 1발전소 설치 원칙에 따라 계통의 연계사정이 좋지 않으며 관리기술의 낙후로 인한 전력손실의 증대로 전력수급 사정이 악화되고 있는 것으로 추정되고 있다.

따라서 북한의 전력난 해소를 위해 노후한 북한 수력 발전설비 현대화 사업을 위하여 발전설비의 성능진단을 실시하고 발전설비를 개·보수하고, 북한 농촌 및 산간벽지 등에 소수력 발전소를 설치 또는 개보수하여 인도주의적 차원에서 지역 전등불 밝혀주기 사업을 추진하는 방안 등이 있다.

표 3-16 북한 수력 발전설비 성능진단 및 개보수 비용 추정

구분	소요기간(발전소당)	비용산정(발전소당)	총 비용
성능진단	24일	성능진단 : 41백만 원 (성능시험 : 15백만 원)	성능진단 : 2,460백만 원 (성능시험 : 900백만 원)
수차발전기 개보수	25~49개월	300천원/㎾	약 6,000억 원

※ 200만 ㎾ 상당 개보수 비용

5. 국내 시장에 대한 장기 전망

소수력 발전 설비에 대한 전체 시장 매출과 수입은 매년 비슷하게 진행되고 있다. 신규 소수력 개발은 매우 제한적이고, 수요가 많지 않아 기술개발이나 성장에 한계가 있다. 소수력에 대한 장기비전이나 혁신적인 방안이 마련되지 않을 경우 현재의 한정된 주문형 생산의 한계를 극복하기에는 무리가 있다. 따라서 제한적인 시장수요의 난제를 극복하기 위해서는 잠재적인 소수력을 개발하는 적극적인 발상의 전환이 필요하다.

현재 국내에서는 일반 하천을 이용한 소수력 개발을 통한 보급 활성화는 한계가 있지만,

미활용 소수력 개발 적지를 찾아 개발하는 것도 하나의 대안이 될 수 있다.

또 한편으로는 출력 용량은 높고 가동률이 낮은 곳에 발전소를 설치하는 것도 필요하지만, 출력용량은 낮고 가동률이 높은 지점에 발전소 건설을 위한 관심의 전환도 필요하다.

발전소 방류수나, 소하천의 하천유지용수, 상수도의 배수지나 가압장 그리고 하수처리장의 방류수 등에는 낙차는 높지 않지만 일정한 유량을 확보할 수 있고 가동률이 높아 출력용량은 높게 설계하기가 어렵지만 용량을 낮게 잡을 경우 효율이 높은 수력개발도 가능하다. 이 방법이 성공적일 경우 소수력에 대한 발전시설의 설치 가동이 높아질 것으로 판단된다. 따라서 소수력에 필요한 발전기의 제작대수 증가와 표준화된 시스템의 기술개발도 촉진될 것으로 전망된다.

지구온난화(global warming)란 산업혁명 이후 인간의 활동에 의해 대기 중으로 배출되는 이산화탄소(CO_2), 메탄(CH_4), 아산화질소(N_2O), 프레온가스(CFCs), 육불화황(SF_6) 및 대류권의 오존(O_3) 같은 온실가스들이 적절한 양 이상으로 존재하여 발생하는 지나친 온실효과를 가리킨다. 특히, 이산화탄소는 인위적으로 배출되는 전체 온실가스 양의 약 60%를 차지하는데 산업활동 전반에 사용되는 석탄, 석유 및 천연가스 등의 화석연료 연소 및 추출, 처리, 수송과정에서 주로 발생되지만, 산림의 벌채 및 가공과정에서 산림에 흡수 저장된 것이 대기 중으로 방출되기도 한다. 인위적 이산화탄소 배출량의 80~85%는 화석연료의 사용, 15~20%는 삼림훼손 등 토지이용의 변화가 차지하는 것으로 알려져 있다. 지구온난화에 대응하기 위해서는 원천적으로 온실가스의 배출을 억제하고 산림의 흡수원을 확대함으로써 대기 중 온실가스의 축적을 최대한 제한하는 것이 중요하며, 부차적으로 변화된 기후체계에 적절히 적응해 나가는 것이 필요하다. 대기 중 온실가스 축적을 최대한 제한하는 방법은 지구온난화의 주범인 이산화탄소 배출을 최소화하는 것으로 화석연료의 소비감소가 관건이다.

이러한 지구온난화에 대한 국제사회의 공동 노력은 약 20년 전부터 시작되었으며 지난 1997년 교토에서 열린 제3차 당사국 총회에서 채택되었던 교토의정서(Kyoto Protocol)는 그 동안의 선언적 의미를 넘어서 협약의 목적을 실현하기 위한 온실가스 감축의 구체적 수치와 방안을 마련하였다는 데 그 의의가 있다. 교토의정서는 선진국의 구속력 있는 감축목표를 설정, 공약이행을 보조하기 위한 제도로서 배출권거래제도(Emission Trading, ET), 공동이행(Joint Implementation, JI) 및 청정개발체제(Clean Development Mechanism, CDM) 등 혁신적인 신축성 체제(flexibility mechanism)의 도입, 국가간 연합을 통한 공동감축 목표 달성을 허용 등을 골자로 하고 있으며, 온실가스 배출에 관한 권리를 상품으로서 사고 팔 수 있게 되어 향후 에너지절약 및 이용효율 향상, 신·재생에너지 개발 등 온실가스 배출량을 줄일 수 있는 새로운 기술 분야에 대한 투자 및 무역이 확대될 수 있는 계기가 마련된 것으로 판단된다.

교토의정서에 따른 의무감축 합의내용에 따르면, 부속서 I 국가 40개국 중 미 비준국인 터키, 벨라루스를 제외한 38개국으로 구성된 감축의무 부담국들이 1차 감축 공약기간인 2008~2012년 사이에 1990년 배출량 대비 평균 5.2% 감축할 의무를 부담하게 되었으며, 감축기준 배출량에는 1990년 이후의 토지이용과 삼림조성에 의해 배출 혹은 흡수되는 온실가스가 포함되며, 이는 CO_2, CH_4, N_2O, HFC, PFC, SF_6로 구성된 6개 온실가스군을 대상으로 한 것이다.

이에 따라 EU는 세계 최대 온실가스 배출권 시장인 유럽기후거래소(ECX)를 발족시켰으며 미국에서도 시카고기후거래소(CCX)를 통해 배출권 거래가 이뤄지고 있다. 이외에도 캐나다, 호주, 일본에서도 거래 시장이 만들어졌다. 유엔환경계획 금융이니셔티브(UNEP/FI)는 온실가스 감축 실적을 사고 팔 수 있는 배출권 거래시장의 규모가 지난해 300억 달러(약 27조 5100억 원)에서 오는 2012년이면 2조 달러(약 1834조 원)까지 커질 것으로 전망했다.

온실가스 감축실적을 직접 매매하는 '배출권거래' 외에도 개발도상국 등 국가에 청정기술을 투자해 온실가스 배출도 줄이고 그 실적도 상업적으로 이용할 수 있도록 하는 청정개발체제(CDM) 부문도 주목받고 있다. 10월 1일을 기준으로 유엔에 등록된 CDM 사업 등록 건수는 800건이며 이를 통해 매년 1억6815만 탄소톤(온실가스를 탄소량으로 환산한 단위)을 저감할 수 있을 것으로 기대되고 있다. 전문가들도 온실가스 규제가 강화되는 추세에서 CDM 사업 역시 확장될 것으로 전망하고 있다. CDM 사업에 대한 개략적인 내용을 아래에 기술한다.

❖ CDM사업

신·재생에너지인 소수력 발전사업을 미래형 CDM사업[2]으로 시행하여 환경적 건전성을 증진하고 UNFCCC(유엔기후변화협약)에 CDM Project로 등록함으로써 배출권(CERs, 온실가스 감축량)거래[3]를 통한 수익창출이 가능하다. 소수력 발전사업이 CDM 사업으로 UN에 등록될 경우 배출권 판매로 부가적 수익 창출이 가능한 동시에 향후 우리나라의 2차 온실가스 감축 의무국 포함 시 개도국에 대한 CDM사업 진출발판을 마련할 수 있다.

2) CDM(Clean Development Mechanism)사업 : 교토의정서에 의거 온실가스 감축 사업에 투자하여 감축된 CO_2 배출권을 획득하고 이를 판매하는 사업
3) 배출권(CERs) 거래가격 : 13~15유로/CO_2톤

① 교토 메커니즘

○ 교토의정서는 온실가스 감축비용을 최소화하기 위한 교토 메커니즘 제시

○ 교토메커니즘 : 공동이행제도(JI), 청정개발체제(CDM), 배출권거래제(ET)

1) 공동이행제도(Joint Implementation)

- 온실가스 감축비용이 높은 선진국이 감축비용이 상대적으로 낮은 다른 선진국에서 온실가스 감축사업을 시행하는 제도(주로 EU와 동유럽)

2) 청정개발체제(Clean Development Mechanism)

- 온실가스 감축의무가 있는 선진국이 개도국의 온실가스 감축사업에 투자하여 감축의무를 달성하고 개도국의 지속가능한 발전에 기여하는 제도

3) 배출권거래제(Emission Trading Scheme)

- 선진국 간에 시행되는 제도로서 선진국이 자국의 감축목표를 초과하여 달성하는 경우 잉여의 온실가스를 다른 선진국에 판매하는 제도

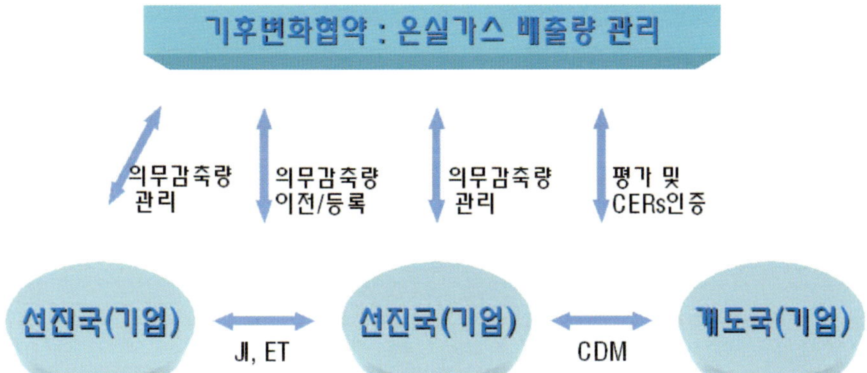

그림 3-2 온실가스배출량 관리

② 교토의정서 감축대상 가스의 종류 및 특징

표 3-17 온실가스감축대상 가스의 종류 및 특징

온실가스 종류	지구온난화지수 (CO_2=1)	주요 배출원	주요특징
CO_2(이산화탄소)	1	연료사용/산업공정	에너지절약, 연료대체 상업적 후처리 불가
CO_4(메탄가스)	21	폐기물/농업/축산	발생원 광범위 포집이 어려움
N_2O(아산화질소)	310	산업공정/비료사용	발생원 광범위 포집이 어려움
PFCs(과불화탄소)	140～11,700	세정용가스(반도체)	화학적으로 안정적, 분해가 어려움
HFCs(수소불화탄소)	6,500～9,200	냉장고 냉매	발생원이 명확 빠른 증가세
SF_6(육불화황)	23,900	중전기기 등	현재 처리기술 미확립

※ 자료 : IPCC,Revised 1996 Guideline for National Greenhouse Inventories

③ 탄소배출권 시장의 구성

○ 할당받은 배출허용권(emission allowance)의 거래
- 교토의정서가 부여한 의무감축량인 AAUs(Assigned Amount Units)
- EU ETS(EU 배출권거래제)의 EUAs(EU Allowance Units)

○ 프로젝트에서 발생한 배출권(emission credit)의 거래
- CDM을 통한 CERs(Certified Emission Reductions)
- JI를 통한 ERUs(Emission Reduction Units)

④ 1차 의무 감축기간('08～'12)중 배출권의 수요와 공급

○ 배출권의 공급 부족분은 연간 2억 톤, 5년간 총 10억 톤 공급부족 예상

○ CDM과 JI에 의해 연간 4억 톤 배출권 공급

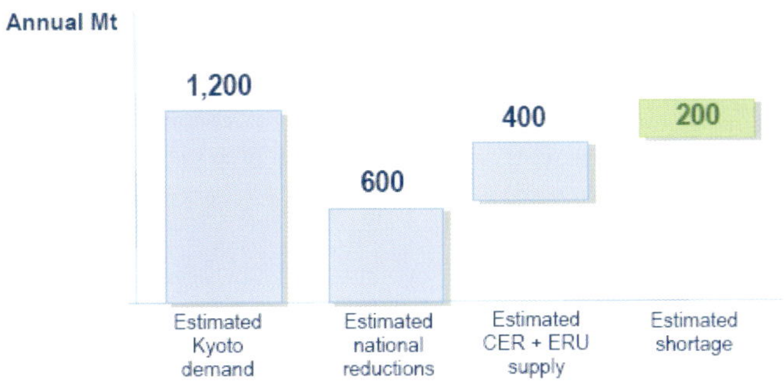

그림 3-3 교토메커니즘하의 배출권 수급예측[4)]

⑤ 온실가스 배출권 시장규모

- 배출권의 총 거래규모는 '05년 110억 달러에서 '06년 215억 달러로 성장
- 2008년 시작되는 온실가스 감축기간을 감안하면 '07년은 3배 이상 증가 예상
- 최근 중국이 배출권 시장에서 최대 공급자(60% 점유)로 급부상
- 배출권 주요구매자 : 영국, 네덜란드, 이탈리아 등 EU국가들과 일본

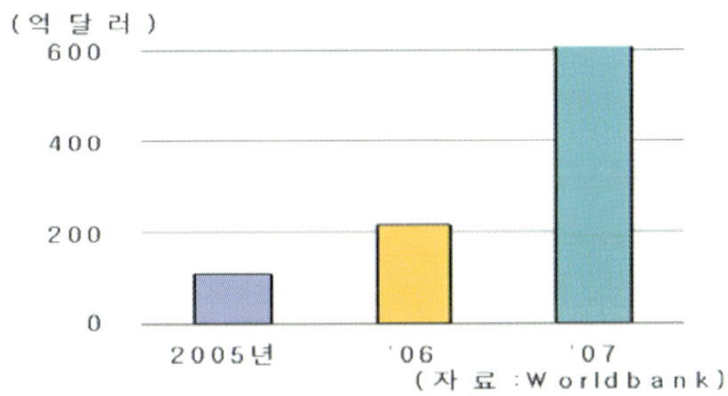

그림 3-4 온실가스 배출권 시장규모

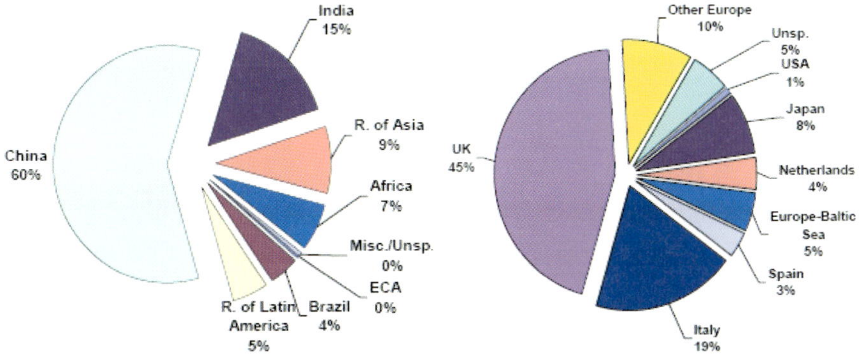

그림 3-5 탄소배출권 주요 공급자와 구매자

4) 출처 : UNFCCC, Rhodia Energy Service, 2006

⑥ 배출권거래 형태

선물거래(Futures Trading)

- 시장을 통해 계약을 체결하고 현재 시점에서 결정한 가격으로 미리 약정한 만기일에 CER을 인도, 인수하여 계약을 이행하는 거래

선도거래(Forward Trading)

- 시장이 아닌 사적으로 거래계약을 완료한 후 미래의 결제 시점에서 거래상품(CERs)의 인도와 대금지급이 이루어지는 거래

현물거래(Spot Trading)

- 현재 시점에서 발행이 완료되어 거래가 가능한 CER을 시장에서 거래

경매거래(Forward Trading)

- 일정절차를 통해 승인을 받은 판매자가 CER경매 사이트에 프로젝트를 올리고 구매자의 입찰가격에 따라 승인 또는 거절이 가능한 거래

⑦ 배출권거래 단계별 절차내용

① 감축량 모니터링 및 검증, 인증
(DOE, UNFCCC)

- Verification Report(DOE검증보고서)
- 인증서 : CERs 발생량 보증서

↓

② 온실가스 배출권(CER) 발급신청
(대상기관 → UNFCCC EB)

CDM Registry : 등록된 CDM사업의 CER을 발행해 주는 업무의 주관기관으로 CDM Registry 행정운영은 UNFCCC 사무국이 담당

↓

③ CDM Regisrtry에 계좌생성
(계좌생성 요청서외 3건의 문서제출)

- Pending Account : CDM사업에서 첫 CERs이 발행되는 계좌
- Holding Account : CERs의 수령을 위하여 사업자가 개설하는 계좌

↓

④ 계류계좌에서 보유계좌로 인도
(Pending Account → Holding Account)

- CERs인도 요청을 신청
- Forwarding request form 제출

↓

⑤ 온실가스 배출권(CER)의 양도
(Buyer의 Temporary 보유계좌로 양도)

- Temporary Holding Account : CDM Registry 안에 생성한 Buyer의 임시계좌로 계약이후 CER 양도계좌

교토의정서는 지구온난화 방지를 위한 기틀을 마련하는 데 크게 기여하였으나, 가입국 간의 이해관계 대립으로 개발도상국 참여, 신축성 체제의 도입을 위한 구체적이고 제도적 장치 등과 관련된 문제는 합의에 이르지 못한 한계점을 가지고 있다. 2008~2012년인 교토의정서 의무이행기간이 눈앞에 다가오면서 국제 사회는 2012년 이후의 체제 준비로 분주해지고 있다. 향후 지구온난화방지를 위한 국제사회의 공동 노력이 교토체제처럼 온실가스 의무감축량을 지정하는 방식을 택할지의 여부는 여전히 불투명하지만 어떤 형태든 지속될 것은 분명하다. 우리나라는 1993년 12월 세계 47번째로 기후변화협약에 가입하였으며 현재 개발도상국(non-annex Ⅰ국가)으로 분류되어 국가보고서 제출 등 협약상 일반적 의무사항만 수행하면 된다. 이에 따라 우리나라는 1998년 3월 제1차 국가보고서를 제출한 바 있다. 그러나 1994년 OECD 가입 이후 미국, 일본 등 선진국들은 우리나라가 조속히 자발적으로 선진국과 같은 의무를 부담하여 줄 것을 요구하고 있다. 대부분의 선진국들이 경제발전을 오랫동안 이룩하여 경제성장률 및 이산화탄소 배출증가율이 2~3%대에서 매우 안정되어 있는 반면, 경제발전단계에 있는 우리나라는 이산화탄소 배출 증가율이 연평균 8~9%대의 높은 증가율을 기록하고 있다. 따라서 지금 단계에서 선진국과 같은 수준의 감축의무를 부담하는 것은 경제성장을 포기하는 것과 같아 받아들이기 어려운 상황이다. 이러한 상황 하에서도 우리 정부는 국제사회에서 온실가스 감축에는 적극적인 동참의사를 표명하고 있으며, 국내의 상황을 올바로 파악하고 국제사회에 대응, 해결책을 찾기 위해 보다 적극적인 자세로 임하고 있다.

지구온난화와 관련된 국제적인 온실가스 배출규제에 대응하기 위해 정부는 우리나라의 여건과 능력에 맞는 수준의 정보온실가스 감축의무를 부담할 수 있도록 하기 위해 국제협상동향의 자료를 수집하고 이를 토대로 외교적 노력을 강화하고, 자원을 절약하고 환경을 보전하는 경제구조의 정착을 위해 자발적 협약을 통한 산업계의 자율적 환경-자원관리를 촉진하며, 에너지 및 자원에 대한 환경친화적 가격구조 정착 등을 위한 다양한 제도적 장치 마련 이외에, 신・재생에너지, 고효율 기술 등 신기술의 개발을 촉진하기 위해 기술개발 지원 자금을 확대하고, 신기술 도입시 금융 및 세제지원을 강화해 나가고 있다.

신・재생에너지의 보급 활성화는 현재 태양광, 풍력, 연료전지 등 3대 중점 추진사업으로 집중되고 있지만 환경친화적이고 지구온난화가스를 배출하지 않는 소수력 발전은 기술의 완성도나 투자의 효과적인 측면에서 타 에너지원과 경쟁할 수 있는 장점이 분명 있으며, 이를 위한 사업 모델의 확장, 환경 파괴 요인의 최소화하는 설계기술 등의 개발을 통해서 시장을 확대해 나갈 수 있을 것이다.

가. 기존 시설물을 이용한 소수력 자원량

기존 시설물을 이용한 자원조사 결과는 다음과 같다. 기존 시설물을 이용하여 소수력을 개발 보급할 경우 연간에너지 퍼텐셜 698,816MWh 효과는 아래와 같다.

- 전력판매가(80원/kWh) : 약 559억 원/년
- 에너지 절약 : 174,704toe/년
- 원유 : 1,030,000 bbl(50$/bbl, 1$:1,000원)

표 3-18 기존 시설물을 이용한 소수력 자원량

구분	지점수	개발가능용량(kW)	연간에너지 퍼텐셜(MWh)	비고
농업용저수지	180	30,064	92,176	
농업용보	232	46,843	164,137	고무댐 3m 이용 가정
대댐의 이용	20	15,800	55,363	
양식장 이용	129	8,442	66,558	유효낙차 6m 가정
정수장 이용	70	17,641	131,360	유효낙차 10m 가정
하수처리장 이용	59	8,385	62,437	유효낙차 5m 가정
화력발전소 냉각수 이용	6	24,122	126,785	가동률 60% 가정
합계	691	151,297	698,816	

나. 시도별 기존 시설물을 이용한 소수력 퍼텐셜

기존 시설물을 이용한 시도별 소수력 퍼텐셜 자원량은 다음과 같다.

표 3-19 시도별 기존 시설물을 이용한 소수력 퍼텐셜(단위 : MWh/yr)

시도별	적 용 처 별								
	농업용 저수지	농업용보	대댐 이용	하수 처리장	정수장	화력 발전소	양식장	합계	비율 (%)
경기	5,461	15,390	11,353	12,851	16,761	15,768		77,584	11.1
강원	9,529	17,919	1,507	1,030	2,282			32,267	4.6
충북	9,422	7,285	13,315	1,435	1,208			32,665	4.7
충남	18,681	4,625				66,751		90,057	12.9
전북	8,741	34,742	11,563	2,740	642			58,428	8.4
전남	10,900	28,193	5,606	1,337	2,563			48,599	6.9
경북	24,445	30,989	6,763	2,212	4,315			68,724	9.8
경남	4,890	24,994	3,504	2,224	6,351	44,266		86,229	12.3
제주	107			438			66,558	67,103	9.6
서울				19,626	37,828			57,454	8.2
부산				5,843	16,275			22,118	3.2
인천				1,993	17,391			19,384	2.8
대구				3,684	11,687			15,371	2.2
대전				3,041	7,092			10,133	1.5
광주				2,431	5,138			7,569	1.1
울산			1,752	1,552	1,827			5131	0.7
합계	92,176	164,137	55,363	62,437	131,360	126,785	66,558	698,816	100.0

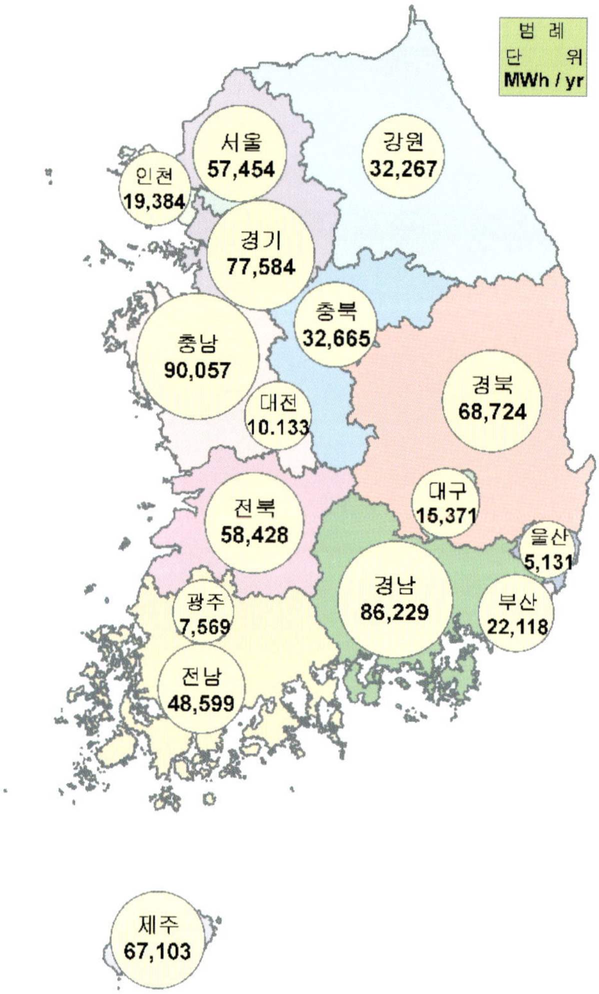

그림 3-6 시도별 기존 시설물을 이용한 소수력 퍼텐셜 분포도

IV

해외 주요 국가의 기술 및 시장 동향 분석

1. 정책 및 기술방향

세계 인구는 2020년에 약 80억 명에 달할 것으로 전망되고 있고, 특히 인구증가가 높은 중국 및 인도네시아 등 아시아 지역의 에너지 생산국들도 에너지를 수입해야 할 것으로 예상된다. 따라서 이들 나라는 물론이고 대부분의 나라가 에너지의 수요에 대응할 수 있는 근본적인 대책이 빠른 시일 내 수립되어야 한다는 지적이 높은 편이다. 그리고 에너지 공급의 확충을 위한 투자재원의 부족과 사회간접자본의 미비, 에너지 중동 의존도의 심화 등 대부분의 에너지 소비국들이 안고 있는 문제는 언제든지 국지적인 에너지 수급 애로를 초래할 가능성이 큰 것으로 예상하고 있다.

또한 지구온난화방지를 위해 1992년 UN 환경개발회의에서 기후 변화에 관한 국제연합기본협약이 채택되었고, 구체적 실행계획을 포함하고 있는 교토의정서가 2005년 발효됨에 따라 온실가스 배출억제를 위한 국제적 환경규제가 더욱 강화됨에 따라 친환경적인 에너지 개발에 더욱 가속도가 붙을 것으로 전망된다.

세계에너지 사용에서 수력 및 신·재생에너지의 점유율은 8% 정도를 유지할 것으로 전망되고 있다. 신·재생에너지의 사용증가는 중국, 인도 등 아시아 국가들의 대규모 신규 수력 발전 설비 건설에 따라 이루어진 것과 비동구권에서 기존 수력설비의 수리, 확장 등에 의한 것 및 선진국의 경우 비수력분야인 태양열, 지열, 바이오에너지 등 때문이다.

우리나라는 물론이고 많은 나라에서 신·재생에너지 발전 보급 촉진책을 시행중이다. 신·재생에너지 시장 확대 정책을 공급측면과 수요측면 그리고 발전용량과 발전량을 고려하여 다양한 제도를 개발 시행중이다. 현재 가장 보편적으로 시행되고 있는 시장 확대 정책의 수단으로서 많은 국가와 지역, 지자체에서 시행중인 기준가격 의무 구매제(FIT)는 소수력의 기술개발을 촉진하고, 투자자의 관심을 끌기에 충분하여 지난 수년간 독일과 스페인, 덴마크에서 신·재생에너지 발전 확대에 크게 기여하였다. 신·재생에너지 발전 의무 비율 할당제(RPS)는 미국과 캐나다, 인도의 주 및 지자체를 중심으로 확산되고 있다.

유럽연합(EU)은 재생에너지 개발보급 활성화 정책의 일환으로 소수력 발전 개발 장려책을 실시하고 있지만, 실제 개발에는 규제나 환경 측면의 장애 요인들이 남아있다. 특히 유럽연합의 수질 보존에 관한 기본 법령과 재생에너지 이용 확대에 관한 법령이 서로 크게 상충하고 있기 때문에 개발에 어려움을 겪고 있다. 따라서 소수력 발전용량의 증가는 매년 미미하게 진행되고 있다.

유럽연합의 소수력 발전에 대한 장래 전망은 극히 불투명하며 상기 두 법령 사이에서 어떤 절충점을 찾느냐에 달려 있다. 2006년 6월에 개최된 “Hidroenenergia 2006” 국제 컨퍼런스는 환경 영향 요건을 최소화하여 소수력 발전을 개발할 수 있도록 유럽연합의 수질보전에 관한 기본법령이 개정되어야 한다고 결론을 내렸다.

최근에는 환경요건이 충족되는 범위 안에서 소수력 개발을 유도하고 전력구매 요금에도 제한을 두고 있다.

아시아 국가 중에서 중국의 경우 소수력 보급률은 세계 최고이지만, 앞으로도 지속적으로 소수력 발전소를 개발하는 것으로 계획 실행하고 있다. 이는 풍부한 자원을 이용하되, 대용량보다는 소용량의 발전소라도 설치가능한 곳이라면 어디든지 설치할 수 있도록 법적 제도적 장치를 마련하기 때문으로 판단된다. 특히 수차발전기의 표준화가 이루어져 필요한 곳에 최적의 시스템을 설치하여 경제적인 비용으로 최적의 발전을 가능하게 하고 있다.

일본의 경우 NEDO는 중심으로 소수력 개발을 활발하게 진행하되 친환경적인 개발에 중점을 두고 진행하고 있다. 아직까지 미활용된 자원을 지속적으로 찾아 발전용량의 크기에 구애받지 않고 청정에너지 개발이 가능한 범위 안에서 소수력의 범위 이하인 미니 및 마이크로급에도 청정에너지를 개발하고 있다. 일본의 경우도 중국과 마찬가지로 수차발전기에 대한 표준화가 완성된 단계이다.

선진국은 물론 개발도상국을 비롯하여 소수력의 개발 보급 활성화를 위해 다양한 정책 및 기술개발이 이루어지고 있다. 주요 기술개발 및 지원책은 다음과 같은 것들을 들 수 있다.

가. 미개발 수력자원의 개발

현재 개발되어 사용되고 있는 수력자원은 전 세계 보유 잠재량의 10%에 불과할 정도로 미미하다. 그래서 선진국의 경우 대용량의 수력자원은 물론이고 소용량이지만, 개발 가능성과 경제성이 있다고 판단될 경우 조사를 통해 적극적으로 친환경적으로 개발하고 있다.

기술적으로 세계 전체에서 개발 가능한 수력 에너지는 14,370TWh/year로 평가되고 있으며, 이중에서 약 8,082TWh/year가 현재 개발을 위한 경제적 타당성을 검증받고 있다. 약 700GW(또는 2,600TWh/year)가 이미 사용 중이고, 108GW는 건설 중에 있다. 남아 있는 잠재량의 대부분은 주로 아프리카, 아시아 및 미국 등에 있다.

표 4-1 지역별 수력 잠재 에너지량

지역	기술적으로 가능한 잠재량(TWh/year)	경제성이 있는 잠재량(TWh/year)
아프리카	1,750	1,000
아시아	6,800	3,600
북중미	1,660	1,000
남미	2,665	1,600

최근의 소수력 개발은 이산화탄소 배출량의 저감을 위해 자국은 물론이고 개도국이나 다른 나라에 대해서도 소수력의 개발을 통해 생산된 전력으로 자국의 이산화탄소 배출량을 줄이는 CDM 사업에 참여하기 위해 활발하게 소수력 자원을 개발하고 있다.

나. 친환경 소수력 개발

수력자원을 초기에 개발할 때는 대형으로 많은 전력을 발생하기 위해 사업을 시작하였으나, 대형 댐의 건설에 따른 환경 문제와 다른 에너지원의 개발 보급 확대에 따라 최근 소수력의 개발은 용량에 구애받지 않고, 청정에너지를 개발할 수 있도록 선진국을 비롯하여 많은 나라에서 시행하고 있다.

특히 최근 유럽 일부국가와 미국의 경우 소수력의 개발은 친환경적인 측면에서 개발되어야 요금제도 혜택 및 전력을 구매할 수 있도록 유도하고 있는 실정이다.

IEA는 최근 소수력 시스템의 개발을 지지하고, 효율을 향상하기 위해 기존 시스템을 업그레이드 하는데 주안점을 두고 있다.

다. 수차 발전기의 고효율화

현재 소수력에 적용되고 있는 수차에는 다양한 것들이 개발 사용되고 있다.

최근에는 중대형 보다는 소형이 주류를 이루고 있지만 향후에는 미니 및 마이크로급의 발전기가 주류를 이룰 것이다. 현재 발전소에 사용되는 수차는 양정과 유량에 따라 여러 형태의 수차가 개발되고 있다. 일반적으로 대형에 비해 소형의 경우 발전기 효율이 낮은 편이다. 따라서 점차 낮아지는 수차발전기용량에서 수차와 발전기의 효율을 높이기 위해 첨단 프로그램 등을 사용하여 효율개선에 많은 투자를 하고 있다. 또한 낙차와 유량의 변화에 대응하여 일정한 발전효율을 유지하기 위한 대안으로 가변속 발전기에 대한 개발도 적극적으로 추진되고 있다.

라. 미니, 마이크로 및 피코 발전시스템의 개발

현재 전 세계적으로 중·대형 수력자원의 개발이 남아 있는 곳도 일부 있지만, 환경문제 등을 고려할 경우 차후 수력 에너지 개발은 소형보다 미니 또는 마이크로 그리고 피코급의 발전이 주류를 이룰 것이다. 소용량의 발전시스템은 환경문제를 최소화하면서 적용 장소에 구애받지 않고 많은 지점에 설치 가능한 특징을 가지고 있어 발전용량의 확대에도 도움이 될 것으로 예상되어 선진국을 중심으로 연구 개발 활발하게 진행되고 있다.

마. 요금제도의 개선

소수력의 개발은 초기에 많은 투자비가 들어가기 때문에 나라별로 상황은 다르지만, 대개 일반 사업자가 참여하기 어려워 주로 공공기관 위주로 개발하였다. 그러나 일부 국가에서는 개발을 적극적으로 유도하기 위해 다양한 방법으로 요금 제도를 개선하고 있다. 선진국의 경우 미활용 에너지 개발보급 활성화에 주안점을 두거나 친환경적 발전소를 건설 운영할 경우 요금에 혜택을 주는 등 다양한 방안을 제시하고 있다.

신·재생에너지 발전 의무 비율 할당제(RPS)는 미국과 캐나다, 인도의 주 및 지자체를 중심으로 확산되고 있는 것으로서 의무 비율 목표치를 5~20%로 설정하여 설비 투자를 확대의 유도하고 있다.

오스트리아의 경우 MRET(Mandatory Renewable Energy Target)를 통해 기존 수력설비의 개선과 업그레이드를 위해 투자를 지원하고 있으며, 유럽 여러 국가(벨기에, 독일, 아일랜드, 스페인 및 스위스)들은 소수력의 활성화를 위해 고정 구매 회수 비용의 형태인 의무구매제도(Feed-In Tariff ; FIT)를 제공하고 있다.

일본의 경우 1980년 이후 30㎿ 이하의 설비에 대해 개발을 촉진하기 위해 자금 지원을 하고 있다.

바. 설비의 자동화 및 간소화

소수력은 대수력에 비해 외딴 곳에 설치되어 운영되는 경우가 많고, 용량이 작아 대형 발전소에 비해 중요도를 낮추어 운영하는 편이며, 인건비를 줄이기 위해 설비운영에 필요한 인력을 현장에 배치하는 것보다 여러 발전소를 한 곳에서 집중 감시 제어하는 형태로 운전하는 것이 일반적이기 때문에 발전소에 대한 설비를 자동 운전할 수 있는 시스템으로 구축하는 것이 최근의 추세이다. 따라서 발전소 설비를 간소화하고, 콤팩트하게 설치하여 운영하기 위해서는 발전기, 수차, 변압기, 보호계전기 등 중요시설에 대한 상시 진단 감시 및 제어가 필요하다. 이들 설비의 운전에 대한 첨단기법의 적용에 대한 연구가 선진국을 중심으로 활발하게 연구되고 있다.

2. 기술동향

최근 친환경에너지에 대한 관심과 함께 에너지 효율이 다른 에너지원에 비해 높다는 장점이 인식되어 소수력에 대한 연구·개발이 많은 나라에서 적극적으로 이루어지고 있다.

소수력 관련 제작산업의 많은 부분은 다른 산업영역 즉, 발전기, 기어박스, 전기 제어장비 및 유압 설비 등과 같은 부품산업과 밀접한 관련을 가지고 있다. 이러한 제품들은 수차 터빈과는 달리 대부분 표준화가 되어 대량 생산이 가능한 단계에 와 있다.

수차 터빈의 발명은 현대 수력 산업의 전기가 되었다. 유럽 제작사들은 수차 터빈의 개발과 제작부문에서 선두기술을 확보하여 다른 지역에 기술을 수출하고 있다. 유럽이 소수력 기술분야의 선두의 위치를 갖게 된 것은 무엇보다 내수시장의 활성화가 기반이 되었기 때문이다. 하지만, 이 상황은 미래의 성장 잠재량이 유럽의 외곽으로 강력하게 전개됨에 따라 변화하게 되었다.

국내에서 개발된 수차 효율은 약 85% 내외이지만 선진국의 경우 형태에 따라 차이가 있지만 고효율 독자설계기술에 의해 약 90~95%로서 높은 효율을 보장하도록 설계하고 있다.

그림 4-1은 현재 생산되고 있는 동기 및 유도발전기의 극수 및 용량에 따라 정격운전 시의 목표 효율을 나타낸 것으로서 소수력 보다 용량이 낮은 미니급이나 피코급 발전설비에서 높은 효율을 보장할 수 있는 발전기를 만들기 위해 소수력 보급률이 높거나 수출을 많이 하고 있는 나라를 중심으로 연구가 진행되고 있다.

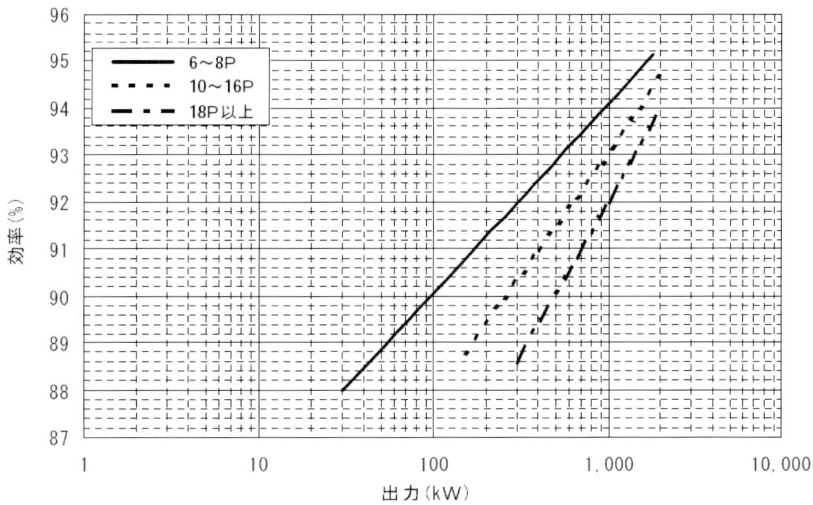

그림 4-1 발전기 정격 출력 시의 효율

발전기의 효율을 높이는 것도 중요하지만 유량이나 낙차의 변동에 따른 운전효율을 높이기 위해 가변속 유도/동기 발전기의 설계 및 제작연구가 활발하게 진행되고 있다. 최근에는 저양정 및 직접 구동용의 저속 발전기에 대한 개발도 진행하고 있다.

영구자석 직류 발전기의 경우는 전 부하에서 80% 이상의 효율을 보증하고 유도발전기에 비해 상대적으로 높은 효율을 보장하고 있어 선진국의 경우 소용량의 발전설비에 유도발전기가 아닌 새로운 형식의 발전기와 제어기법의 개발을 통해 발전효율을 높이고 있다. 또한 영구자석에서 극의 수를 많이 채택하여 회전수를 낮추어 운전 및 여자가 모두 가능하게 한 다극 영구자석 여자 발전기(PME)의 개발 보급도 진행하고 있다.

러시아는 출력 3㎾에서 100㎾까지의 수력 발전 마이크로 플랜트식 설비 및 소규모 수력 발전소용의 출력 500㎾까지의 발전 유니트 개발, 양산, 일괄납품(턴-키)·취부에 수반하는 기술력을 갖춘 대표적인 기업을 육성하여 자국은 물론 CIS(독립국가 공통체), 일본, 브라질, 크로아티아, 스웨덴, 폴란드, 라트비아, 핀란드 등에 150기 이상의 납품실적을 가지고 있다.

소규모 수력 발전용 수력 발전 유니트는 큰 낙차·유량범위에 걸쳐 높은 발전특성을 발휘해서 운전 가능한 설비이다. 이 유니트 중 가장 중요한 부품은 별도로 관리되고 있다. 설비에는 터빈, 발전기 및 자동제어 시스템을 포함하고 있다.

수력 발전 마이크로 플랜트는 발전 유니트(터빈 3, 발전기 5), 취수장치(2), 방류 매니홀드(4) 및 자동조정장치(6)를 포함하고 있다.

수력 발전 마이크로 플랜트는 기존의 댐, 운하, 공장·공공 사업체의 급·배수 시설, 정수시실, 관개시설, 수도시설 등의 낙차 지섬에서 순조롭게 사용하고 있다. 이들 설비를 상품화하기 위해 시용된 주요한 기술은 개발 시에 발명된 것으로서 특허에 의해 보호되고 있다.

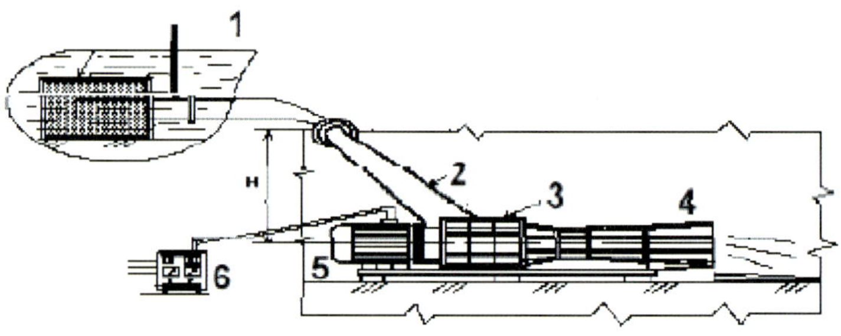

그림 4-2 수력 발전 마이크로 플랜트

최근 지구 온난화 문제의 심각성을 인식하여 청정에너지에 대한 요구가 높아짐에 따라 순환형 에너지인 수력 발전의 중요성이 점차 재인식되고 있다. 그래서 수력자원을 최대한 활용하기 위해서는 특히 중·소수력 발전소에는 장치의 표준화·간소화·콤팩트화가 요구되고 있다.

3. 연구 개발 현황

2005년도에 전 세계에서 신·재생에너지 분야에 투입된 사업비는 380억$이지만, 이 중에서 풍력에는 37%로 가장 높고, 그 다음으로 태양광에 26%, 태양열과 소수력에 투자된 금액은 같은 비율인 약 11%로서 41.8억$이었다.
유럽의 소수력 발전용 터빈 시장은 여러 기업들이 서로 경쟁하여 제작하고 있다. 특히 VA Tech Hydro사는 낙차 3~15m에 설치할 수 있는 1~5MW 규모의 신형 터빈 ECObulb를 개발하여 시장의 강자로 발돋움하고 있으며 이미 이탈리아에 1.4MW급 4기, 캐나다에 4MW급 2기를 설치하는 실적을 가지고 있다. 또한 bouygues는 2006년 4월에 Alstom과 기본 협정을 맺고 5MW급 이상의 소수력 발전 설비를 생산하고 있는 Alstom Hydro Power의 사업영역 50%를 인수하여 이 분야의 사업을 강화하고 있다. 실제 유럽연합 기존 회원국의 경우 소수력 발전설비 1기의 평균용량은 700kW이고, 신규 회원국의 경우는 300kW 정도이다.
유럽은 세계 소수력 발전 산업을 선도하고 있고, 생산성이나 환경 영향 측면의 표준 및 요건에 대한 유럽의 영향력은 더욱 증가하고 있으며 중앙아메리카 등으로 발전설비 수출도 증가하고 있다. 현재 유럽은 소수력 발전 산업에 2만 명을 고용하고 있고 사업 규모도 년간 1.5~1.8억 유로에 달하고 있다.
유럽에서 수력 터빈 제조업체의 수는 50개 이상이지만 대형 터빈 시장의 경우 Alstom, VA Tech, Siemens 및 GE의 4개 다국적 기업이 시장의 대부분을 차지하고 있다.
유럽에서는 수력 터빈 제조업체수는 50개 이상이지만 대형 터빈 시장의 경우 Alstom, VA Tech, Siemens 및 GE 등 다국적 기업이 시장의 대부분을 차지하고 있다. 수력 발전설비의 주요 제조업체들은 소수력 발전이 활성화되어 있는 이탈리아, 프랑스, 독일, 스웨덴 등에 위치해 있고 체코, 폴란드, 슬로베니아에도 다수의 기업들이 활동하고 있다. 한편, 소수력은 전 세계 반 이상의 소수력 설비용량이 중국에 설치되어 있으며, 2004년만 하더라도 4GW의 신규설비를 설치하였다. 기타 호주와 캐나다, 인도, 네팔, 뉴질랜드에서 계통 연계형 또는 독립형으로 설치, 가동되고 있다. 최근 환경파괴의 문제가 대두함에 따라 대수력보다는 소수력 건설을 통해 환경위해를 최소화하는 기술개발과 운전방식이 고안되어 보급되고 있다.

4. 시장 및 보급 현황

재생에너지 시장은 2005년도 이후부터 급격하게 성장하고 있다. 2005년도 대수력은 중국에서 7GW, 브라질에서 2.4GW 그리고 인도에서 1.3GW가 추가될 정도로 높아지는 반면 소수력은 높은 편은 아니지만 5GW 정도로 지속적인 설비용량이 증가하고 있다.
전 세계의 소수력 발전소 운영현황은 표 4-2에서와 같으며, 소수력 발전소는 전 세계적으로 매우 광범위하게 운영되고 있다. 아시아권에서는 중국이 38,500MW, 일본이 1,700MW로써 가장 많이 운영되고 있으며, 유럽의 경우 독일 1,600MW, 프랑스 1,956MW, 이탈리아 2,233MW, 스웨덴 935MW, 스페인 1,618MW, 노르웨이 806MW 등으로 매우 많은 소수력 발전소가 건설, 운영되고 있음을 알 수 있다.

표 4-2 세계의 소수력 발전소 운영현황

국명	용량(MW)	국명	용량(MW)	국명	용량(MW)
아르헨티나	400	이탈리아	2,233	벨기에	60
오스트리아	843	일본	1,700	룩셈부르크	40
브라질	859	한국	65	포르투갈	317
캐나다	1,056	노르웨이	806	영국	68
중국	38,500	파키스탄	107	그리스	60
체코	201	페루	215	아일랜드	37
핀란드	309	루마니아	311	말레이시아	107
프랑스	1,956	스페인	1,700	볼리비아	104
독일	1,600	스웨덴	935	베트남	70
인도	1,694	터키	83	콩고	65
인도네시아	58	미국	3,420	스리랑카	35

외국의 경우, 소수력 발전소 1개소당 평균발전용량은 약 1,000㎾임에 비하여 우리나라의 경우에는 약 1,800㎾로 외국에 비하여 매우 크다. 이와 같은 현상은 일반적으로 소수력 발전소의 발전용량이 증가할수록 경제성이 향상된다는 것에 기인하는 현상이지만, 외국의 경우에는 저낙차 소용량이면서 대용량에 비하여 경제성 면에서 뒤떨어지지 않는 저낙차용 수차를 개발, 보급하여 경제성을 향상시켰기 때문이다.

20세기 후반에 소수력 터빈 제작산업은 세계 약 175개 소형 수차 터빈 제작사로 구성되어 약 25,000명의 기술자를 고용하였다. 4대 메이저 국가가 대형 터빈에 대한 시장을 지배하고 있다. 0.5～5MW급의 플랜트에 대한 시장은 많이 개방되어 북미와 아시아의 작은 회사들도 참여하고 있다. 특히 중국은 소수력 시장에서 중요한 역할을 할 것으로 기대하고 있다.

표 4-3은 각 나라별 소수력 발전용 수차생산업체의 현황을 나타내는 것으로, 생산업체가 4개 이상인 나라만을 요약한 것이다. 소수력 발전용 수차 제작업체는 중국을 비롯하여 여러 나라에 산재되어 있다. 특히 생산업체수가 많은 나라의 경우, 수차발전기 및 부속설비를 표준화 생산함으로써 저가의 소수력 발전설비를 수출하고 있다.

표 4-3 세계의 소수력 발전용 수차 생산업체 현황

국명	생산업체 수	국명	생산업체 수	국명	생산업체 수
캐나다	4~ 6	영국	7 이상	인도	4~6
미국	7 이상	네덜란드	7 이상	네팔	7 이상
코스타리카	4~6	독일	4~6	중국	7 이상
페루	7 이상	프랑스	4~6	일본	4~6
브라질	4~6	스페인	4~6	한국	1~4
칠레	4~6	오스트리아	4~6		
스웨덴	4~6	이탈리아	4~6		

표 4-4는 세계 여러 지역에서의 터빈 제작 수를 나타낸 것으로서 이들 많은 회사들은 대형 수력 플랜트에 대한 장비도 생산하고 있다.

표 4-4 수출능력을 보유한 소형 규모 수차 터빈 제작사

지역	터빈제작 수
유럽	70
북미	40
아시아	30
오세아니아	20
남미	15

자료 : EurObserv’ ER ; BlueAGE ESEA study, Lorenzoni et al,(2000)

유럽연합 주요 소수력 발전설비 주요 제조업체들은 대부분 수출에 의존하고 있다. 오스트리아 Gugler Hydro Energy GmbH사의 경우 생산량의 50% 이상을 수출하고 있고, 다른 지역에 수출 및 보급을 높이기 위해 인도에 자회사를 두고 있다. 프랑스 THEE사는 초저용량의 소수력 발전설비분야에 특화된 기업으로서 2005년에 10~500㎾급 소수력 발전설비 20기(사업규모 250만 유로)를 건설하였고, 그중 75%를 수출하기도 하였다.
체코의 Mavel a.s사는 2005년도에 200개 시설에 280개의 터빈을 설치하여 1,050만 유로의 매출을 기록하였으며, Hydrolink s.r.o가 20개 시설을 건설하여 1,280만 유로의 매출을 기록하였다.
표 4-5는 외국의 수차 생산현황을 나타낸 것이다.

표 4-5 수차 생산현황

수차제작사	국명	수차 종류
Allis-Chalmer Co	미국	Tube, Francis, Propeller Turbines
Fuji	일본	Francis, Tube, Bulb Turbines
CMEC	중국	Francis, Kaplan Turbines
GE Energy	노르웨이	Bulb, Francis, Kaplan, Pelton, Propeller, Mini or Small-Scale Turbines
VOITH	독일	Pelton, Francis, Kaplan
TURAB	스웨덴	Francis, Kaplan & axil, Bulb & axil Turbines
Dependable	캐나다	Francis, Tube
Inset JSC	러시아	Propeller, Francis, Diagonal, Pelton Turbines
GEPPERT	오스트리아	Pelton, Francis, Diagonal, Kaplan, Compact Turbines
ALSTOM	프랑스	Francis, Pelton, S Type & Pit Turbines

미국의 수차 제조업체인 Allis Chalmers사의 경우 각종 수차에 대하여 표준화하였고 Voith사는 저낙차(3~5m) 소수력 발전에 적합한 수차를 표준화하여 수차의 설치형식도 낙차 유량에 적합하게 Kit화하여 공사비의 저감에 주력하고 있다.

중국 및 일본의 경우도 각종 수차에 대한 국산화 및 표준화를 이루었다.

스웨덴의 Flygt사는 우리나라 소수력 개발 초기에 많은 수차발전기를 제조 공급한 회사로서 저낙차 소수력 개발지점에 적합한 수중형 발전기의 개발로 세계적으로 시스템 판매에 우위를 점하고 있는 회사이기도 하다.

5. 장기 전망

수력 에너지는 다른 신·재생에너지에 비해 개발 역사가 오래되었으며, 이미 개발되어 사용한 실적도 많고 축적된 기술력도 높은 편이다. 수력 에너지는 향후 기술개발에 의해 지금보다도 효율이 3% 정도 높아질 것으로 전망되는데 현재에도 신·재생에너지원 중에서 에너지변환효율이 가장 높으나 향후 지속적인 기술개발을 통해 지금보다 효율은 더욱 높아질 것으로 예상된다.

전 세계적으로 소수력에 대한 보급 잠재량은 150~200GW 정도로 평가되고 있다. 세계 수력 경제 잠재량은 연간 약 7,300TWh 정도이고, 이 중에서 32%가 개발되었지만, 단지 5%

(117TWh) 이하로 소형 사이트들이 대부분이다.

유럽에서 소수력 발전은 전력구매 가격의 우대 수준을 강화하는 나라(스페인, 이탈리아, 프랑스 등)에서는 개발이 장려되고 있고, 환경보전 때문에 기존의 개발 장려책을 재검토하는 나라(오스트리아, 스웨덴 등)에서는 개발활력이 주춤한 상태이다. 그러나 유럽연합이 제정한 재생에너지 개발을 지원할 수 있도록 한 "회원국의 규제 체제 재정비를 요구한 법령"과 "회원국별로 재생에너지 개발 잠재력을 재평가하고 추가적인 개발을 독려한 법령"의 두 가지 사항은 소수력 발전 개발에 긍정적인 요인으로 작용할 것이다.

재생에너지 개발 잠재력에 대한 재평가로 프랑스는 1,350MW의 추가적인 개발이 가능하게 되었고, 기존 개발계획 이외에 2010년까지 소수력 발전의 추가적 개발계획을 세운 나라로서는 스페인(451MW), 이탈리아(400MW), 오스트리아(206MW), 그리스(121MW) 등이 있다.

유럽의 신규 회원국들에 의한 소수력 발전의 개발 전망은 밝은 편이다. 특히 체코와 폴란드는 기존의 개발계획 이외에 2010년도까지 각자 370MW와 430MW의 추가적인 개발을 계획하고 있다.

유럽연합의 소수력 발전용량이 매년 2%씩 증가할 것으로 예상하면 2010년도 소수력 발전용량은 12,855MW가 될 전망이지만 당초 예상목표치에 못 미치는 수준이다. 유럽 소수력 발전협회는 2015년이 되어야 1997년도에 설정한 14,000MW 목표에 도달할 것으로 전망하고 있다. 유럽은 세계 소수력 발전 산업을 선도하는 지역으로서 생산성이나 환경 영향 측면의 표준 및 요건에 대한 유럽의 영향력은 더욱 증가가고 있으며 아시아나 중앙아메리카 등으로의 수출도 증가하고 있다.

6. 미주

가. 미국

1) 기술 수준 및 R&D 동향

미국 에너지부 산하 EE&RE(Energy Efficiency & Renewable Energy)에서는 정부 및 세계 유수 발전 메이커, 관련 학계와 연구 공동체를 형성하여 2010년까지 발전사업 분야에 친생태 환경, 고효율, 기존 수력과 신·재생에너지의 통합기술, 수질 개선에 대한 연구 및 기술 개발이 진행 중에 있다.

미국 USBR(United State Bureau of Reclamation)은 2010년까지 수력 발전분야 기반기술의 안전성 및 신뢰성 제고를 위한 Science & Technology 로드맵을 수립하여 발전전력 손실 저감, 효율 제고, 경제적 설비 유지 관리 분야에 대한 투자를 진행 중에 있다. 주요내용은 친환경 터빈설계를 위한 CFD기법 도입, 노후 발전설비 Upgrade 및 현대화 기술의 개발, Computer and electrical-based Technology 의 지속적인 기술개발 및 관련 기술의 지원, 발전부문 특화 기술개발과 첨단과학의 동 분야 응용기술 등이다.

2) 보급현황 및 생산 실적

연방정부의 신·재생에너지 정책은 기술개발과 보급확대 정책으로 크게 구분되는데 이중 보급확대 정책은 금융지원제도와 규제정책으로 분류 시행하고 있다. 신·재생에너지에서 RD&D 예산중에서 소수력의 예산은 가장 낮은 비율로서 매년 일정한 비율로 사용되고 있다. 미국의 '04년도 발전량은 총 3,794TWh이며, 에너지원별 발전량은 석탄이 50%로 가장 많고, 원자력과 천연가스가 각각 20%와 18%를 차지하며 나머지 12%는 수력과 석유, 재생에너지로 이루어져 있다. 에너지원별 전원구성과 발전용량은 다음과 같으며 전체 에너지 중에서 수력이 차지하는 몫은 매년 거의 변동이 없는 편이다.

표 4-6 미국의 전원구성 및 발전용량(단위 : GW)

구분	2002년	2003년	2004년
석탄	315	313	313
천연가스	171	208	224
복합화력	162	171	172
원자력	99	99	100
수력	79	79	78
석유	38	36	34
풍력, 조력, 태양광	41	42	41
합계	905	948	962

2004년도에 6,100조 BTU에 상당하는 재생에너지를 소비하였는데 이는 국내에너지 수요의 6% 정도로 전 세계적으로 가장 높은 비율이다. 수력이 재생에너지 발전량의 45%로서 가장 많으며, 나머지는 Bio와 태양광, 풍력, 지열 등으로 공급하고 있다. 미국 에너지 정보국(EIA)의 2006년도 보고서에 의하면 재생에너지 발전량은 2004년도에 323TWh에서 연평균 1.7% 성장하여 2030년에 505TWh에 이를 것으로 전망하고 있기 때문에 이중에서도 수력에너지의 보급률도 점진적으로 높아질 것으로 예상된다. 2005년도 제정된 에너지 법안의 발효에 의거 신·재생에너지에 대한 보급률이 점차 증가할 경우 청정에너지인 소수력에 대한 부분도 같이 증가할 경우 관련된 발전기에 대한 보급률도 높아질 것이다.

나. 캐나다

캐나다는 미국, 러시아, 중국 그리고 사우디아라비아에 이어 세계에서 5번째로 전력생산량이 많은 국가이다. 캐나다의 수력은 전체 발전량의 2/3를 차지하는 수력 강국으로 대규모 수력 발전 프로젝트의 개발이 추진되고 있다. 대규모 수력 발전은 캐나다 발전의 주도적 형태로 잘 정착되기만 하면 연방정부의 직접적인 재정적 지원 없이도 신·재생에너지 보급에 기여할 것이고, 이중 소수력은 발전용량이 50MW 이하인 발전소를 의미하며 최근 용수 공급장이나 폐수 처리장과 같이 소수력을 대안으로 응용한 시설이나 송전선이 연결되지 않아 비싼 디젤 연료를 사용하고 있는 원거리 지역에는 소수력 발전소를 건설하여 사용하는 것이 일반적이다. 평균적으로 150MW 이상의 소수력 발전소가 매년 건설되어 연간 3억 달러의 사업성과와 700천 톤의 이산화탄소 감소 효과를 거두고 있다.

캐나다에서는 신·재생에너지 중에서 소수력의 보급 활성화를 위해 1994년부터 투자세액을 공제하는 소득세법을 시행하고 있고, 1997년부터는 공공부문 소비전력의 일정 부분을 재생에너지자원(RES)으로부터 구매하는 제도를 시행하고 있으며, 2001년부터는 전력판매 사업자에게 신규 또는 증설된 재생에너지 이용 발전전력을 구입하거나 생산하도록 유인하는 보조금 제도도 시행하고 있다.

캐나다는 현재까지 에너지 생산량의 약 30%를 미국에 공급하고 있다. 세계에서 수력 발전량이 가장 많은 나라로서 원자력이 매년 줄어들고 있지만 상대적으로 천연가스에 의한 화력발전 건설수요도 매년 조금씩 증가하고 있다. 연도별 전원구성은 다음과 같다.

표 4-7 캐나다의 전원구성(단위 : GW)

구분	2001년	2002년	2003년
수력	67,407	67,907	70,197
화력	33,937	33,740	34,863
원자력	13,390	13,390	10,615
재생에너지	1,457	15,710	2,419
합계	116,191	130,747	118,094

캐나다는 1인당 전력소비량이 노르웨이, 아이슬란드에 이어 세계 3위인 국가로서 2003년 캐나다 발전량은 총 566,310GWh로서 수력 발전이 58%로 가장 많고, 다음으로 화력발전이 28%, 원자력은 13%로 이루어져 있다. 나머지 1%는 재생에너지를 이용한 발전이 차지하고 있다. 캐나다는 수자원이 풍부하여 수력 발전 시설용량이 큰 것이 다른 나라에 비해 상대

적으로 많은 편에 해당되고 있다.

소수력은 발전용량이 5MW 이하인 발전소를 의미하며 최근 용수공급장이나 폐수처리장과 같이 소수력을 대안적으로 응용한 시설이나 송전선이 연결되지 않아 비싼 디젤연료를 사용하고 있는 원거리 지역에 소수력 발전소를 건설하는 추세이다. 평균적으로 150MW 이상의 소수력 발전소가 해마다 건설되어 연간 3억$의 사업성과와 700천 톤의 이산화탄소 감소효과를 거두고 있다.

다. 중남미

2002년 말 현재 중남미 지역 전체 발전설비 용량은 약 226GW 규모이며 대부분의 국가에서 수력 발전설비의 비중이 가장 높은 편이다.

중남미 전체로 볼 때 총 발전설비 용량의 60% 이상을 수력 발전 설비가 점유하고 있이 수력 발전에 대한 의존도가 높은 편이다.

국가별 발전설비 규모는 브라질이 최대 규모인 76GW로 중남미 전체 설비용량의 34%, 멕시코가 42GW로 19%, 아르헨티나가 27GW로 12%, 베네수엘라가 21GW로 9%, 콜롬비아가 13GW로 6%, 칠레가 10GW로 4% 순으로 차지하고 있으며, 이상의 상위 6개 국가가 중남미 전체 발전설비 용량의 84%를 차지하고 있다. 중남미 지역의 총 발전설비 용량은 2002년~2030년 사이 매년 평균 약 3.6% 증가하여 2030년 말에는 약 528GW에 이를 것으로 예상되며 전반적으로 중남미 지역의 정치상황과 경제여건이 안정기에 접어들 것으로 예상되는 2010년도 이후 발전설비용량이 급격히 증가할 것으로 전망되고 있다. 현재 중남미 지역 전력설비의 최대 비중은 수력 발전이 점유하고 있으며, 향후에도 수력 발전은 중추적인 역할을 담당할 것으로 예상되지만 천연가스 시장의 지속적인 확대로 점차 수력 발전에 대한 의존도가 축소될 것으로 예상되고 있다.

1) 브라질

브라질은 2002년의 경우 80,298MW의 발전설비용량을 가지고 있으며, 이 중에서 수력 발전설비의 비중이 약 84%를 차지하고 있다. 2000년 총 발전량인 360,641GWh 가운데 90%가 수력설비로부터 생산된 것이다. 브라질은 파라과이와 함께 Parana강 근처에 12,600MW의 용량을 가진 Itaipu 설비가 있으며, 이는 세계에서 가장 큰 수력 발전단지이다. 현재 브라질의 수력설비는 12개의 주요 수력원에 분포되어 있으며 총 110개의 수력 발전소가 운전 중에 있다. 브라질의 다른 발전설비로는 석탄과 함께 증가추세를 보이는 것이 천연가스 발전 등이 있다.

2) 아르헨티나

아르헨티나의 총 발전설비용량은 2002년 기준으로 한국의 1/4 수준인 13,886MW를 기록하고 있다. 이는 아르헨티나의 인구와 소득수준에 비해 매우 낮은 수준이다. 설비 구성을 살펴보면 풍부한 천연가스 자원을 포함한 화력(약 55%)과 수력(약 40%)이 주 발전원을 이루고 있으며, 2기의 원자력 발전소와 1% 미만의 재생에너지를 포함한 기타 발전설비들이 있다. 이 중 수력 발전은 안데스 산맥의 산악지대와 안데스강 유역에서 주로 이루어지고 있으며, 남부지역의 가스전 부근과 도시 주변에서는 주로 가스를 이용한 복합발전이 이루어지고 있다.

3) 멕시코

멕시코의 전력설비는 2000년 기준으로 43,733MW이며 발전량은 193,300GWh이다. 유류발전기가 전체 발전설비의 대다수를 차지하고 있으며, 화력발전이 전체 발전의 84%를 차지하고 있다. 수력 발전이 18%, 원자력이 5%, 기타 재생에너지가 3%이다. 멕시코는 에너지 정책상 유류발전기의 많은 부분을 2005년까지 천연가스 발전기로 전환할 것을 요구하고 있으며, 대부분의 신규 발전기들은 천연가스로 발전하고 있다. 멕시코는 지난 10년 동안 발전량이 급격하게 증가하였지만, 향후 20년간은 공급이 수요를 따르지 못할 것으로 예상할 정도로 전력부족 현상이 심각하게 생각하고 있다. 발전설비에 대한 인프라가 이루어지지 않는다면 국제 경쟁력에 나쁜 영향을 미칠 것으로 예상하고 있다.

4) 베네수엘라

베네수엘라는 2000년 현재 21,292MW의 발전용량을 가지고 있다. 베네수엘라는 라틴아메리카 내에서 90%의 높은 전환율을 가진 나라 중의 하나이다.

2000년에는 82,562GWh의 전기를 생산하였는데 그중에서 76%가 수력 발전에 의한 것이며, 나머지는 석유와 천연가스발전에 의한 것이다. 향후의 전력수요는 수력뿐만 아니라 석유와 천연가스에 의해 충당될 것이다. 수력의 화력발전에 대한 비율은 변하지 않을 것으로 판단하고 있다. 베네수엘라는 세계에서 두 번째로 큰 수력 발전소인 Caroni강에 위치한 10,000MW 용량의 Raul Leoni 댐을 가지고 있다. 베네수엘라는 대체적으로 초과발전을 하고 있다.

5) 콜롬비아

콜롬비아는 12,800MW의 발전설비를 가지고 있으며, 수력 발전이 70% 정도를 차지하고 있다. 콜롬비아는 1992년에 심한 가뭄으로 수력 발전소의 가동률이 떨어져 제한 송전을 경험한 적이 있다. 이를 극복하기 위해 장기적인 안목에서 석탄과 가스 발전의 건설을 계속하고 있으며, 이에 따라 수력 발전에 대한 의존도는 점차 감소하는 추세이다.

7. 아시아

가. 일본

일본은 온실가스 배출을 줄이기 위해 2010년까지 신・재생에너지 보급을 총 에너지 소비 대비 3%까지 높이기 위한 계획을 실행 중에 있다. 신・재생에너지의 RD&D 예산은 다른 에너지원에 비해 매우 낮은 수준으로 집행되고 있다.

2003년부터 전기 사업자에 의한 신에너지 등의 이용에 관한 특별조치법(RPS)을 전면적으로 시행하여 소수력에 의한 크린 에너지 의무 사용량을 높이고 있다.

일본 전력개발조정위원회에 따르면 2003년말 현재 일본의 총 수력 발전실적은 개발 중인 30개소를 합하여 1,873개소이다. 기 개발된 설비용량은 22,005㎿에 달하며, 현재 공사 중인 곳의 용량은 223㎿인 것으로 나타나고 있다. 일본에서는 기술적, 경제적으로 개발 가능한 수자원은 거의 65%가 완료된 상태이고 제5차 수자원 잠재량 보고서에 의하면 나머지 35% 중 약 12,012㎿ 이용 가능할 것으로 평가하고 있다.

표 4-8 일본의 수력자원 잠재량과 개발(2003년)

구분	수력 발전소 수	총발전용량(㎿)	평균출력(㎿)
기(旣) 개발	1,843	22,005	11.9
건설 중	30	223	7.4
미(未) 개발	2,717	12,120	4.5
계	4,590	34,348	-

주 : 에너지백서, 일본 산업통산성(2005)

나. 중국

중국은 세계에서 러시아, 캐나다에 이어 세 번째로 큰 나라이면서 세계인구의 1/5인 인구를 가지고 있는 나라이다. 중국은 미국에 이어 세계 2위의 전력생산 및 소비국이며, 1인당 소비전력은 전력생산국 10위권 국가 중에서 매우 낮은 편이다. 중국은 2001년도 기준으로 4만개 이상 약 26GW의 전력용량을 가진 나라로서, 세계에서 가장 많은 소수력 발전소를 운영하고 있다. 중국의 2005년 전력생산량과 소비량은 각각 2조 4천 747억 ㎾h 및 2조 32억 ㎾h로서 미국에 이어 2위를 차지하고, 세계 전력 총생산의 9.5%를 차지하는 전력대국이나, 1인당 소비량은 1,462㎾h로서 주요 OECD 국가들에 비해 낮은 수준이다.

중국은 풍부한 수력자원 및 석탄자원으로 수력 발전과 화력발전이 매우 발달해 있다. 세계적으로도 우위에 있는 수력 발전은 최근 몇 년간 연간 평균 발전량이 16,400억 kWh이며, 개발 가능한 수력자원은 378,000MWh에 달한다.

중국의 소형 수력 발전은 매년 250만 kW를 상회하는 속도로 급속하게 증가하고 있고, 소형 수력 발전은 이미 중국에서도 가장 발전이 빠른 재생 가능 에너지가 되었다. 중국의 소형 수력 발전량은 이미 신장되어 5억 명 정도 농촌전화 문제를 해결하였다. 2003년에 전국에서 신설된 농촌 수력 발전용량은 270만 kW, 전국 농촌 수력 발전 총용량은 3,120만 kW, 연간 발전량은 1,100억 kWh에 달하고 있다.

중국은 50년간의 표준화된 기술력을 바탕으로 전국에 산재된 소수력 자원을 적극적으로 개발하기 위해 소수력 수차 종류별 국산화 개발 및 표준화가 선도적으로 실시되고 있는 나라 중의 하나이다. 소수력 개발의 풍부한 경험을 토대로 아시아 태평양 지역에서 교육, 연구개발, 자문 및 정보 교류를 통해 소수력 이용을 고무시킬 목적으로 1981년 항조우 지역에 아시아 태평양 소수력 교육센터를 UN과 중국 정부의 후원을 받아 설립하였다.

중국의 경우 신·재생에너지 분야를 전담 또는 집중적으로 관리하는 부서가 없는 실정이다. 소형 수력 발전의 개발을 이어나가기 위해 수리부(水利部)는 2003년 말에 '소형 수력 발전의 연료 대체 생태 보호 프로젝트'를 전개하는 동시에 전국 5개성 26개 현에서 시운전을 실시하였다. 발전분야에서 신·재생에너지의 비중을 10%로 대체하려는 계획을 가지고 있는데 수력의 경우 290GW를 목표로 하고 있다. 그중에서 소형 수력 발전 2,400만 kW의 신설을 통해 중국 농촌 인구 1억 400만의 생활연료 문제를 해결하고, 매년 4,900만 ㎥의 수목 벌채를 경감하며, 삼림 면적 3억 4,000만 그루는 보호하기로 되어 있다.

수리부에 의하면 2020년까지 중국에서는 유니트당 발전용량 10만 kW 이상의 소형 수력 발전 대형기지 현 300개소, 유니트당 발전용량 20만 kW 이상의 소형 수력 발전 대형기지 100개소, 유니트당 발전용량 100만 kW 이상의 소형 수력 발전 초대형기지 40개소, 유니트당 발전용량 500만 kW 이상의 소형 수력 발전 강대성(强大省) 10개소를 구축하기로 계획하고 있다.

중국의 지리적 여건상 수력자원과 석탄자원의 분포에 차이가 있어 수력 발전 및 화력발전의 발달에 지역적 특성이 뚜렷하게 드러난다. 중국 서부와 남부지역의 경우 수력자원이 중국 내 1,2위로 발달해 있는 반면 석탄자원은 대부분 북부지역에 집중되어 있어 북쪽은 화력발전소가 다수를 이루고 있다.

중국의 발전설비 및 발전량은 다음과 같다.

표 4-9 전력시장 발전설비 및 발전량(2005.12) (단위 : 만 kW, 억 kWh)

구분		화력	수력	원자력	계
발전설비 (구성비)	중국	38,413 (75.6%)	11,652 (22.9%)	685 (1.3%)	50,841 (100%)
	한국	4,066 (65.3%)	388 (6.2%)	1,772 (28.5%)	6,226 (100%)
발전량 (구성비)	중국	20,180 (81.5%)	3,952 (16.0%)	523 (2.1%)	24,747 (100%)
	한국	2,127 (58.3%)	52 (1.4%)	1,468 (40.3%)	3,646 (100%)

다. 인도네시아

인도네시아의 전원구성은 현재 화력이 약 85%를 점유하고 있는데 향후 석유화력에서 석탄·가스·수력·지열로 전환을 모색하고 있다. 원자력의 경우 국내의 전력부족 때문에 통화위기 이후 답보상태였던 원자력 발전 도입 계획이 다시 대두되고 있으며, 2016년 운전개시를 목표로 600MW급의 원자력 발전소 건설계획이 진행되고 있다. 2003년 기준 인도네시아의 총 전력생산 능력은 24,468MW이며, 이 중에서 국영전력회사인 PLN이 전체의 86.2%인 21,206MW의 생산능력을 보유하고 있으며, 나머지 3,262MW는 민간전력회사(IPP)들이 담당하고 있다. 발전 유형별로는 화력발전이 84.4%, 수력 발전 12.9%, 지열발전 2.7%로 구성되어 있다. 전력 손실률이 높은 편으로서 16%이고, 이중에서 소내 전력 손실률 약 4% 등을 감안할 때 전체 전력부문의 생산 및 공급효율성도 다소 낮은 것으로 평가되어, 전력인프라의 적극적인 개발, 확충이 필요한 상황이다.

인도네시아 총 발전능력은 2003년 기준 24,468MW이고, 같은 해의 총 발전량은 113,019.67GWh였다. 1999~2003년 기간 동안 발전능력의 연평균 증가율은 3.6%, 발전량의 연평균 증가율은 7.6%로 산출되어 발전설비의 확충이 매우 필요한 실정이다.

한편 PLN은 2003년 기준으로 발전능력 및 발전량에서 각각 86.7%(21,206MW), 81.8%(92,480.92GWh)를 기록하고 있어 발전부문의 독점적 위치를 차지하고 있다.

라. 필리핀

필리핀은 1936년 수력 발전계획에 의해 민간전력회사를 국영화하여 전력을 공급함으로써 전국적인 전력공급 기반을 조성하였으나, 1970년대 유류파동으로 파산국면을 맞은 민간전력회사를 정부가 인수하여 전력을 생산, 공급함으로써 안정적 전력공급이 가능하게 되었다. 2005년 12월 기준 필리핀의 총 발전설비용량은 15,619MW로 국가전력공사(NPC)가 4,578MW(29.3%)를, 나머지 11,041MW(70.7%)를 민간발전사업자(IPP)가 공급하고 있다. 발전원별 구성분포는 다음과 같다.

표 4-10 발전원별 구성표

발전원	설비용량(MW)	구성비율(%)
석탄	3,967	25.4
유류	3,663	23.4
수력 발전	3,222	20.6
가스	2,763	17.7
지열	1,978	12.73
재생에너지	26	0.20
합계	15,619	100.0

마. 태국

태국은 현재 국내 생산전력만으로는 증가하는 전력수요를 충족시킬 수 없어 라오스, 말레이시아 등으로부터 소비전력의 약 3%를 수입하고 있으며, 미얀마, 중국(운남성)으로부터도 추가 전력을 수입하여 사용하고 있다.

태국의 총 발전 능력은 2005년 기준으로 25,646.99MW이며, 발전유형별 비중은 화력발전이 94%로 거의 전부를 차지하고 있으며, 그 다음으로는 수력 발전이 3%, 기타 대체에너지에 의한 발전도 3%로 구성하고 있다. 공익회사인 EGAT Public사의 발전능력이 15,035.80MW로 총 발전능력의 59%에 달하며, 민간전력회사(IPP) 26%, 소규모 민간전력회사(SPP)가 15%를 차지하고 있다.

바. 베트남

베트남은 지난 20여 년간 연평균 7% 이상의 경제 성장률과 15% 이상의 전력수요 증가율을 기록하는 과정에서 급증하는 전력수요로 어려움을 경험하였을 뿐만 아니라 향후 산업구조의 고도화와 지속적인 성장기반의 구축을 위한 필수조건으로 전력분야 설비확충이 우선적으로 요구되고 있다. 최근 베트남 정부가 수도인 하노이시를 비롯한 베트남 북부지역의 전력부족 현상을 해결하기 위해 건설 중인 발전소의 조기 가동 및 인접하고 있는 중국으로부터의 전력 수입 등 비상대책을 강구하고 있어 전력부족의 어려운 형편을 단적으로 보여주고 있다.

베트남의 전력설비는 2005년 12월 말 현재 약 12.135MW로 전년 대비 6.8%가 증가하였으며, 2005년 발전량은 52.05TWh, 판매량은 45.00TWh를 기록하였다. 베트남의 2005년 12월 말의 발전설비 현황은 다음과 같다.

표 4-11 베트남의 발전설비현황

구분		발전설비	
		MW	%
베트남전력공사 (EVN)	수력(10기)	4,155	47.09
	석탄화력(4기)	1,245	14.11
	유류화력(2기)	198	2.26
	가스터빈(6기)	2,939	33.31
	디젤	285	3.23
	소계	8,822	100/72.69
IPP(개인사업자)	수력, 유류, 가스	3,313	27.3
합계		12,135	100

베트남 정부는 전력수요 증가율이 지난 10년 동안 연평균 15%를 기록함에 따라 급증하는 전력수요에 대처하기 위해 2025년까지 약 7배 규모의 전력설비 확충을 위한 장기전원개발 계획을 수립·시행중에 있는데 상세한 사항은 다음과 같다.

표 4-12 장기 전원개발 계획안

구분	2005년 현재		2015년		2020년		2025년	
	MW	%	MW	%	MW	%	MW	%
수력	4,227	34.8	15,294	36.4	17,165	28.5	21,265	25.0
석탄화력	1,495	12.3	9,286	22.1	18,180	30.2	35,580	41.8
유류/가스	6,413	52.9	13,614	32.4	16,124	26.7	16,874	19.8
원자력	-	-	-	-	2,000	3.3	4,000	4.7
수입	-	-	2,689	6.4	5,106	8.5	5,106	6.0
재생에너지	-	-	1,134	2.7	1,717	2.8	2,267	2.7
합계	12,135	100	42,017	100	60,292	100	85,092	100

사. 북한

북한은 수량이 풍부한 중소하천과 관개수로가 많아 중소형 수력 발전소를 운영할 수 있는 장소들이 많은데, 이러한 지형조건을 이용해 지방의 전력공급난 해소를 위해 중소형 수력 발전소 건설에 주력하고 있다.

또한 북한은 군사적인 측면에서도 중소형 수력 발전소의 건설을 강조하고 있는데, "전시에 필요한 전력수요를 보장하는 데서 매우 효과적"이라며 각 지방에 자체적인 건설을 촉구한 바 있다.

1995년 발행된 북한의 「천리마」지에 따르면 소규모의 전력생산기지일수록 전시에는 대규모 발전소에 비해 피해를 적게 보게 된다면서 중소형 수력 발전소만 건설해 놓으면 "국가의 전력공급이 중단될 경우에도 전력생산에 유리한 국면을 열어 놓을 수 있다"고 하였다.

이어 중소형 수력 발전소 건설의 재원과 관련 "중소형 발전소는 지방의 노력과 자재를 이용하여 건설하는 것이 원칙"이라고 강조, 지방에서 자체적으로 인력·자재를 동원하고 발전소 건설에 주력할 것을 요구했다. 또한 중소형 수력 발전소는 강·하천 정리사업과 관개수리공사, 홍수방지공사 등과 결부시켜 건설할 수 있다면서 지방전력 부문 관계자에 대해 "이의 중요성을 깊이 자각하고 중소형 발전소의 건설에 주력"할 것을 촉구했다.

북한은 현재 수천 곳의 지방 군 단위에서 중소형 수력 발전소를 가동시키고 있으나 아직은 소규모로 북한 전체의 전원공급에는 큰 기여를 못하고 있다.

중소형 수력 발전소의 건설은 1979년 당 중앙위원회 제5기 19차 전원회의에서 김일성이 전력난 해소책의 일환으로 대대적인 건설을 지시한 이래 현재까지도 꾸준히 추진되고 있으며, 특히 1980년대 후반 들어 전력사정이 약화되자 더욱 건설에 박차를 가하고 있다.

중소형 발전소는 대개 지방 군 단위나 지형조건상 송전 험로지역에 건설되고 있으며 규모가 100㎾에서 1,000㎾의 소규모 설비를 비롯해 1만 ㎾급의 중형 설비 등이 있는데, 지방자체의 소규모 공장과 가정용 전력 수요를 충당하고 있다.

일반적으로 중소형 수력 발전소는 전력계통에서 분리되어 단독 운영되는 경우가 많으나 일부 중형발전소는 송전계통에 연결하여 운영되는 것도 있다.

한편 중소형 수력 발전소는 갈수기나 결빙기 때 정지되는 경우가 많은 관계로 평상시보다는 중대형 수력 발전소의 송전이 여의치 않을 때 지역공급의 일부를 담당하는 보조기능 정도를 갖고 있다.

그림 4-3 뜨개식 수차 발전설비

8. 유럽연합(EU)

다음 표는 유럽연합의 소수력 발전량을 분석한 자료이다. 2005년도 유럽연합국가의 소수력 발전용량은 2004년도에 비해 320.9MW가 증가한 11,601MW의 용량이었다.

다른 분야와 달리 수력분야는 각 나라의 지역에 크게 좌우된다. 이와 같은 상황에서 유럽연합 국가의 용량 중 84.5%가 6개 나라에 편중되어 있다. 즉 이탈리아가 주도적인 국가로서 2,405.5MW이고, 그 다음국가로서 프랑스가 2,060MW이며, 스페인이 1,584MW, 오스트리아가 1,062MW 그리고 스웨덴이 905MW의 용량을 보유하고 있다.

대부분의 유럽국가에서 입증된 발전설비용량에서의 증가는 생산전력에서의 증가와 관계없이 실제 2004년도에 비해 2005년도에 용량은 증가하였지만, 전력생산은 1,479TWh가 줄어들었기 때문에 3.4%가 감소되었다. 주요 6개 국가 중에서 5개 국가가 강수량의 부족 때문이었다.

표 4-13 유럽연합 소수력 발전량(<10MW) (단위 : TWh)

나라별	2004	2005	증가율[%]
이탈리아	9,765	9,895	1.3
독일	8,378	8,485	1.3
프랑스	7,500	6,700	-10.7
오스트리아	4,198	3,999	-4.7
스페인	4,751	3,814	-19.7
스웨덴	3,493	3,474	-0.5
핀란드	1,240	1,240	0
체코	0,904	1,071	18.5
폴란드	0,861	1,035	20.2
슬로베니아	0,433	0,379	-12.5
그리스	0,315	0,327	3.9
포르투갈	0,501	0,280	-44.1
슬로바키아	0,247	0,250	1.2
영국	0,283	0,467	65
벨기에	0,189	0,173	-8.4
룩셈부르크	0,079	0,075	-4.8
라트비아	0,066	0,066	0.0
리투아니아	0,062	0,062	0.0
아일랜드	0,058	0,058	0.0
헝가리	0,034	0,029	-14.7
에스토니아	0,022	0,025	11.6
전체	**43,404**	**41,925**	**-3.4**

* source : EurObserv'ER 2006

가. 독일

독일은 5MW 이하의 시설을 소수력 발전으로 정의하고 있다. 2005년도 소수력 발전용량은 1,584MW로서 전년도에 비해 20MW가 증가하였고, 총 규모에서 유럽에서 4위에 해당된다. 현재 소수력 발전시설의 수는 8,000기 정도이다.

2005년도 소수력 발전이 생산한 전력에서 0.5MW 이하에 대해서는 95.7유로/MWh이고, 0.5～5MW 시설에 대해서는 65.8유로/MWh였다. 그러나 2007년 12월 31일부터는 0.5MW 이하 시설의 특별 우대 가격은 흐르는 물에 설치되어 있는 시설로서 수질보존 요건을 충족시키는 경우에만 적용해 주는 것으로 제도가 변경되었다.

5～150MW의 중규모 수력 발전시설에 대해서는 2004년 8월～2012년 사이에 시설개량(15%의 용량증가, 수질보전 요건의 충족)을 완료하는 시설에 대해서만 전력을 구매할 예정으로 되어 있다.

나. 영국

영국은 IEA 이행 협약을 통해 바이오 에너지, 지역 냉・난방, 수력, 해양에너지 시스템, 태양광 시스템, 태양광 냉・난방, 태양 PACES, 풍력 터빈 시스템 분야에서 국제적인 공동 R&D에 참여하고 있다. 2003년 수력분에 RD&D 예산은 0.374백만$였다.

영국의 발전설비용량은 2003년 기준 80,840MW로 전원별 구성은 화력 78%, 원자력 16%, 수력 및 기타가 6%를 차지하고 있다. 수력 발전은 영국의 전원 구성중에 가장 작은 비중을 차지하고 있으며, 2002년 기준으로 총 전력 공급량의 1%에 불과한 실정이다. 2003년 기준 수력용량 중에서 대수력은 1,394MW이고, 소수력은 202,9MW이며, 수력 발전량은 3,113GWh이고 소수력 발전량은 115GWh이다.

다. 프랑스

프랑스는 소수력 발전의 잠재력이 매우 크지만 잠재력의 일부분만 개발되어 있으며, 앞으로도 개발 전망은 밝지 않은 편이다. 따라서 수력 발전용량은 1990년 24,987MW에서 2001년 25,638MW로 소폭 증가하였다.

수력 발전은 전체 발전의 13.5%를 차지하고 있으며, 신・재생에너지 발전의 95%를 차지하고 있다. 1970년부터 2001년까지는 전체 수력 발전의 약 90%를 대규모 수력 발전소(10MW 이상)가 차지하고 있으며, 1MW에서 10MW 규모의 수력 발전소는 7%를 점유하고 있다.

2004년도 소수력 발전 용량은 2,040MW로서 유럽 2위이며, 2005년도 발전용량 증가는 높지 않은 편이다.

2005년 7월에 에너지 관련법을 개정하고 신규 재생에너지원 발전 시설이 생산하는 전력에 대해서는 고정우대 가격제도를 실시할 예정이었지만 여러 가지 사정으로 인해 소수력 발전의 개발전망은 확실하지 않은 편이다.

라. 이탈리아

이탈리아 전력설비는 2004년 기준 약 81,260MW로 석탄 등 화력이 72.4%, 수력 및 재생에너지 27.6%로 구성되어 있다. 수력 발전은 재생에너지 중 41.6%로 가장 큰 비중을 차지하고 있다. 이유는 산악지역에 형성된 마을이 많기 때문에 소수력 개발 여건이 좋아 현재 유럽 1위의 개발 국가이기 때문이다. 수력 발전용량은 1990년 12.6GW이었으나 2001년에는 13.5GW이며, 2001년 전력생산량은 46.8TWh로 재생에너지발전량의 85%를 차지하고 있다. 수력 발전량은 1990년에서 2001년 까지 연평균 3.6% 성장하였으며, 2002년의 수력 발전량은 47.3TWh이다. CIP6/92법률제정으로 인하여 1,300MW의 수력 발전용량이 건설되었거나 건설 중이다. 소수력 발전에 대한 인센티브는 약 €0.10/kWH이며 8년간 지속될 예정이다.

2004년도 소수력 발전용량은 2,592MW였으며 이를 시설규모로 구분하면 1MW 이하 시설은 463MW, 1～5MW 시설은 1,132MW, 5～10MW 시설은 996MW였다.

2005년에 소수력 발전의 개발을 장려하는 법령을 개정하고 10MW 이하 시설의 소수력 발전 시설이 생산하는 전력의 구매 가격을 크게 우대하고 있다.

마. 스페인

스페인은 재생에너지 개발에 대한 정치적 의지가 높은 국가이다. 스페인의 발전시장은 자유경쟁 체재로 운영되고 있으며, Endesa가 발전설비의 37%(전력생산 40.5%), Iberdrola가 발전설비의 39%(전력생산의 37%)를 차지하고 있다. 그 밖에 Union Fenosa, Hidrocantabrico 등 4개 주요 발전사업자를 비롯하여 가스사업자로서 새롭게 발전 사업에 진출하고 있는 Gas Natural 등 총 21개의 일반사업자가 시장에 참여하고 있다.

스페인 총 발전설비는 2004년 기준 70,570MW이며, 전원별 구성은 화력 42.9%, 수력 23.6%, 원자력 11.2%, 기타 풍력 및 신·재생에너지가 22.3%를 차지하고 있다. 수력 발전소는 총 전력생산량에 있어 중요한 역할(2001년 17.5%)을 하며, 신·재생에너지원에서도 중요한 역할을 담당한다(2001년 85.5%). 스페인 경제부는 총 발전량이 2002년에 11% 미만으로 하락한 것은 수력 발전에서 66%가 감소하였기 때문이라고 발표하였다. 수력 발전은 전국 도처에 산재해 있다. 스페인 에너지전문기관인 IDEA는 소수력(10MW 미만)은 2001년에 1.6GW이고, 총 수력 발전용량의 12.7%에 이른다. 소수력 발전소로부터 얻어지는 발전량은 4,873GWh로 총 수력 발전량의 11%이다.

2005년도 소수력 발전용량은 1,788MW로서 유럽 3위이지만, 가동률이 높지 않아 실제 발전량은 3.8TWh 로서 유럽 5위였다. 1980년 에너지절약법(Energy Conservation Law)은 5MW 미만의 소규모 발전소에 대해 특별제도를 만들었다.

이들 설비는 정부 또는 제3자 투자형식에 의해 직접 지번참여를 통한 혜택을 봤으며 Royal 법령 하에서 발전차액지원제도의 혜택도 누려 왔다. 향후 대부분의 추가 설비는 소수력에 의해 이루어질 것이다. 한편 스페인 재생에너지 생산자 협회는 행정 및 환경 장벽이 제거되어야만 소수력 발전의 개발이 활성화될 수 있다고 정부에 요구하고 있는 실정이다.

바. 핀란드

소수력에 대한 정부의 목표는 개정된 신·재생에너지원 활성책(Revised Action Plan for Renewable Energy)에서 구체화되었는데 2010년까지 570MW의 설비용량과 2.2TWh 발전량을 목표로 하고 있다. 환경에 대한 관심이 고조되면서 핀란드는 수력 발전소의 신규건설에 대해 제한을 두고 있다. 기존 발전소의 개선과 재가동으로 발전량은 증가할 것으로 보인다.

사. 스웨덴

스웨덴의 2004년 소수력 발전설비 용량은 823MW로 매년 증가하고 있는 실정이다. 그러나 정부는 환경보전을 위해 청정전력 인증서 제도(재생 에너지원 전력 장려 대책)에서 소수력 발전을 2011년부터 제외할 예정으로 진행하고 있어 신규 개발이나 기존 설비의 개량도 어려워질 전망이다.

아. 오스트리아

오스트리아는 소수력 발전 개발이 활성화된 나라로서 2003년에 개정된 재생에너지원 전력법에 의해 고정 우대 가격제도가 시행되고 있으며, 소수력 발전이 생산한 전력은 구매가격에서 크게 우대를 받고 있다.

2005년도 소수력 발전용량은 1,164MW로서 전년도의 994MW에 비해 170MW 증가한 실적을 가진 나라로서 2007년도 말까지는 150MW의 용량을 추가로 건설 중에 있다. 2003년에 개정한 재생에너지원 전력법에 의해 고정우대 가격제도가 시행되고 있으며, 소수력 발전이 생산한 전력은 구매가격에서 크게 우대를 하고 있어 소수력 발전 개발이 활발하게 진행되고 있다.

자. 폴란드

유럽연합의 신규 회원국들 중에서 폴란드가 소수력 발전을 가장 많이 개발하였다. 2005년도 소수력 발전용량은 18MW로서 전년도에 비해 33MW 증가하였다.

2005년도 10월에는 청정전력 인증서 제도를 도입하고 재생에너지원 전력의 개발을 크게 장려하여 소수력 발전의 개발도 활발하다.

차. 체코

체코에서의 소수력 발전 개발은 희망적이며, 2005년도 소수력 발전용량은 277MW였다. 2005년 2월에 개정된 소수력 발전의 전력 구매 가격은 2005년도 이전부터의 가동시설에 대해서는 평균 57€/MWh를 적용하고, 2005년도 이후에 가동되고 있는 신규 시설 또는 시설개량을 완료하는 시설은 73~81€/MWh를 적용하고 있다.

9. 아프리카

아프리카 지역의 사업자 자가발전별 총 발전설비 중에서 수력설비 비중은 다음과 같다(2003년 말 기준).

아프리카에 대해서는 정확한 자료가 부족하고, 자체적으로 소수력을 개발하기 보다는 선진국의 도움으로 수력 에너지를 개발·운영하는 경우가 대부분이다. 최근 선진국의 경우 CDM사업의 일환으로 이들 나라에 소수력의 개발을 적극적으로 추진하는 사례가 점차 증가하고 있다.

표 4-14 아프리카 수력설비 현황

국가명	수력 발전설비(MW)	총발전설비(MW)
이집트	2,653	16,938
에티오피아	451	542
모르코	1,260	4,838
나이지리아	2,381	5,881
남아프리카공화국	1,106	39,611
수단	350	755
튀니지	63	2,893
콩고민주공화국	2,535	2,568
알제리	275	6,840
앙골라	390	460
카메룬	808	902
가나	1,139	1,391
기니	52	197
코드비부아르	898	1,203
케냐	682	1,148
라이베리아	81	334
리비아	-	4,710
마다카스카르	106	228
말라위	147	163
모리셔스	59	651
모잠비크	2,165	2,369
세네갈	-	239
시에라리온	2	130
짐바브웨	666	2,011
탄자니아	329	414
우간다	265	269
잠비아	2,245	2,260

V

기술개발 추진전략 및 목표 설정

1. 추진전략

○ 소수력 분야의 기술개발은 1) 국내 부존자원의 최대 활용과 소수력 발전 기술 확보, 2) 수차발전기 국산화 및 표준화로 보급 활성화, 3) 소수력 발전 원천기술 확보를 기본방향으로 설정하고, 1) 소수력 자원 조사 및 활용기술, 2) 발전설비의 국산화 및 표준화기술, 3) 계통보호 및 자동화 기술개발, 4) 수차발전설비의 성능평가, 제도개선 및 현대화 기술 등 핵심 4개 분야에 대해 단기, 중기, 장기의 3단계로 나누어 추진하고자 한다.

○ 핵심 4개 분야의 주요구성 기술은 1) 일반 하천 및 기존시설물의 자원조사, 친환경 설계기술, 2) 수차, 발전기, 부속설비 등의 국산화 개발과 표준화 및 간소화 기술, 3) 계통보호, 감시진단 및 자동화기술, 4) 발전설비의 성능평가 기법개발, 시험센터 구축, 수명관리, 제도개선, 개보수 및 현대화, 북한의 수력시설 현대화 관련 기술 등으로 구성되어 있다.

- 소수력 분야의 기술개발을 추진함에 있어서, 단기는 2008년에서 2012년까지 5년으로 계획되어 있고, 중기는 2013년에서 2020년까지 8년으로, 장기는 2021년에서 2030년까지의 10년의 3단계로 계획되어 있다. 소수력 분야는 각 요소 기술로 세분화되어 있기 때문에 전체적으로 일괄되게 요약할 수는 없으나 각 단계별로는 다음과 같은 목표로 추진한다.
- 1단계 단기에서는 4개의 대분야에서 세계적인 선도기술을 발굴하고 국내실적에 가장 적합한 기술로 개량하거나 원천핵심기술을 개발하여 우선적으로 실용화하고 실증하는 기술력 상승을 목표로 한다.
- 2단계 중기에서는 1단계에서 개발 적용된 기술의 실용화 및 실증규모 연구를 촉진함과 더불에 개량・보완된 기술을 개발하여 개발기술의 기술경쟁력을 국외로 보급할 수 있는 보급활성화를 목표로 한다.
- 3단계 장기에서는 단기 및 중기기술개발을 통해 국내에 보급된 기술의 확대 보급과 더불에 세계적으로 경쟁력 있는 핵심 요소기술을 발굴하여 국가 전략기술로 발전시켜 세계시장으로 수출하는 소수력 안정화를 목표로 한다.
- 이를 요약하면 다음 표 5-1과 같다.

표 5-1 기술개발 각 단계별 개발목표

	단 기	중 기	장 기
기 간	2008~2012	2013~2020	2021~2030
개발 목표	기술력 상승	보급 활성화	안정화

가. 기술개발 추진전략

기본 방향

- 국내 부존자원의 최대 활용과 소수력 발전 기술 확보
- 수차발전기 국산화 및 표준화로 보급 활성화
- 소수력 발전 원천기술 확보로 국제경쟁력 확보

1) 국내 부존자원의 최대 활용과 소수력 발전 기술 확보

① 산 · 학 · 연 협력 네트워크 구축을 통해 선진국 수준의 핵심기술 확보
② 발전설비 핵심 및 기반기술 육성으로 국제적인 경쟁력 확보
③ 사업밀착형 기술개발을 통해 기술개발의 효율성 및 실용화 위주의 소수력 발전 원천기술 확보
④ IT 기반의 시설통합운영 및 관리능력 고도화

2) 수차발전기 국산화 및 표준화로 보급·활성화

① 산 · 학 · 연 네트워크를 통해 신기술 개발 및 상품화 촉진으로 기술 개발 활성화 및 실용성 제고
② 국내 연구기관, 기업과의 전략적 제휴를 통한 핵심 기술 개발
③ 수요 지향적인 다양한 요구에 부응하는 맞춤형 기술개발 서비스 실현으로 제작기술 국산화 조기 확보
④ 소규모 수차발전설비 패키지 제작기술 개발 및 확보

3) 소수력 발전 원천기술 확보로 국제경쟁력 확보

① 국내시장에서 축적된 관리 노하우, IT 기술력 등을 기반으로 해외시장 및 북한 사업에 진출
② 시너지 창출을 위한 통합 시스템 등 차별화된 Solution 조기 확보

나. 산업화 추진전략

기본 방향

- 새로운 성장을 위한 기술혁신
- 신규 시장 확대를 위한 사업 모델 다각화

○ 새로운 성장을 위한 기술혁신을 기본방향으로 설정하여 선택과 집중에 따른 전략적 투자로 기술개발과 산업화를 지원해서 수요창출을 도모한다.

○ 소수력 발전의 필요성을 확실하게 갖고 일관성 있는 정책을 통해 안정적인 투자환경을 조성한다.

○ 설비의 초기투자비 저감 및 유지보수 비용의 절감을 통한 경제성 확보가 우선되어야 하며, 시장의 확대를 위해서는 현재의 민간 발전사업자(IPP) 중심의 소수력 발전을 지역에너지 공급사업 등과 연계하는 사업 분야 및 응용 분야의 확대를 통한 사업 모델의 다각화 전략을 추진한다.

○ 표준화 및 간소화를 통하여 저가의 발전시스템을 개발하고, 기기의 고효율화 및 신뢰성 확보를 통하여 믿을 수 있는 제품으로 산업화 및 수출을 추진한다.

○ 소수력 신규시장 진입이 가능하도록 산업화 추진을 위한 지원체제를 확보한다.

○ 소수력 관련 분야의 활성화를 위해 인력양성센터, 특성화 대학원, 핵심연구센터 등을 설립하여 산업화 추진의 기반이 되도록 한다.

○ 핵심 요소기술 개발을 위해 소수력 전문업체를 발굴·선정하여 중점 지원한다.

○ 전 세계 소수력 시장의 주도권을 잡기 위하여 국제협력·국제표준 활동에 적극적으로 참여하여 관련기술을 선도한다.

○ 소수력 관련 각종 규제 및 법령을 완화하여 소수력 분야의 활성화를 도모한다.

다. 사업추진체계

○ 산업자원부 신·재생에너지센터 내의 소수력 기술연구회에 4개의 대분류별로 각각 대학, 연구소, 발전사 및 산업계가 참여하는 분과를 설치하여 사업의 원활한 추진을 도모한다.

2. 기술개발 및 필요성

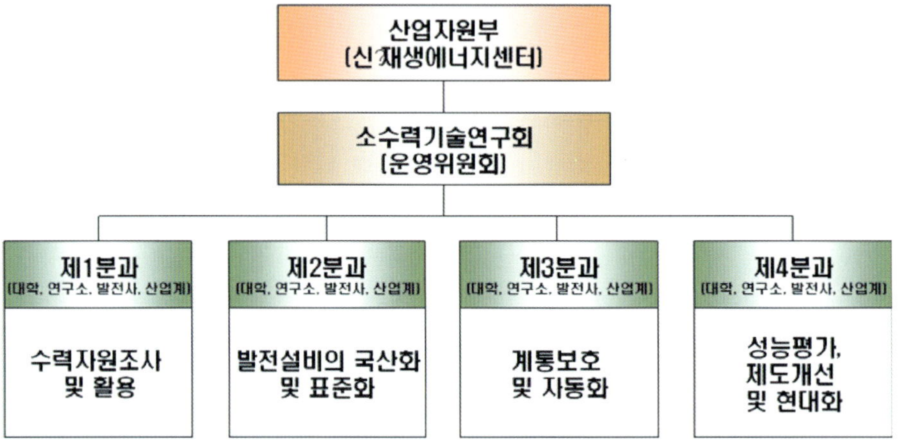

그림 5-1 사업추진체계

가. 소수력 자원 조사 및 활용기술

국내 소수력을 포함한 수력 발전사업은 발전사업 인·허가, 환경단체와 지역주민의 반대, 주민 보상 문제, 입지선정 등의 어려움이 있다. 따라서 대수력 개발보다는 환경위해를 최소화하는 하천의 보, 양식장, 정수장, 화력 및 원자력발전소 등 기존 시설물에 발전시설을 추가하여 새로운 에너지를 생산하는 기술 개발을 추진하여 친환경적이며 경제적인 신에너지 개발이 요구되고 있는 실정이다.

그러나, 현재 국내에서는 기존 시설물을 이용한 소수력 발전 이용률이 극히 저조한 실정으로 시범화 단계에 머물고 있어 이에 대한 정부 및 국민들의 인식 제고가 시급한 상태이다. 이를 위하여 친환경 설계기술 개발의 필요성이 대두되는 시대적 요구에 따라 소수력 개발지점 조사 및 평가기법의 Package Tool을 개발하여 사회·환경변화에 따른 기존 소수력 개발 가능지점 조사 등에 대한 재평가와 신규 개발지점의 발굴 등의 표준·규격화된 Package Tool의 활용 및 더욱 Update된 조사기술과 현실적으로 타당한 잠재 개발가능지점을 선택, 장래 소수력에 관계된 신·재생에너지 개발의 객관성 및 신뢰성 확보에 기본 도구로 활용하고자 한다.

한편, 소수력 개발지점 다양화 및 활용도 차원에 있어서 기존 하천 및 기타 시설에 설치된 어도를 적극적으로 활용하기 위해 기존 시설을 upgrade하고 터빈을 설치, 잠재적인 에너지 생산원으로 활용하는 어도를 활용한 소수력 발전 설계기법을 개발하여 기존 혹은 향후 건설될 어도의 적용 및 평가를 실시하여 21세기 친환경적(Eco-Friendly) 신·재생에너지 개발에 적극 대응하고자 한다.

1) 권역별 기존 소수력 개발지점 재평가

기존에 조사되었던 소수력 개발 가능지점에 대한 사회적·환경적 변화요인을 충분히 고려할 수 있는 GIS와 위공위성 탐사 등 최신 기법 및 현장조사를 병행, 지금까지 다양한 기관에서 조사해 온 성과를 바탕으로 개발가능지점이 많이 분포되어 있는 한강권역 강원도와 경기도를 우선 재평가를 실시한 후 낙동강, 금강, 섬진·영산강 권역으로 확대 전국의 각 권역별 잠재 개발가능지점에 대한 기존 자원조사 성과를 재평가하여 현 시점에서 타당한 개발 가능지점 순으로 우선순위를 두어 21세기의 환경친화적인 신·재생에너지 개발에 일익을 담당하고자 한다.

2) 미활용 소수력 자원조사

우리가 흔히 볼 수 있는 하천에 건설된 보 및 저수지를 이용한 소수력 발전 및 도시지역의 음용수 공급을 위한 정수장, 수도시설, 하수처리장 방출수, 산업시설 공업용수를 활용한 소수력 발전과 해안지역에 인접한 양어장, 하천과 바다가 접한 하구의 배수(갑)문을 이용한 미활용 에너지를 신·재생에너지화 하는 소수력 개발이 요구되고 있다.

여기서, 기존 시설물을 활용한 소수력 개발 자원조사는 실용화 및 상용화가 용이한 양어장, 정수장 등을 우선적으로 조사한 다음, 이미 구축된 WAMIS(국가수자원관리정보시스템), RAWRIS(농업용수종합정보시스템) 등 국가차원의 자료를 적극 활용, 기 건설된 하천의 보에 대한 소수력 개발 가능지점에 대한 자원조사를 실시한다.

한편, 중·장기적으로는 폐광지역의 용출수나 국가 기간산업 시설, 화력발전소 및 원자력발전소 냉각수를 이용한 발전 및 건물 내의 미활용 수력 에너지 재이용 등은 경제성 및 친환경성 제고 차원에서 신·재생에너지로서 큰 가치가 있다고 할 수 있을 것이다.

3) 조사 Package Tool 개발

소수력 자원지점 조사 및 평가를 위한 도구로서 Package Tool 개발은 각 권역별 신규 소수력 자원 평가를 선진화, 표준화 및 객관화할 수 있다. 현실적이고 장래 지향적인 평가법을 도입하고 선정 및 평가지점에 대한 신뢰성 및 적정성을 확립하여 향후 통일시대를 대비한 북한의 수력자원 조사에도 이를 적극 활용하고자 한다.

나. 발전설비의 국산화 및 표준화기술

1) 수차

소수력 발전설비 중에서도 제일 중요하고 큰 비중을 차지하는 것이 수차이다. 국내의 수차기술개발은 프로펠러, 카플란, 프란시스 수차는 설계기술 및 국산화가 진행되고 있다.

최근 외국에서는 발전기의 고정자를 회전자로 바꿔 내외 이중의 회전자로 되는 상반전 방식 발전기가 새롭게 개발되었다. 이러한 상반전 발전기는 내외 회전자 간의 상대속도가 2배 증가한다. 따라서 1개의 러너 회전수와 회전자의 직경을 종래의 발전기와 동일하게 하면 출력전압이 2배 증가한다. 따라서 기존의 발전기와 동일한 전압을 얻으려면 발전기의 직경을 1/2로 할수 있고 콤팩트하게 되는 이점이 있다.

중·소하천의 수심이 낮은 곳의 속도 에너지를 최대한 유효하게 이용하기 위해서 개발된 자이로 수차, 러너가 흐름 방향에 관계없이 회전하고 구조가 간단하며, 중량당·코스트당 출력이 높고, 어느 정도 수심이 있는 농업용 수로, 하천 보, 저낙차 수력에 이용이 유리한 수차가 다리우스 수차이다.

물을 이용해서 발전하는 수차는 어류가 흘러 들어오면, 회전하는 러너에 접촉하여 죽는 경우가 있기 때문에 어류의 생활권인 댐이나 보에는 수차를 피해서 통과하기 위한 어도가 설치되어 있는 곳이 많다. 보통은 어류가 수차를 통과해도 생존율은 80% 이상 된다고 하지만 생존율을 보다 높이기 위한 환경조화형의 신개념 수차의 개발도 필요하다.

또한, 국내 및 해외 수출용의 마이크로/피코급 저낙차용 펠턴 및 튜고 임펄스 수차, 사류수차, 펌프 수차, 인라인 수차 등의 개발도 필요하다.

2) 영구자석 동기발전기 개발

현재 소수력 발전소에 사용되고 있는 발전기는 계통연계형인 경우 유도발전기가 주로 사용되고 있고, 독립전원으로 구성되는 경우 동기발전기가 사용되고 있다. 이들 발전기는 주로 중대형급으로 향후 전개될 미니 및 마이크로 또는 피코급 발전소에는 사이즈가 커서 적용이 매우 어렵다. 또한 기존 발전기를 소형으로 제작하여 사용하기에는 효율이 낮고 발전량을 증가하는데 제약을 안고 있으며, 치수를 줄이는데 한계 등 여러 어려움이 있어 소형으로 콤팩트하게 제작이 가능하고 저속으로 운전이 가능하고 고효율화가 가능한 새로운 형태의 영구자석 발전기 개발이 필요하다.

3) 고효율 마이크로/미니급 유도발전기 개발

현재 유도발전기나 동기발전기의 경우 효율은 매우 높은 편이다. 이는 대형기기일수록 출력에 비해 손실이 차지하는 비율이 낮아 효율이 상대적으로 높게 산정되는 것으로서 발전기의 출력이 낮을 경우에는 효율이 대형에 비해 매우 낮게 나타난다.

현재 개발되고 있는 소수력에서 발전용량은 점차 소형화, 미니급으로 전개됨에 따라 발전기의 용량도 점차 미니, 마이크로급으로 전개될 것이다. 이와 같은 추세에 발맞추기 위해서는 기존의 유도발전기의 용량도 점차 낮춰가야 하는데 개발되어 있는 발전기의 경우 효율이 대형에 비해 상대적으로 낮아 수차와 연결·운전될 경우 발전효율은 매우 낮아질 것이다. 따라서 발전효율은 높이기 위해서는 발전기 용량이 소형화 될수록 효율을 더욱 업그레이드하기 위한 고효율화 설계 제작기술 개발이 중요하다.

4) 가변속 동기/유도 발전기 개발

우리나라는 연평균 강수량이 1,245㎜로 다른 나라에 비해 강수량이 상대적으로 높은 편에 속하지만 계절별로 고른 분포가 아닌 일시적으로 집중되기 때문에 일정한 발전량을 확보하기가 매우 어렵다. 따라서 유량과 낙차가 고르지 못하여 가동률이 높지 않은 편이다. 이와 같은 상황에서 낙차와 유량을 모두 고려하여 발전기를 운전할 수 있는 새로운 형태의 가변속 발전기를 소수력 분야에 적용할 경우 지금보다는 높은 발전효율의 보장으로 많은 전력을 생산할 수 있을 것이다.

5) 부유물 클리너

소수력 잠재량의 95% 이상을 차지하는 일반하천을 개발하기 위해서는 수차의 유입구로 흘러오는 부유물을 효과적으로 제거할 수 있는 부유물 클리너의 개발이 필요하다. 수차 입구부의 이물질은 대형발전소의 경우, 스크린에 부유물이 걸리면 크레인을 설치하여 제거하고 있다. 소수력 발전소에서도 필요한 설비이나 국내의 관련 산업 및 장비의 개발은 미진한 편이며, 간소화된 장비의 개발이 시급하다.

6) 가버너 및 액추에이터 개발

발전기의 속도제어는 전력시스템의 안정성에 매우 중요한 역할을 하는 것으로서 현재 사용되고 있는 가버너의 경우 기계적인 것으로서 최근 시스템의 정밀성을 높이기 위해 선진국의 경우 전기적인 방식의 가버너로 교체하고 있는 실정이다. 또한 액추에이터도 유압 또는 기계적인 방식에서 안정성과 정확도를 높이기 위해 전기적인 방식의 시스템으로 기술이 전환되고 있다.

7) 수차발전기 표준화 및 간소화 기술

국내에서는 설치 지점이 많지 않아 소수력 개발조건에 따른 수차발전기를 설계제작하고 있어 제작비용이 높아 보급 장애요인으로 작용하고 있다. 선진국에서는 주문 제작이 아닌 낙차와 유량에 따라 일률적으로 대량 생산된 수차발전기를 형식별로 표준화하여 보급하고 있다. 스케일메리트를 기대할 수 없는 소수력 발전소의 경제성 향상과 수차발전설비의 사후관리를 보다 효율적으로 관리하기 위해서는 국내 개발지점에 적합하고 적용이 가능한 수차발전기의 형식별 표준화 및 간소화 기술개발로 초기 투자비의 20~30% 이상을 절감하여 신규 발전사업자의 참여를 유도하고 대량생산 체제 구축으로 경제성을 확보하도록 산·학·연 협동으로 수차발전기의 표준화 및 간소화 기술개발이 필요하다.

8) 수배전반 표준화 및 간소화 기술

소수력의 설비용량은 소규모이므로 수배전반의 표준화 및 간소화를 통한 경제성 확보가 필요하다. 소수력 발전소에서 발전 후 한전계통에 연결하기 위한 표준화된 기술이 없고 한전 측의 요구에 따라 외국산 계전기 및 국산계전기를 조합하여 수배전반을 제작하고 있어, 수배전반의 부피가 커지고 가격도 고가이므로 국산 디지털종합계전기로 대체한 수배전반의 표준화 및 간소화 기술 개발이 필요하다.

9) 계통연계설비 간소화 기술

소수력 발전은 발전사업자로서 운영되며 한전의 전력계통에 연계운영하고 있으며, 계통연계형인 경우 유도발전기가 주로 사용되고 있다. 현재 소수력은 소규모로 설비용량에 비하여 계통병입 안전장치가 과다하게 요구되고 있기 때문에 계통병입 연계설비의 간소화 기술이 필요하다. 선진국에서는 계측제어 및 정보통신 기술과 컴퓨터를 이용한 자동운전 및 원격제어 시스템을 도입한 체계적이고 과학적인 시스템 운용으로 효율성을 높이고 있으므로 소수력 보급 활성화를 위해서는 계통 연계설비 간소화 기술개발이 필요하다.

10) 국제 표준화(IEC TC4) 연계 기술

국제 표준화 연계기술은 발전설비 운영관리능력과 서비스수준 평가를 위한 관련 규정이지만, 소수력은 전력계통 연계에 관련된 국내외 표준 및 기술기준을 준수해야 한다. 전력계통 연계 기술기준은 전력계통 보호 및 전력품질의 중요한 요인이 된다. 고압 및 저압 연계기술은 디지털형 통합 보호계전기나 지능형 전자장치에 의한 보호기술로 구현되며, 전력품질 유지기술은 고조파 등 많은 기술요소가 있다. 따라서 국가적으로 표준화된 전력계통 연계 기술기준과 요구조건을 수집, 조사하고 소수력 발전소 적용방안을 도출할 수 있는 표준화 연계기술이 필요하다.

다. 계통보호 및 자동화 기술개발

1) 지능형보호계전기(IED)

전자식 다기능 계측기, 디지털 계전기, 제어기 등과 같이 외부 소스와 데이터 및 제어를 주고받을 수 있도록 1개 이상의 프로세서를 갖춘 장치를 말하는 것으로서, 소수력 발전에서는 주로 계통연계보호용 통합계전기를 의미하게 된다.

특히, 일반적으로 사용되는 발전기보호용 계전기와는 달리 기존의 발전기보호용 계전기 기능에 추가하여 단독운전 검출기능, 역전력 검출기능 등 분산전원의 계통연계에서 반드시 필요한 기능이 추가되어 있으며, 발전전력량 검침기능 및 고주파 검출기능 등이 통합되어 있는 제품들이 개발·상용화되고 있다. 인버터 등 전력변환장치를 갖춘 태양광발전 등에서는 이 IED 기능이 인버터의 내부 기능으로 구현되는 경우가 많지만 유도발전기나 동기발전기 등을 이용하는 소수력 발전에서는 별도의 전력변환장치가 없어 외부에 별도의 보호계전기를 반드시 구비해야 한다. 현재, 국내에 디지털형 보호계전기들이 개발, 상용화되고 있지만 분산발전용으로 적용할 수 있는 전용 보호기기의 개발이 필요하며 특히, 저가의 다기능 복합형 계통연계 보호용 계전기의 개발이 필요하다.

2) On-line 통합 진단감시시스템

On-line 통합 진단감시시스템은 소수력 발전설비의 기계적, 전기적인 진단감시 시스템을 통합하여 제어시스템, 원격감시시스템 및 진단프로그램 등과 연계하여 보다 경제적이고 효율적으로 운영할 수 있는 시스템을 의미한다. 현재 연구되어 있는 유입식변압기, 차단기, 배전반의 상시 감시진단기술은 부분방전, 유중가스분석, 온도 등을 상시 감시진단하는 것으로 되어 있으며 터빈의 진동감시시스템도 단위기술별로 되어 있기 때문에 이들을 소수력 발전소에 적용할 수 있도록 저가의 콤팩트한 통합 진단감시시스템의 개발이 요구된다.

3) 상시 진단감시 시스템기술

소수력 발전소를 구성하고 있는 기기들에 대한 상태를 상시로 감시진단하는 기술로서 자동화 및 무인화의 필수적이며 선행적인 기술이다. 터빈의 진동감시를 포함한 기계적인 진단감시, 발전기와 변압기, 수배전반 등 전기적인 진단감시로 구분할 수 있으며, 소수력 설비의 진단요소 선정, 고장 분석 및 진단요소의 결정 등의 연구가 포함된다. 또한 감시진단을 위한 센서의 선정 및 적용기술, 센서 특성 평가기술 등이 요구된다.

소수력 발전 설비는 다른 대형 발전설비에 비하여 발전 및 송전전압이 낮고 용량이 적어서 열화현상이 다르며 또한 설비의 비용도 기존 대형 발전설비에 비하여 매우 낮으므로 소수력 발전소에 적용할 수 있는 경제적이고 효율적인 감시진단기술의 개발이 필요한 실정이다.

4) 소수력 발전소의 지능형 무인화 및 원격 감시, 운전 기술

단위기기의 자동화 및 진단기술이 전제되어야 하며 소수력 발전소의 자동운전 및 연계되는 전력계통의 보호를 위하여 수력 발전기의 비상 정지 및 차단, 발전기 운전상태의 감시 및 비상사태 감지신호 발생, 수위에 따른 휠 블레이드(wheel blade)의 각도제어, 계통병입을 위한 자동동기장치 등이 통합적으로 제어되어야 한다. 자동화, 무인화의 기본적인 목적은 발전량을 최대화하는 것이며 그 목표는 안전한 운전의 확보와 운영비용의 최소화이다.

안전운전은 비상시 발전기를 차단하고 변동하는 수자원에 대응하는 조절기능을 자동화하는 것이다. 발전사업자들은 최신의 제어시스템을 설치할 필요성을 인지하고 있으며 이는 소수력 발전소가 원격지에 설치됨에 따라 원격제어의 필요성에 관심이 집중되기 때문이기도 하며, 운영비용을 최소화하면서 관리 인력의 투입 없이도 연속적인 발전을 최적화하고 발전을 최대화할 수 있기 때문이다. 자동화의 주요 내용은 전력계통에서의 사고로 인한 전압저하로 비상 정지한 후 정지시간 최소화 즉, 발전기의 재기동 및 계통 동기화작업의 최소화, 터빈개도 변경에 의한 정상적인 수위의 유지, 주어진 유량 조건에서 출력의 연속적 최대화, 비상상태를 확인하고 적절히 대응하기 위해서 발전기의 운전상태를 감시하는 것 등이다.

5) 차세대 통합운영기술

소수력 발전소의 자동화, 무인화 및 원격감시제어를 통합한 운영시스템이 전력의 생산, 재무, 인적자원, 전력판매, 사무자동화 및 기타의 하부 정보관리시스템으로 구성되어 있어 소수력 발전소의 경영을 지원하는 경영정보시스템(management information system, MIS), 혹은 기업자원계획(Enterprise resources planning, ERP)시스템과 통합운영되는 시스템의 구축이 필요하다. 이를 위해서는 제어감시시스템인 SCADA 시스템과 정보를 공유할 수 있도록 소프트웨어 개발 시에 실용성과 호환성을 충분히 고려해야 하며 소프트웨어들이 통합구조, 관리모드 및 운영 흐름의 변동에 적응할 수 있고 확장을 위해서도 객체지향기술(object-oriented technology)을 적용하는 것이 바람직하다. 또한 기업의 운영비용을 줄이고 이익을 개선하기 위한 전력의 가격 경쟁력 요구조건을 만족하기 위한 전력시장 기술지원시스템이 초기 단계에서 채용되어야 한다. 그러나 이러한 기술들이 소수력 발전소에 적용될 수 있을 만큼의 경제성을 갖추기 위해서는 추가적인 기술개발이 요구된다.

6) 콤팩트형 진단프로그램 기술

진단에서의 측정 및 진단 기술의 범위와 정밀도 규격화, Hardware 및 Software의 표준화 등 진단기술의 규격화 또는 표준화와 진단을 통한 기기의 수명평가기술, 예방적 진단을 통한 유지보수 계획의 수립 등의 기술개발이 포함된다. 또한 진단기술의 고도화를 위한 새로운 개념의 진단기술 개발, 디지털기술을 접목한 진단기술의 고기능화, 인공지능기술 도입에 의한 진단의 객관화, 센서 일체형 진단기기의 개발에 따른 경제성 제고, 보호제어기술과 융합된 기술의 개발을 포함하고 있다. 이러한 기술들이 소수력 발전에 적합하도록 추가적인 연구개발이 필요하다.

라. 수차발전설비 성능평가기술, 제도개선 및 현대화

1) 성능평가기법 개발

수차의 성능평가는 제작 및 설치단계에서 수차발전기의 성능(출력, 효율, 제어기능, 진동 등)이 설계치를 만족하는가의 확인이 필요하며, 운영단계에서는 경년변화의 열화현상으로 나타나는 성능저하 혹은 고장 징후를 초기에 확인하고 적절한 보수조치를 조치하여 고장

발생을 방지함으로써 유지관리비용을 최소화하고, 수차 효율을 증대하기 위해서도 설계, 제작, 운영관리에 대한 체계적인 성능평가 관리가 필요하다. 이는 준공설비의 품질보증뿐만 아니라 준공된 수차발전기의 수명이나 성능에 매우 중요하므로 반드시 실시하여야 하나, 이러한 수차의 성능평가기법이 수립되어 있지 않은 실정이므로 설계, 제작, 운영단계에서 필요한 검사나 성능시험에 대한 성능평가기법을 수립하여 소수력 기술의 증진과 수차 효율향상으로 연간발전량을 증대하기 위해 조속히 해결해야할 과제이다. 따라서 소수력 발전설비의 설계, 제작 등의 기술기준을 국내・외 규격(KS, ISO, IEC) 및 외국에서 자료를 수집, 조사하고 국내에 설치되어 있는 소수력 발전설비 현황조사를 실시하여 문제점을 분석, 개선방안을 도출할 수 있는 성능평가기법 수립이 필요하다.

2) 성능시험센터 구축

소수력 발전설비의 국산화는 상당한 발전을 이루었지만 수차 및 보조기기에 대한 체계적인 기술기준이나 평가방법 및 소수력 성능을 평가할 검사기관이 정립되어 있지 않은 실정이다. 소수력 발전설비 제작, 준공시험, 운영 중(대점검, 정밀분해점검)에 필요한 수차 발전설비별 주요성능항목을 선정하여 국제규격의 표준화된 기준에 따른 성능시험센터가 필요하다. 따라서 수차의 성능시험센터가 없어 수차성능평가가 거의 이루어지지 않고 있어 소수력에 대한 시설개선권고 등이 수반되지 않아 수차의 효율저하에 따른 연간발전량 감소와 수차 발전설비 신뢰성 미흡으로 소비자 신뢰도 향상에 한계가 존재하므로 수차의 성능시험 센터 구축이 필요하다.

3) 발전설비 수명관리 및 수명평가기술

소수력 발전소에 적용되는 발전기는 제작가격이 전동기에 비해 고가이고, 주문 생산으로 이루어지기 때문에 고장 발생 시 새로운 발전기로 교체하는 동안 전력생산이 이루어지지 않아 경제적인 문제는 물론이고, 계통의 불안정 및 수용가가 많은 불편을 감수해야 하기 때문에 운전 중에 발생하는 문제를 최소화하기 위해 안정된 운전이 가능하도록 항시 설비의 감시는 물론이고 지속적인 발전시스템에 대한 수명평가가 이루어져야 한다. 따라서 발전설비의 신뢰도 증진과 효율적인 운전을 위해서는 설비의 수명관리 및 시스템에 대한 평가기술이 개발되어 적용되어야 한다.

4) 터빈 성능평가 기술

수차에 적용되는 터빈의 경우 다양하다. 이들 터빈의 경우 효율이 낮은 것부터 높은 것까지 적용 장소에 따라 달라진다. 또한 정확한 설계 작업으로 제작하여도 적용 전에 정확한 검증을 위해서는 설계와 제작상의 일치여부를 평가할 수 있는 성능평가가 이루어져야 설치 후 발생하는 오차를 사전에 줄일 수 있다. 이를 통해 안정적인 운전을 물론이고 신뢰도가 높은 제품으로 많은 사용자가 신뢰감을 가질 수 있을 것이다.

5) 발전기 효율평가 시험

전동기의 경우 표준화된 제품이 대량으로 제작되기 때문에 제작사는 물론이고 공인된 시험기관이 있어 정확한 효율시험 등을 시행하고 있지만, 발전기의 경우 주문 제작이나 소수로 제작되어 공인된 시험기관에서 효율평가 등을 하는 경우는 매우 드물다. 따라서 신규로 제작되는 발전기의 정확한 특성을 공인받을 수 있는 기관 선정을 통해 효율특성시험 등이 수행되어야만 한다.

6) 유 · 무수 시험(Dry & Wet Test)

수차의 설계가 설치장소에 적합하게 제작된 것인가를 확인하기 위해서는 무부하 및 실부하 시험이 필수적이다. 따라서 무부하 및 실부하 시험으로 설계와 제작상의 오차를 줄여 정확한 결과를 도출해야 수차의 운전 중 효율을 최대한 보장할 수 있다.
이를 위해서는 무부하에 해당되는 무부시험과 정격부하에 해당되는 실부하 시험인 유수시험을 할 수 있는 시스템 기술의 개발이 필수적이다.

7) 소수력 수명관리프로그램 개발

소수력 발전설비는 한번 설치 후 수십 년 동안 사용하는 것으로서 설치가격이 매우 높고, 중요한 설비이기 때문에 사용 중 발생할 수 있는 문제점을 사전에 감지하여 대응책을 마련하고, 수명을 연장하여 고효율 운전을 하기 위해서는 수차, 발전기, 변압기 및 보호시스템 등에 대한 수명관리 프로그램의 기법을 적용할 필요가 있다.

8) 제도개선

소수력 개발 방안을 정부가 도입한 것은 민간자본에 의해 청정에너지인 소수력 발전사업 개발을 유도하기 위한 목적이었지만 초기단계 이외에는 개발 사업에 참여가 왜 부진하였는가를 살펴보기 위해 현행제도를 조사 원인분석과 차후 대책 마련을 위해 정책과 제도개선이 필요하다.

9) 수차발전설비 개보수 및 현대화

신규 발전소 건설의 현실적인 대안으로 노후 수력 발전소에 대한 수명연장과 효율상승을 위한 현대화에 대한 투자가 국내외에서 적극적으로 고려되고 시행되고 있다.
발전소 건설 후 장기간 발전으로 발전소의 성능저하가 일정수준 이상으로 발생되어 건설당시 또는 설계당시의 성능을 발휘하지 못하는 경우 고장이 발생되기 전에 건설당시의 성능을 회복시키기 위하여 최신 기술과 소재를 접합시켜 최적의 성능을 발휘하도록 하는 기술이 필요하다.

3. 기술개발 추진계획(Road Map)

가. 단기(2008～2012)

1) 단기 목표

단기적인 목표는 기존 자원조사를 재평가를 위한 Package Tool을 개발하여 권역별로 소수력 자원조사를 Update하고 미활용된 마이크로급 소수력 자원까지도 활용할 수 있는 기반을 마련하며 설비의 표준화 및 간소화를 통하여 초기 투자비용의 절감을 통한 소수력 발전의 활성화를 도모한다.

○ 기존 자원 조사의 Update를 통한 소수력 개발의 활성화
- 권역별 자원 조사
- 미활용 소수력 자원조사 : 양어장, 하수처리장, 정수장, 배수갑문, 건물 내 미활용 수력자원, 북한의 기존시설물 수력자원 등
- 조사 Package Tool 개발
- Fish-friendly 터빈 및 어도 설계기법 개발

○ 소수력 발전설비의 국산화 및 표준화 완료
- 마이크로/피코급 수차 및 가변속 발전기 국산화 개발
- 발전기 및 수차 표준화 및 간소화
- 국제 표준화(IEC TC4 연계)

○ 계통보호 및 자동화 기술 개발
- 무인화, 자동화를 위한 상시 감시진단기술 실용화
- 감시진단기술의 고도화 및 통합관리시스템 기술 개발

○ 성능평가, 제도개선 및 현대화 기술 개발
- 성능평가센터 구축을 통한 기기 성능의 인증
- 발전차액제도 등 소수력 발전 활성화를 위한 제도의 개선
- 북한 소수력 발전설비의 현대화 지원

2) 주요 추진계획

○ 조사 Package Tool 개발과 이를 이용한 권역별 및 미활용 자원 조사

○ 마이크로/피코급 수차 및 가변속 발전기 국산화 개발

○ 무인화, 자동화를 위한 상시 감시진단기술 실용화

○ 성능평가센터 구축을 통한 기기 성능의 인증

3) 단기 Road Map

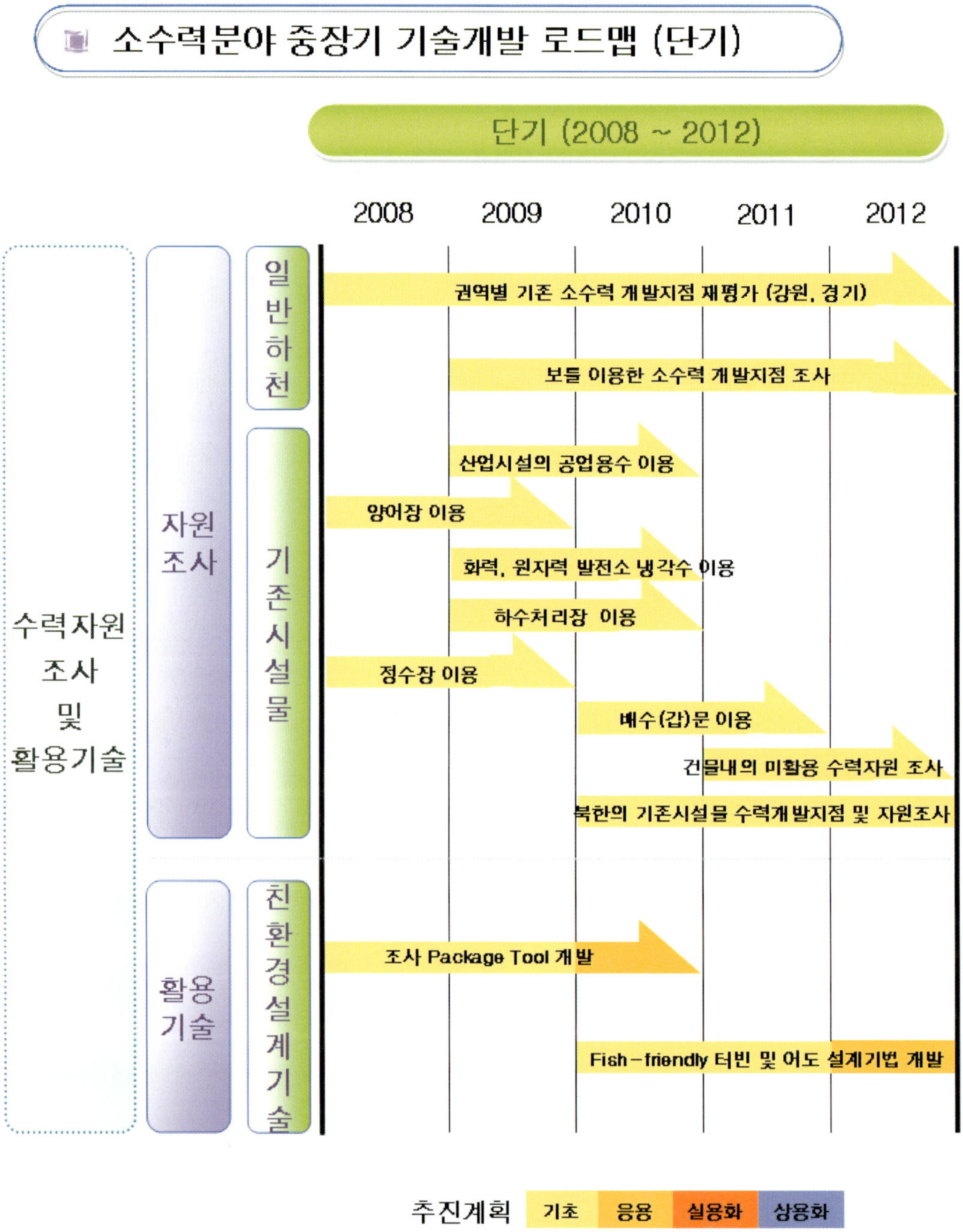
소수력분야 중장기 기술개발 로드맵 (단기)
단기 (2008 ~ 2012)
2008
2009
2010
2011
2012
수력자원 조사 및 활용기술
자원조사
일반하천
권역별 기존 소수력 개발지점 재평가 (강원, 경기)
보를 이용한 소수력 개발지점 조사
기존시설물
산업시설의 공업용수 이용
양어장 이용
화력, 원자력 발전소 냉각수 이용
하수처리장 이용
정수장 이용
배수(갑)문 이용
건물내의 미활용 수력자원 조사
북한의 기존시설물 수력개발지점 및 자원조사
활용기술
친환경설계기술
조사 Package Tool 개발
Fish-friendly 터빈 및 어도 설계기법 개발
추진계획
기초
응용
실용화
상용화

소수력분야 중장기 기술개발 로드맵 (단기)

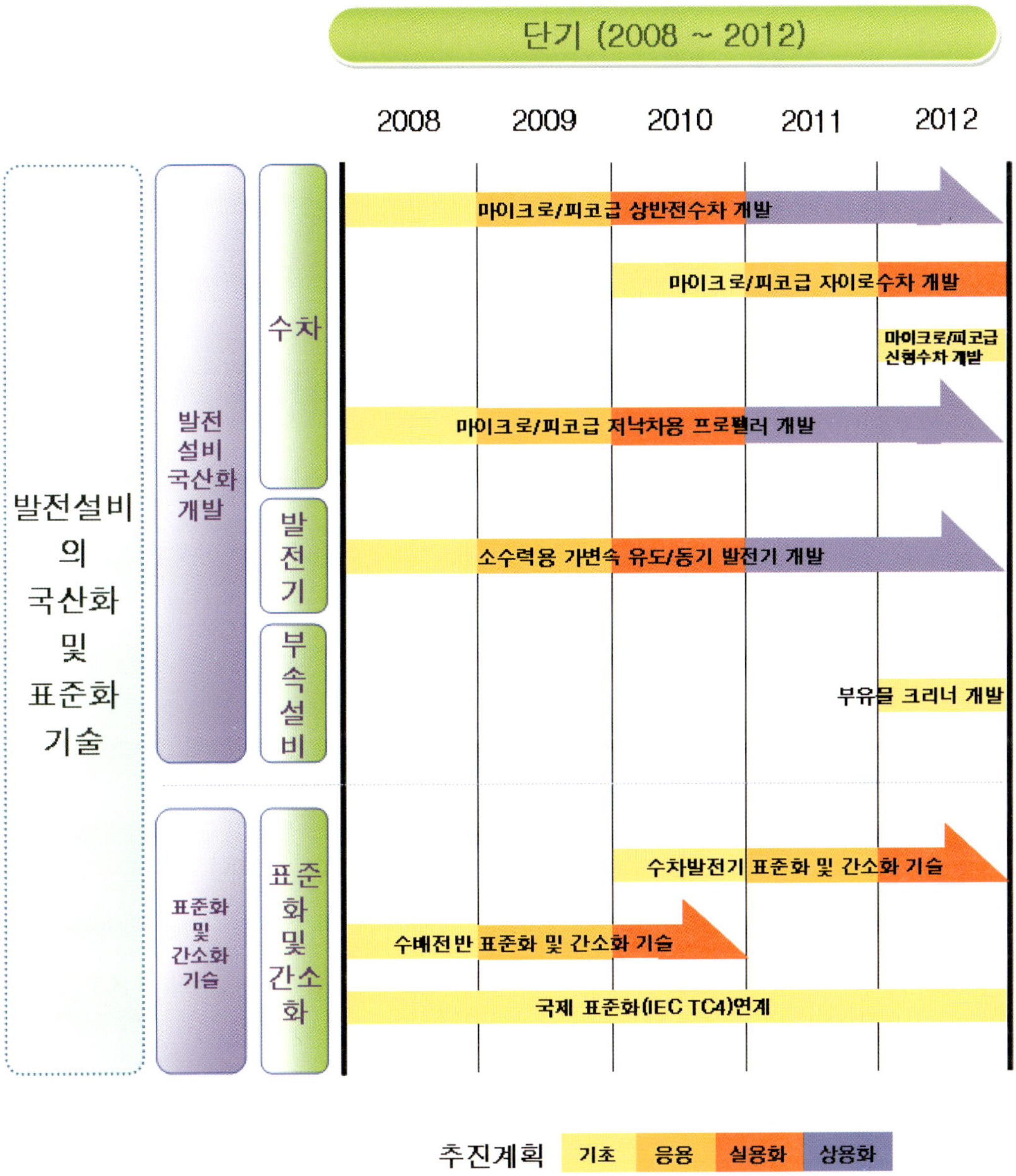

소수력분야 중장기 기술개발 로드맵 (단기)

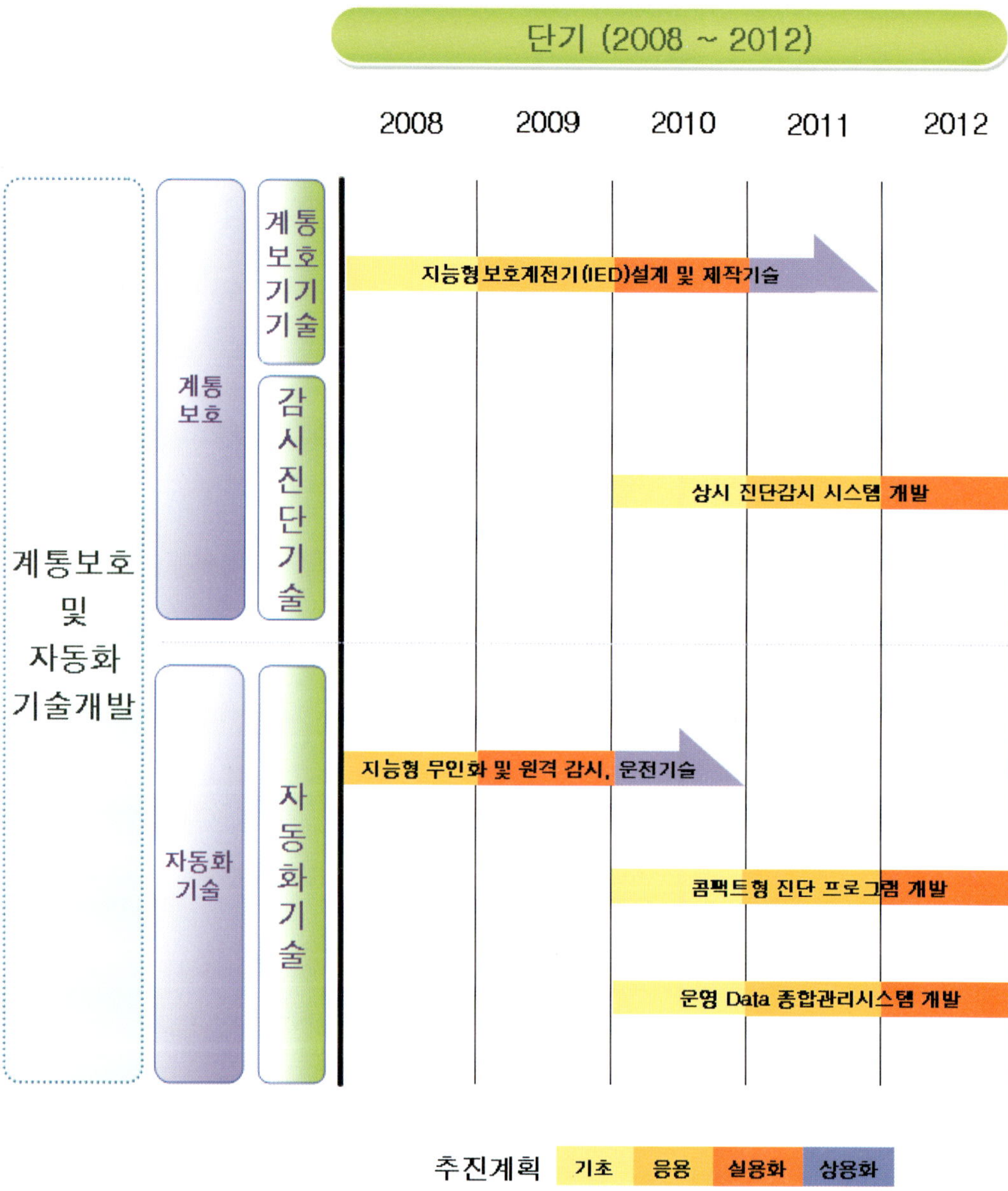

소수력분야 중장기 기술개발 로드맵 (단기)

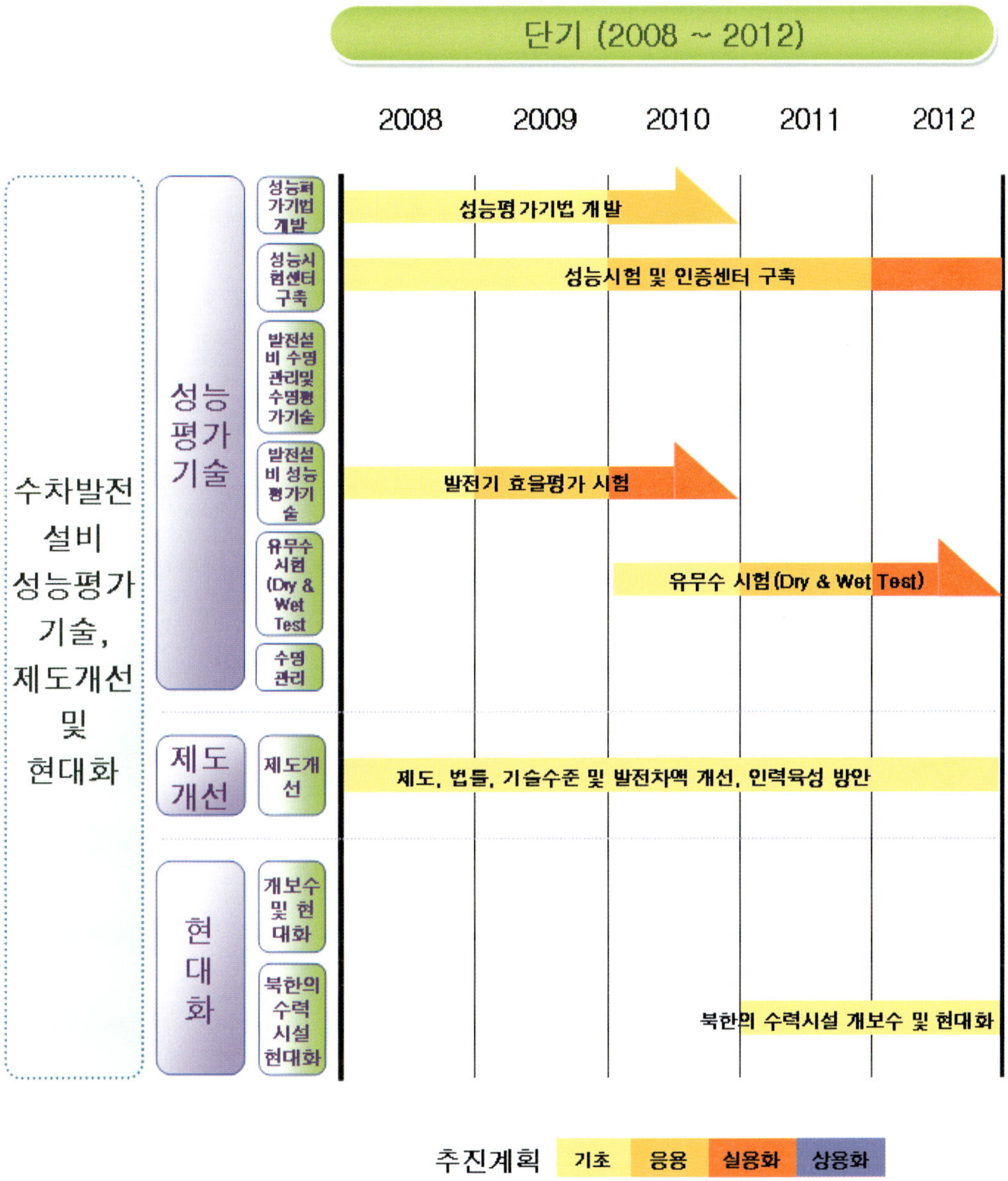

그림 5-2 단기 연차별 기술개발 로드맵

표 5-2 대분류-중분류-소분류에 따른 기술 분류(단기)

<table>
<tr><th>대분류</th><th>중분류</th><th>소분류</th><th>세분류</th></tr>
<tr><td rowspan="3">소수력 자원 조사 및 활용기술</td><td rowspan="2">자원조사</td><td>일반하천</td><td>- 권역별 기존 소수력 개발지점 재평가
- 보를 이용한 소수력 개발지점 조사</td></tr>
<tr><td>기존시설물</td><td>- 산업시설의 공업용수를 이용한 소수력 개발지점 조사
- 양어장을 이용한 소수력 개발지점 조사
- 화력, 원자력발전소 냉각수를 이용한 소수력 개발지점 조사
- 하수처리장을 이용한 소수력 개발지점 조사
- 정수장를 이용한 소수력 개발지점 조사
- 배수(갑)문을 이용한 소수력 개발지점 조사
- 건물 내의 미활용 수력자원 조사
- 북한의 기존시설물 수력 개발지점 및 자원 조사</td></tr>
<tr><td>활용기술</td><td>친환경 설계기술</td><td>- 조사 Package Tool 개발
- fish-friendly 설계기법 개발</td></tr>
<tr><td rowspan="4">발전 설비의 국산화 및 표준화 기술</td><td rowspan="3">발전설비 국산화 개발</td><td>수차</td><td>- 마이크로/피코급 상반전 수차 개발
- 마이크로/피코급 자이로 수차 개발
- 마이크로/피코급 신형 수차 개발
- 마이크로/피코급 저낙차용 프로펠러 수차 개발</td></tr>
<tr><td>발전기</td><td>- 소수력용 가변속 유도/동기 발전기 개발</td></tr>
<tr><td>부속설비</td><td>- 부유물 클리너 개발</td></tr>
<tr><td>표준화 및 간소화 기술</td><td>표준화 및 간소화</td><td>- 수차발전기 표준화 및 간소화 기술
- 수배전반 표준화 및 간소화 기술
- 국제 표준화(IEC TC4) 연계</td></tr>
<tr><td rowspan="3">계통보호 및 자동화 기술 개발</td><td>계통보호</td><td>계통보호 기기기술</td><td>- 지능형보호계전기(IED) 설계 및 제작기술</td></tr>
<tr><td rowspan="2">자동화 기술</td><td>감시진단 기술</td><td>- 상시 진단감시 시스템 개발</td></tr>
<tr><td>자동화 기술</td><td>- 지능형 무인화 및 원격감시, 운전기술
- 콤팩트형 진단프로그램 개발
- 운영 Data 종합관리시스템 개발</td></tr>
</table>

표 5-2 (다음 Page)

대분류	중분류	소분류	세분류
수차 발전설비 성능 평가기술, 제도개선 및 현대화	성능 평가기술	성능평가기법 개발	- 성능평가기법 개발
		성능시험센터 구축	- 성능시험 및 인증센터 구축
		발전설비 성능평가 기술	- 발전기 효율평가 시험
		유·무수 시험 (Dry & Wet Test)	- 유·무수 시험(Dry & Wet Test)
	제도개선	제도개선	- 제도, 법률, 기술기준 및 발전차액 개선, 인력육성 방안
	현대화	개보수 및 현대화 북한의 수력시설 현대화	- 북한의 수력시설 개보수 및 현대화

4) 기술개발 및 산업화 실행방안

친환경 설계기술 개발에 있어서 소수력 개발 지점 조사 및 평가기법의 Package Tool을 개발하여 권역별 기존 소수력 잠재지점 평가 등에 적용, 그 활용성 및 적정성을 간접적으로 평가한다. 한편, 소수력 개발지점 다양화 및 활용도를 upgrade한 어도를 활용한 소수력 발전 설계기법을 개발하여 기 건설된 하천의 어도에 적용 평가를 실시한다.

발전설비의 국산화 및 표준화, 계통보호 및 자동화 기술을 향상시키기 위해서는 관련 설비기술의 국산화를 위한 설계기술과 제작기술, 성능향상 기술, 재질의 개선, 프로그램 개발 등이 필요하다. 이를 위하여 산·학·연 공동 연구개발이 빠른 시일 내 진행되어야 원하는 목표를 달성할 수 있을 것으로 판단된다.

성능시험 및 인증센터를 구축하기 위해서는 정부 및 관련기관에서 구축의 필요성을 공감하고 부지 및 예산을 조속히 확보하여야 한다. 또한 정부 부처 간에 협의하여 소수력 발전 관련 인허가 절차를 획기적으로 간편화 하여야 하며, 북한의 수력시설 개보수 및 현대화를 위한 사업단 구축이 필요하다.

5) 개발 및 보급 정책 요구사항

단기계획하에 개발된 기술을 보급하기 위해서는 중앙정부, 지자체 및 산하기관 등(특히, 에너지관리공단)의 지역 에너지보급사업 예산규모를 확대 보급할 필요가 있으며, 신·재생에너지 개발비용에 대한 현재보다 좀 더 구체적이고 현실화된 적극적인 보조·투자 및 장려 정책이 필요하다.

나. 중기(2013~2020)

1) 중기목표

소수력 자원 조사 범위를 북한지역까지 확대하고 폐광 용출수 등 기존시설물을 이용한 소수력 개발로 소수력 자원의 활용을 극대화하며 친환경적인 설계기법 개발 및 표준화를 완성한다. 미활용 자원의 이용 최대화를 위한 마이크로/피코급 수차 및 발전기 개발, 발전설비의 성능평가, 수명관리 및 예측기술 등 고도의 진단 및 운영기술을 확보하며 이를 통하여 동남아 등 소수력 발전 설비의 수출을 적극 추진한다.

○ 북한지역 및 기존 시설물을 이용한 소수력 자원 조사 확대
  - 북한지역 및 폐광 용출수 등 자원조사 범위 확대
  - Fish-friendly 터빈 및 어도 설계기법 개발
  - 친환경 설계기법 표준화

○ 마이크로/피코급 수차발전기의 국산화 개발
  - 마이크로급 소수력 자원 활용을 위한 발전설비 개발
  - 계통연계 설비의 간소화 및 국제표준화 기술 도입 및 적용

○ 온라인 상시통합 감시진단시스템 개발

○ 성능평가기술 및 센터운영의 확대
  - 수명관리 및 예측기술 개발
  - 북한 소수력 발전 설비의 현대화를 통한 시장의 확대

2) 주요 추진계획

○ 북한지역 및 기존 시설물을 이용한 소수력 자원 조사 확대

○ Fish-friendly 터빈 및 어도 설계기법 개발

○ 마이크로/피코급 수차발전기의 국산화 개발

○ 온라인 상시통합 감시진단시스템 개발

○ 수명관리 및 예측기술 개발

○ 북한 소수력 발전 설비의 현대화를 통한 시장의 확대

3) 중기 Road Map

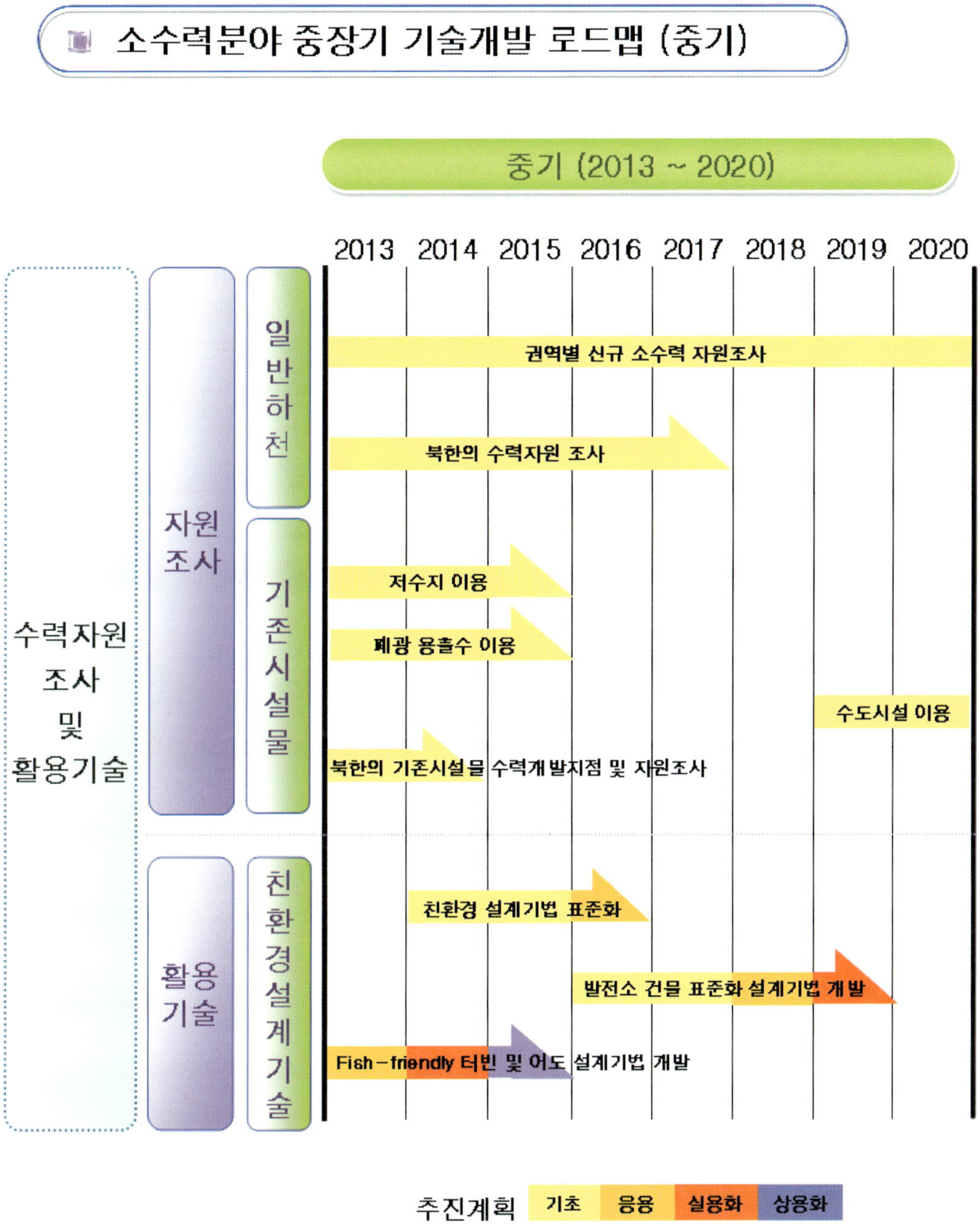
소수력분야 중장기 기술개발 로드맵 (중기)
중기 (2013 ~ 2020)
2013 2014 2015 2016 2017 2018 2019 2020
수력자원 조사 및 활용기술
자원 조사
일반하천
권역별 신규 소수력 자원조사
북한의 수력자원 조사
기존시설물
저수지 이용
폐광 용출수 이용
수도시설 이용
북한의 기존시설물 수력개발지점 및 자원조사
활용 기술
친환경설계기술
친환경 설계기법 표준화
발전소 건물 표준화 설계기법 개발
Fish-friendly 터빈 및 어도 설계기법 개발
추진계획 기초 응용 실용화 상용화

소수력분야 중장기 기술개발 로드맵 (중기)

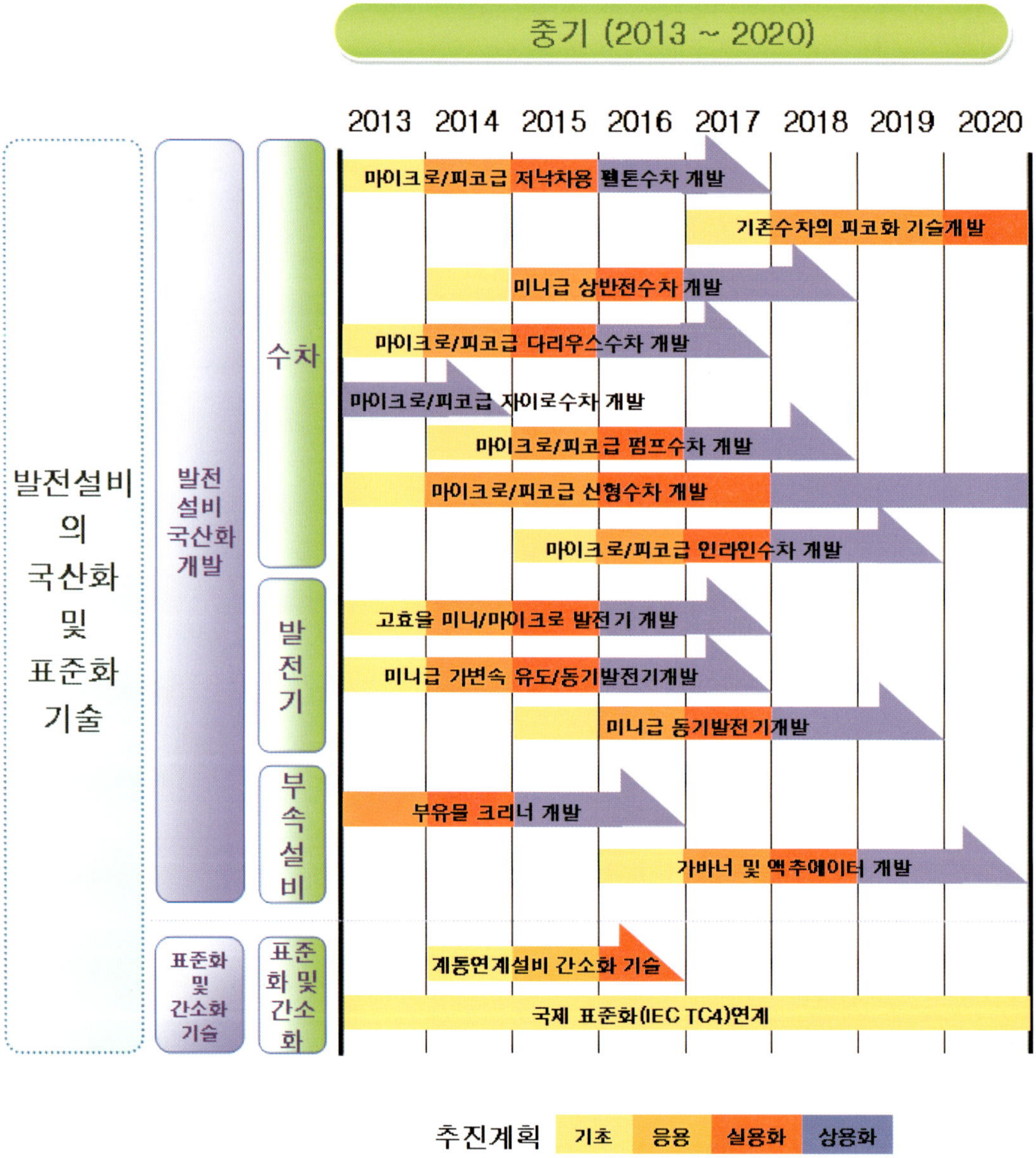

소수력분야 중장기 기술개발 로드맵 (중기)

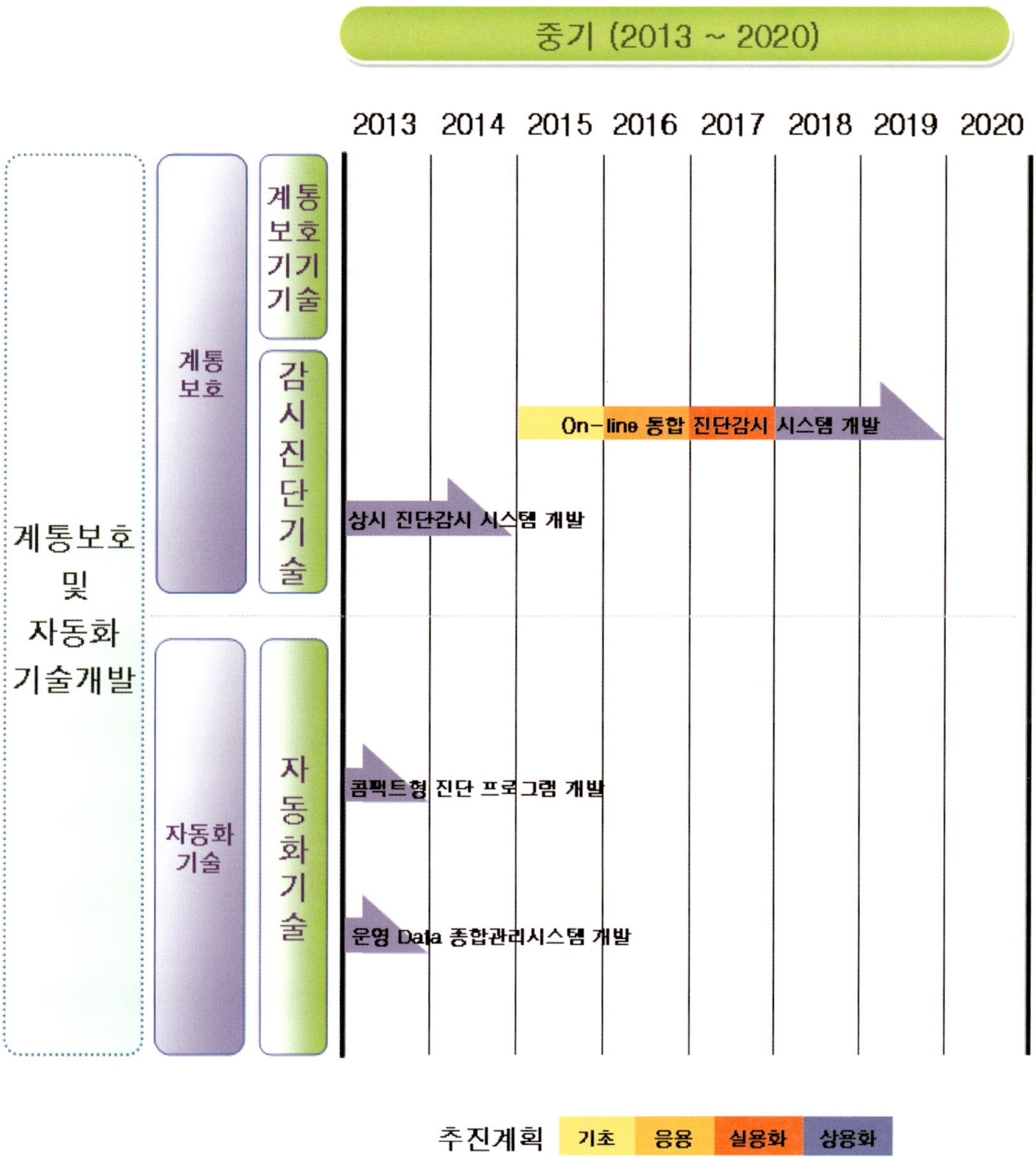

소수력분야 중장기 기술개발 로드맵 (중기)

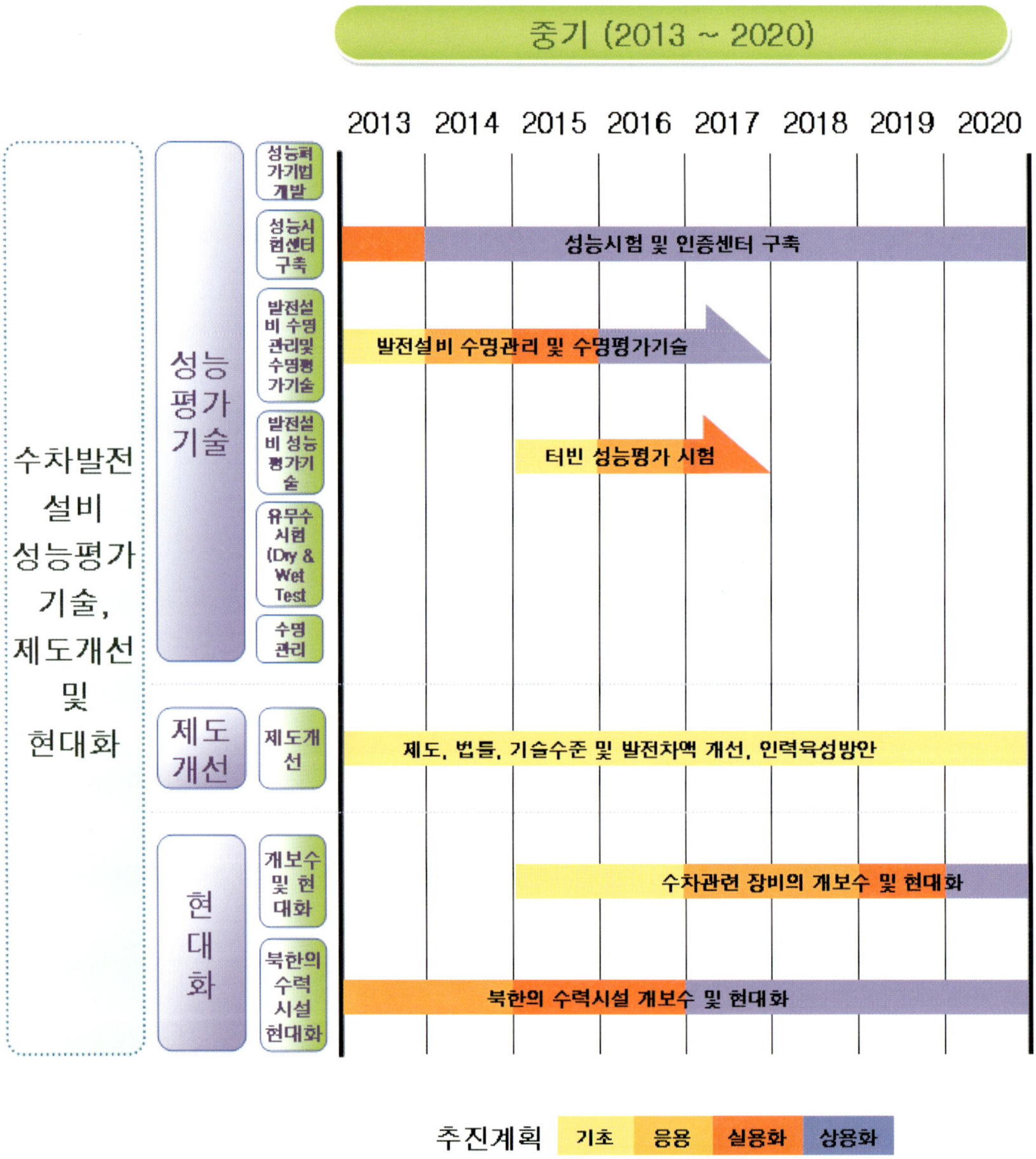

그림 5-3 중기 연차별 기술개발 로드맵

표 5-3 대분류-중분류-소분류에 따른 기술 분류(중기)

대분류	중분류	소분류	세분류
소수력 자원 조사 및 활용 기술	자원조사	일반하천	- 권역별 신규 소수력 자원조사 - 북한의 수력자원 조사
		기존시설물	- 저수지를 이용한 소수력 개발지점 조사 - 폐광 용출수를 이용한 소수력 개발지점 조사 - 수도시설을 이용한 소수력 개발지점 조사 - 북한의 기존시설물 수력 개발지점 및 자원 조사
	활용기술	친환경 설계기술	- 친환경 설계기법 표준화 - 발전소 건물 표준화 설계기법 개발 - fish-friendly 설계기법 개발
발전 설비의 국산화 및 표준화 기술	발전설비 국산화 개발	수차	- 마이크로/피코급 저낙차용 펠턴 수차 개발 - 기존 수차(횡류, 프란시스, 카플란, 튜블러)의 피코화 기술개발 - 미니급 상반전 수차 개발 - 마이크로/피코급 다리우스 수차 개발 - 마이크로/피코급 자이로 수차 개발 - 마이크로/피코급 펌프 수차 개발 - 마이크로/피코급 신형 수차 개발 - 마이크로/피코급 인라인 수차 개발
		발전기	- 고효율 마이크로/미니급 유도발전기 개발 - 미니급 가변속 유도/동기발전기 개발 - 미니급 동기발전기 개발
		부속설비	- 가버너 및 액추에이터 개발
	표준화 및 간소화 기술	표준화 및 간소화	- 계통연계설비 간소화 기술 - 국제 표준화(IEC TC4)연계
계통보호 및 자동화 기술 개발	계통보호	계통보호 기기기술	- 지능형보호계전기(IED) 설계 및 제작기술
	자동화 기술	감시진단 기술	- On-line 통합 진단감시시스템 개발 - 상시 진단감시 시스템 개발
		자동화 기술	- 콤팩트형 진단프로그램 개발 - 운영 Data 종합관리시스템 개발

표 5-3 (다음 Page)

대분류	중분류	소분류	세분류
수차 발전설비 성능 평가기술, 제도개선 및 현대화	성능 평가기술	성능평가기법 개발	
		성능시험센터 구축	- 성능시험 및 인증센터 구축
		발전설비 수명관리 및 수명평가기술	- 발전설비 수명관리 및 수명평가기술
		발전설비 성능평가 기술	- 터빈 성능평가 기술
	제도개선	제도개선	- 제도, 법률, 기술기순 및 발전차액 개선, 인력육성 방안
	현대화	개보수 및 현대화	- 수차관련 장비의 개보수 및 현대화
		북한의 수력시설 현대화	- 북한의 수력시설 개보수 및 현대화

4) 기술개발 및 산업화 실행방안

단기계획에 이어 권역별 신규 소수력, 북한의 수력자원 조사를 실시하고 소수력 발전 지점을 폐광 용출수, 수도시설 등으로 확대한다. Fish-friendly 터빈 및 어도설계기법을 개발하여 친환경 설계기술을 확보하고 표준화를 진행한다.

발전설비의 국산화 및 표준화, 계통보호 및 자동화 기술을 향상시키기 위해서도 단기계획에 이어 관련 설비 및 기술의 국산화를 위한 설계기술과 제작기술, 성능향상 기술, 재질의 개선, 프로그램 개발 등이 필요하다. 이를 위하여 산·학·연 공동 연구개발이 빠른 시일 내 진행될 경우 원하는 목표를 달성할 수 있을 것으로 판단된다. 또한, 향후 동남아시아 및 아프리카 국가를 대상으로 기술수출을 목표로 하여 환경친화적이며 경제적인 요소기술 개발에 전력투구한다면 많은 기술발전 및 기술수출 효과가 기대된다. 따라서 기술선진국과 기술제휴를 통하여 핵심기술을 공동개발 또는 제휴형태로 산업화를 실행하는 것도 바람직하다.

5) 개발 및 보급 정책 요구사항

중기계획하에 개발된 기술을 보급하기 위해서도 중앙정부, 지자체 및 산하기관 등(특히, 에너지관리공단)의 지역 에너지보급사업 예산규모를 확대 보급할 필요가 있으며, 이와 동시에 신·재생에너지 개발비에 대한 현재보다 좀 더 구체적이고 현실화된 적극적인 보조, 투자 및 장려정책이 필요하다.

기술선진국과 기술제휴를 통하여 핵심기술을 공동개발 또는 제휴형태로 산업화를 실행하는 것도 바람직하며, 또한, 소수력 발전 지점은 폐광 용출수, 수도시설 등으로 확대하고 신·재생에너지 차원의 기술개발을 에너지관리공단의 실증사업, 국제교류협력사업 등을 포함한 정부차원의 개발 자금지원정책의 전환이 필요하다.

다. 장기(2021～2030)

1) 장기 목표

장기적으로 소수력 자원은 국내적으로는 개발이 거의 완료되는 상태로서 수도시설의 이용 등 고도의 기술적 완성도를 요구하는 소수력 자원의 활용에 목표가 맞추어져야 하며, 현재의 집중적인 전력공급체계가 분산전원체계 및 지역에너지 공급체계로 이행함에 따라 풍력, 태양광발전, 연료전지발전 등과 연계한 통합적 에너지공급시스템의 한 자원으로서 활용될 수 있도록 하는 복합적인 기술개발이 필요하다.

- ○ 수도시설을 활용한 도시지역 소수력 발전 기술개발
- ○ 국제표준화 적용 및 연계
- ○ 타 에너지원과의 연동을 위한 차세대 통합운영기술 확보
- ○ 수차관련 장비의 개보수 및 현대화 기술 확보

2) 주요 추진계획

- ○ 수도시설을 활용한 도시지역 소수력 발전 기술개발
- ○ 국제표준화 적용 및 연계
- ○ 타 에너지원과의 연동을 위한 차세대 통합운영기술 확보
- ○ 수차관련 장비의 개보수 및 현대화 기술 확보

3) 장기 Road Map

소수력분야 중장기 기술개발 로드맵 (장기)

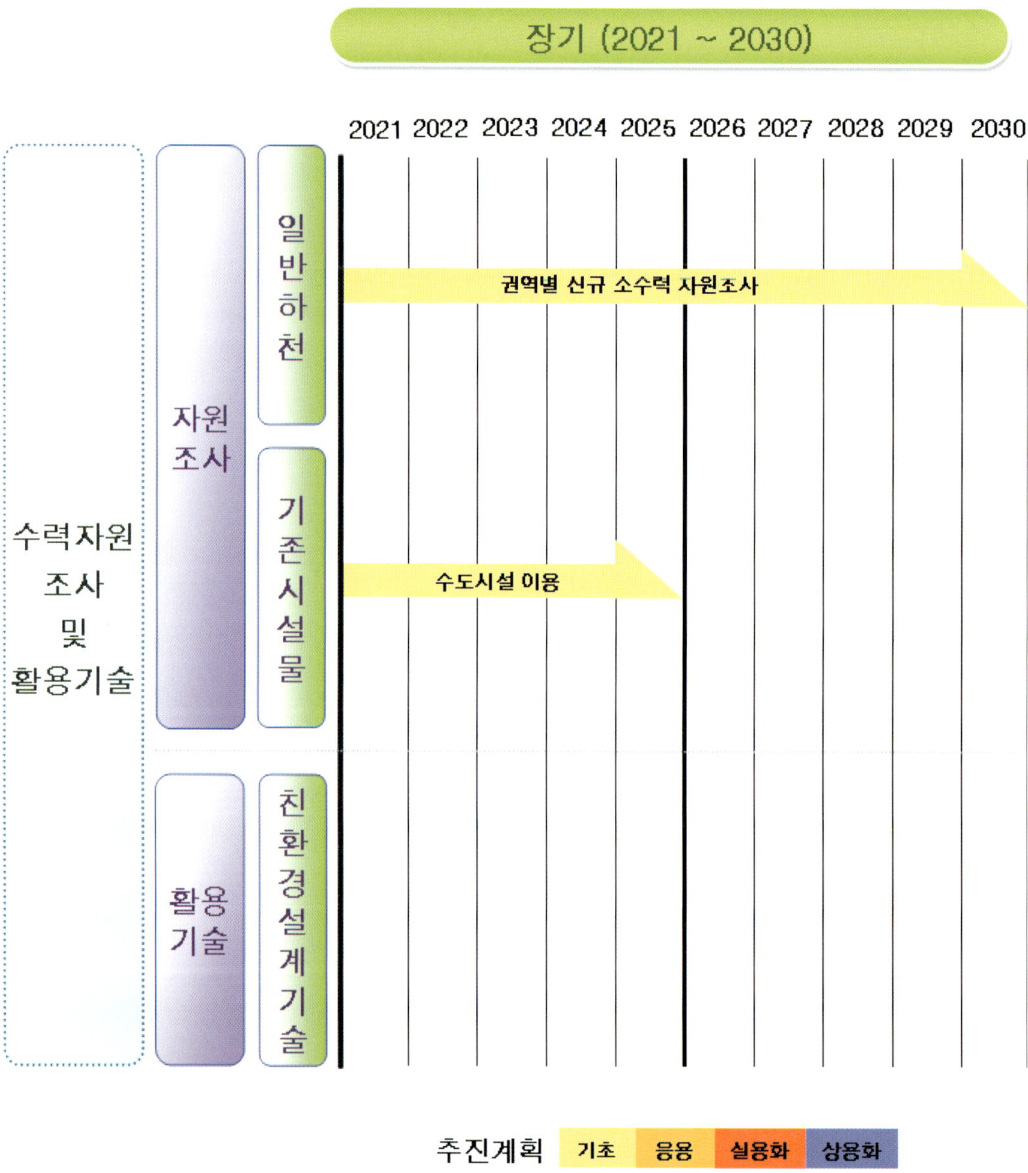

소수력분야 중장기 기술개발 로드맵 (장기)

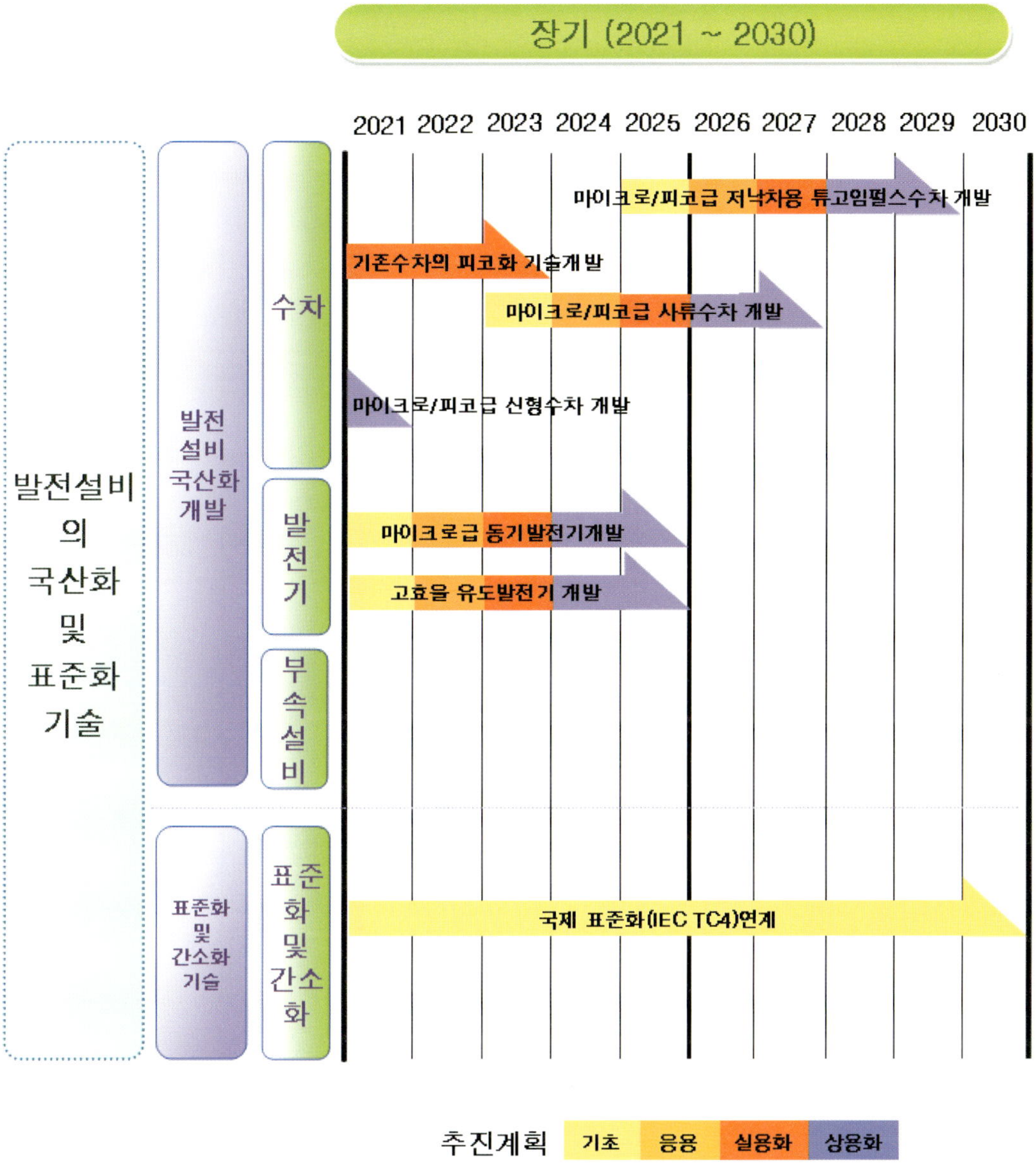

소수력분야 중장기 기술개발 로드맵 (장기)

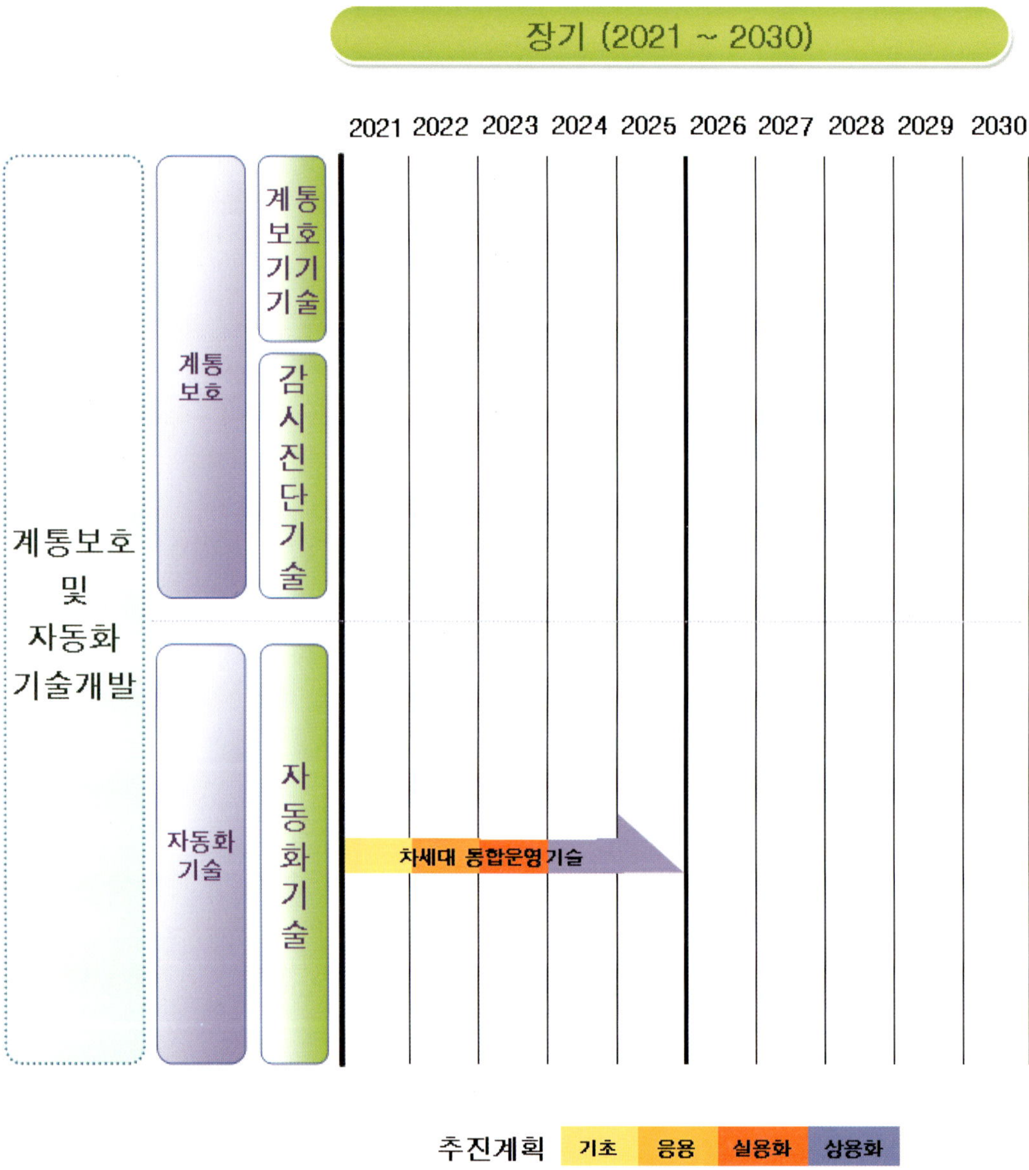

소수력분야 중장기 기술개발 로드맵 (장기)

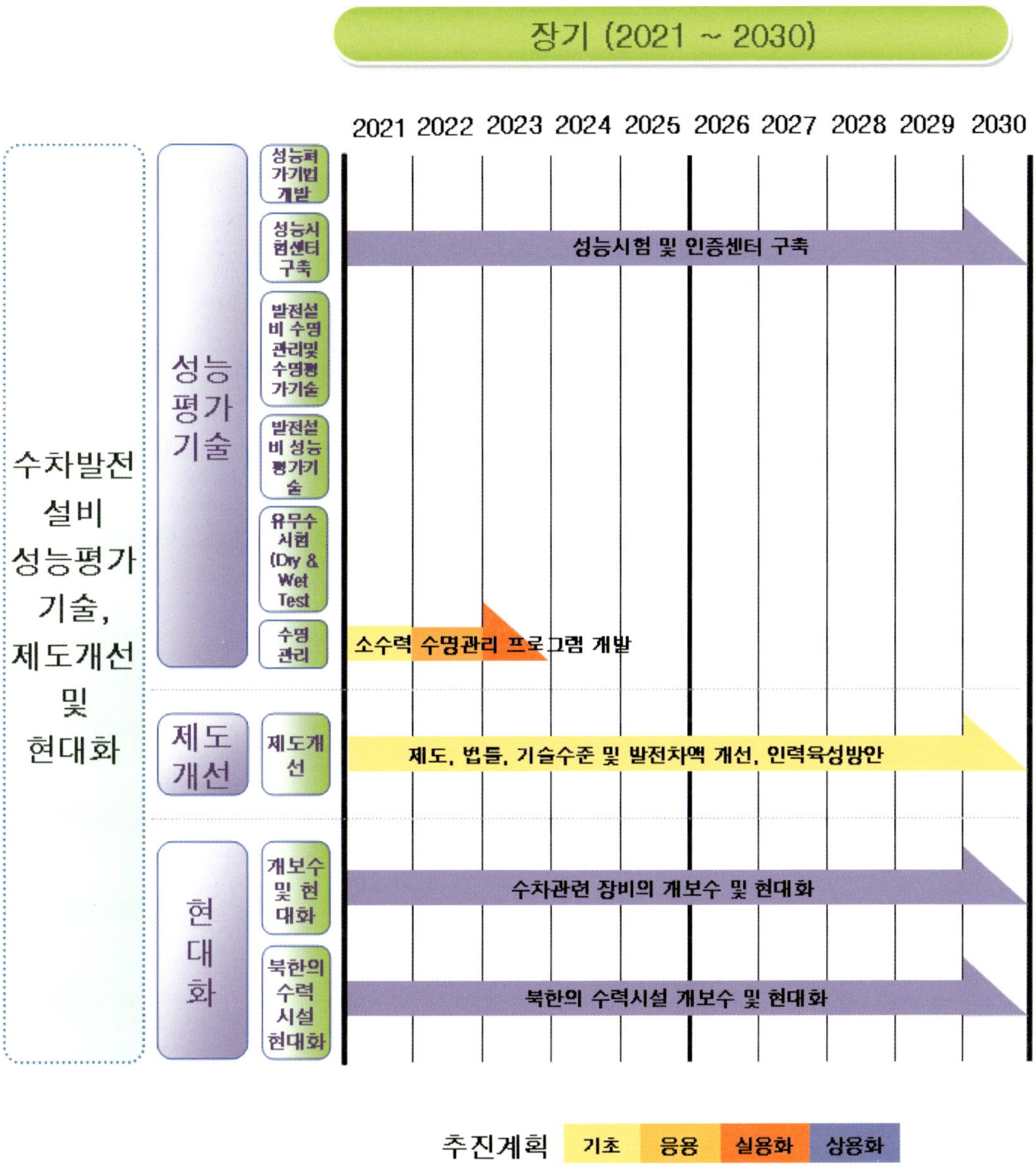

그림 5-4 장기 연차별 기술개발 로드맵

표 5-4 대분류-중분류-소분류에 따른 기술 분류(장기)

대분류	중분류	소분류	세분류
소수력 자원 조사 및 활용기술	자원조사	일반하천	- 권역별 신규 소수력 자원조사
	활용기술	기존시설물	- 수도시설을 이용한 소수력 개발지점 조사
발전설비의 국산화 및 표준화 기술	발전설비 국산화 개발	수차	- 기존 수차(횡류, 프란시스, 카플란, 튜블러)의 피코화 기술개발 - 마이크로/피코급 사류 수차 개발 - 마이크로/피코급 신형 수차 개발
	표준화 및 간소화 기술	표준화 및 간소화	- 국제 표준화(IEC TC4)연계
계통보호 및 자동화 기술 개발	계통보호	자동화 기술	- 차세대 통합운영기술
	자동화 기술		
수차 발전설비 성능 평가기술, 제도개선 및 현대화	성능 평가기술	성능시험센터 구축	- 성능시험 및 인증센터 구축
		수명관리	- 소수력 수명관리프로그램 개발
	제도개선	제도개선	- 제도, 법률, 기술기준 및 발전차액 개선, 인력육성 방안
	현대화	개보수 및 현대화	- 수차관련 장비의 개보수 및 현대화
		북한의 수력시설 현대화	- 북한의 수력시설 개보수 및 현대화

4) 기술개발 및 산업화 실행방안

중기계획에 이어 조사되지 않은 권역별 신규 소수력 조사를 완료한다. 신개념 고효율 발전설비의 개발을 진행하고 미니급/나노급으로 그 범위를 확대해 나간다. 국제표준화와 연계하며, 국제 교류 및 공동연구를 중심으로 더욱 진보된 관련기술 및 응용기술을 개발하여 기존 소수력 발전 설치지점의 시설물 개량, 관리 및 운영기술의 선진화를 구축한다.

5) 개발 및 보급 정책 요구사항

장기계획의 경우 소수력 관련 관리 및 운영기술을 선진화하여 국내 및 해외시장 보급 확대를 추구한다. 또한, 단기 및 중기계획에 대한 평가 분석을 통해 미래에너지의 개발에 관한 설계·조사기술 및 관련 요소기술 개발에 대한 향후 장기적인 계획 수립에 활용할 재평가를 실시할 필요가 있으며, 이에 따른 정부차원의 장기적인 정책지원이 필요하다.

라. 로드맵 총괄(2008～2030)

소수력분야 중장기 기술개발 로드맵 총괄

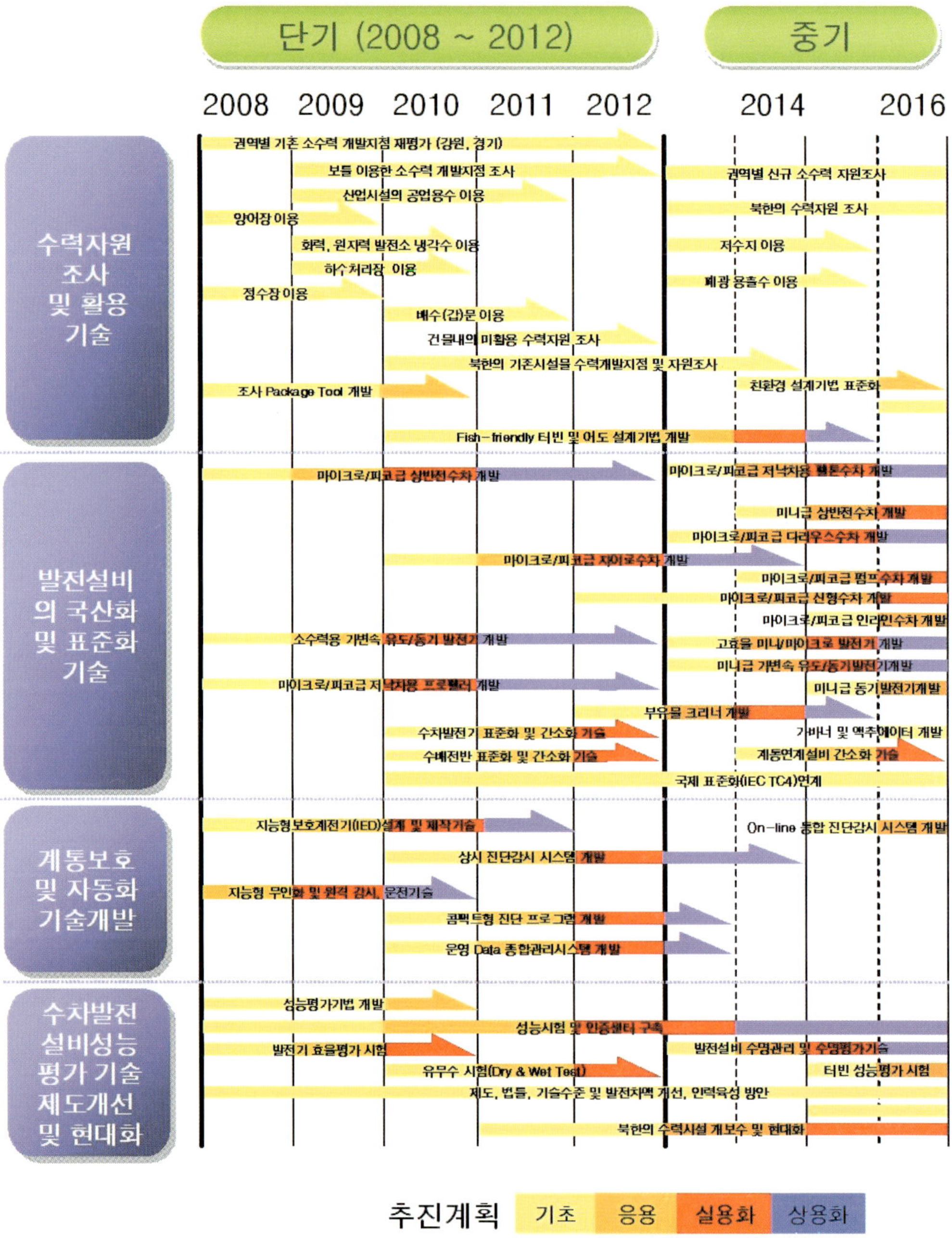

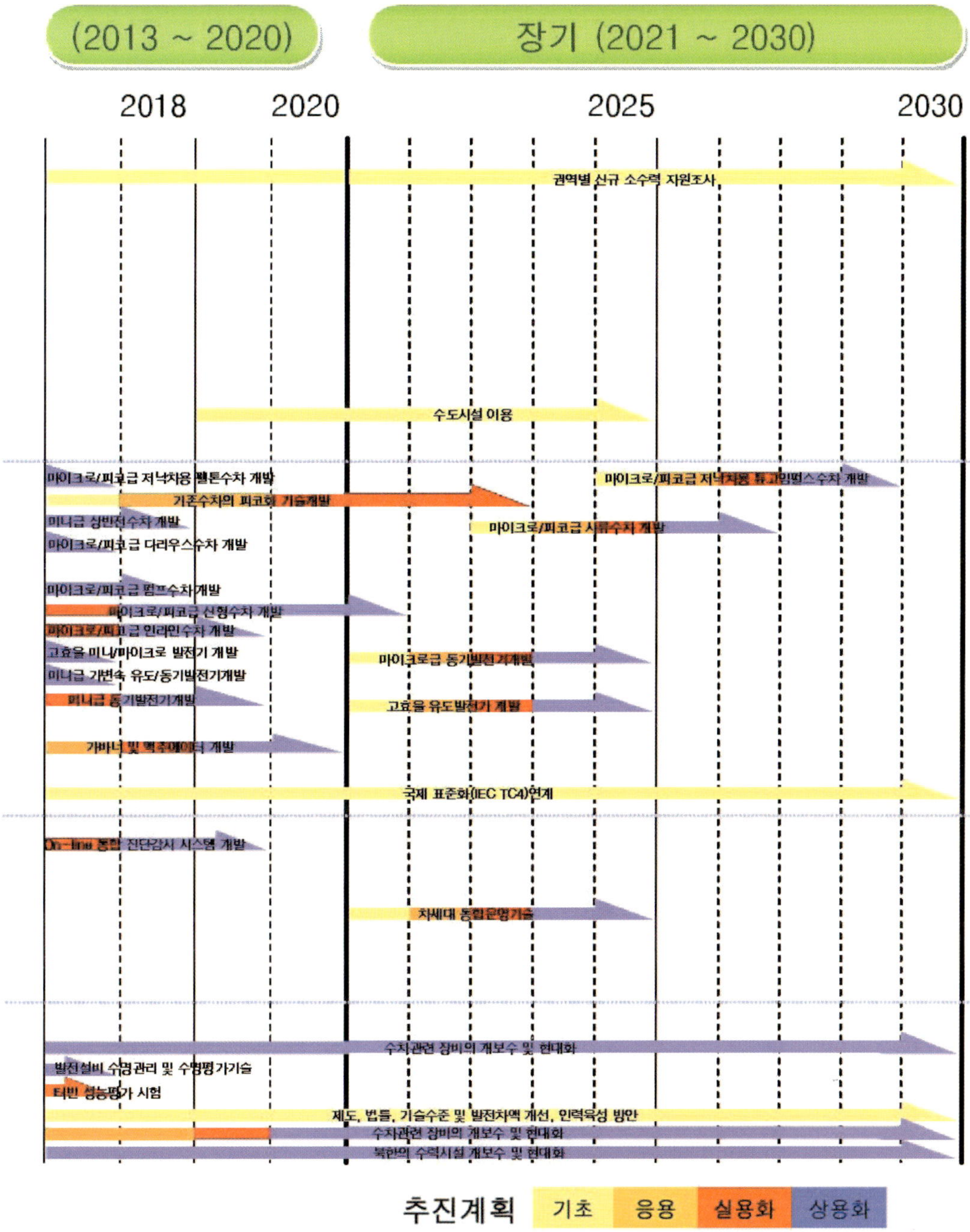

(2013 ~ 2020)
장기 (2021 ~ 2030)
2018
2020
2025
2030
권역별 신규 소수력 자원조사
수도시설 이용
마이크로/피코급 저낙차용 펠톤수차 개발
기존수차의 피코화 기술개발
미니급 상반전수차 개발
마이크로/피코급 다리우스수차 개발
마이크로/피코급 시류수차 개발
마이크로/피코급 펌프수차 개발
마이크로/피코급 선형수차 개발
마이크로/피코급 한리민수차 개발
고효율 미니/마이크로 발전기 개발
마이크로급 동기발전기개발
미니급 가변속 유도/동기발전기개발
미니급 동기발전기개발
고효율 유도발전기 개발
가바너 및 액추에이터 개발
국제 표준화(IEC TC4)연계
On-line 통합 진단감시 시스템 개발
차세대 통합운영기술
수차관련 장비의 개보수 및 현대화
발전설비 수명관리 및 수명평가기술
터빈 성능평가 시험
제도, 법률, 기술수준 및 발전차액 개선, 인력육성 방안
수차관련 장비의 개보수 및 현대화
북한의 수력시설 개보수 및 현대화
추진계획
기초
응용
실용화
상용화

4. 기술개발 소요예산 예측

동 보고서의 Road Map관련 예산은 전문가들의 의견을 반영한 것으로서 정부의 예산계획은 아님을 알려드립니다.
1. Road Map 구성은 범 부처(국가 전체) 차원으로 작성되었음.
2. Road Map 예산은 총 사업비(정부 + 민간) 개념으로 작성되었음.
3. 중기 및 장기 예산계획은 추후 동 보고서의 update시(매 2~3년 단위) 수정할 계획임.

가. 단기(2008~2012)

표 5-5 단기(2008~2012) 기술개발 소요예산(단위 : 억 원)

대분류	중분류	소분류	연도별 소요예산					총
			2008	2009	2010	2011	2012	
소수력 자원 조사 및 활용기술	자원조사	일반하천	4	6.5	6.5	6.5	6.5	30
		기존시설물	10	23	20	17	14	84
	활용기술	친환경 설계기술	2	2	4	2	4	14
소계			16	31.5	30.5	25.5	24.5	128
발전설비의 국산화 및 표준화 기술	발전설비 국산화 개발	수차	13	26	19	18.5	16.5	93
		발전기	2	4	2	1	1	10
		부속설비	-	-	-	-	6	6
	표준화 및 간소화 기술	표준화 및 간소화	3.28	5.26	8.26	10.26	4.26	31.32
소계			18.28	35.26	29.26	29.76	27.76	140.32
계통보호 및 자동화 기술 개발	계통보호	계통보호 기기기술	2	4	2	2	-	10
	자동화 기술	감시진단 기술	1.8	3	3.2	4	2	14
		자동화 기술	6	2	4	4	2	18
소계			9.8	9	9.2	10	4	42
수차 발전설비 성능 평가기술, 제도개선 및 현대화	성능 평가기술	성능평가기법 개발	3	7	-	-	-	10
		성능시험센터 구축	20	10	10	10	10	70
		발전설비 성능평가 기술	3.28	5.26	8.26	10.26	4.26	31.32
		유·무수 시험 (Dry & Wet Test)	18.28	35.26	29.26	29.76	27.76	140.32
	제도개선	제도개선	0.52	0.52	0.52	0.52	0.52	2.6
	현대화	북한의 수력시설 현대화	-	-	-	4	4	8
소계			36.52	22.52	14.32	17.52	15.72	106.6
총계			80.6	98.28	83.28	82.78	71.98	416.92

나. 중기(2013～2020)

표 5-6 중기(2013～2020) 기술개발 소요예산(단위 : 억 원)

대분류	중분류	소분류	연도별 소요예산								총
			2013	2014	2015	2016	2017	2018	2019	2020	
소수력 자원 조사 및 활용기술	자원조사	일반하천	15.56	15.32	15.32	15.32	15.32	3.32	3.32	3.32	86.8
		기존시설물	10.72	10.64	6.64	-	-	-	1.48	1.42	30.9
	활용기술	친환경 설계기술	4	5.5	5.5	7.9	0.9	3	1.2	-	28
소계			30.28	31.46	27.46	23.22	16.22	6.32	6	4.74	145.7
발전설비의 국산화 및 표준화 기술	발전설비 국산화 개발	수차	19	49	54	39	23.2	15.2	8.2	2.8	210.4
		발전기	4	8	6	6	4	1	1	-	30
		부속설비	2.4	1.2	0.6	2.6	4	2	1	1	14.8
	표준화 및 간소화 기술	표준화 및 간소화	0.26	3.26	5.26	2.26	0.26	0.26	0.26	0.26	12.08
소계			25.66	61.46	65.86	49.86	31.46	18.46	10.46	4.06	267.28
계통보호 및 자동화 기술 개발	자동화 기술	감시진단 기술	1	1	4	8	4	2	2	-	22
		자동화 기술	4	-	-	-	-	-	-	-	4
소계			5	1	4	8	4	2	2	0	26
수차발전설비 성능평가 기술, 제도개선 및 현대화	성능평가 기술	성능시험 센터 구축	10	1.3	1.1	1.1	1.1	1.1	1.1	1.1	17.9
		발전설비 수명관리 및 수명평가기술	2	4	2	1	1	-	-	-	10
		발전설비 성능평가기술	-	-	3	5	2	-	-	-	10
	제도개선	제도개선	0.52	0.52	0.52	0.52	0.52	0.52	0.52	0.52	4.16
	현대화	개보수 및 현대화	-	-	2	2	4	4	4	0.4	16.4
		북한의 수력 시설 현대화	8	8	4	4	0.72	0.56	0.56	0.56	26.4
소계			20.52	13.82	12.62	13.62	9.34	6.18	6.18	2.58	84.86
총계			81.46	107.74	109.94	94.7	61.02	32.96	24.64	11.38	523.84

다. 장기(2021～2030)

표 5-7 장기(2021～2030) 기술개발 소요예산(단위 : 억 원)

대분류	중분류	소분류	연도별 소요예산										총
			2021	2022	2023	2024	2025	2026	2027	2028	2029	2030	
소수력 자원 조사 및 활용기술	자원조사	일반하천	3.32	3.32	3.32	3.32	3.32	3.32	3.32	3.32	3.32	3.32	33.2
		기존 시설물	1.42	1.42	1.42	1.42	1.42	-	-	-	-	-	7.1
	활용기술	친환경 설계기술	-	-	-	-	-	-	-	-	-	-	-
소계			4.74	4.74	4.74	4.74	4.74	3.32	3.32	3.32	3.32	3.32	40.3
발전설비의 국산화 및 표준화 기술	발전설비 국산화 개발	수차	2.8	0.8	6.8	18	18	9	6	3	-	-	64.4
		발전기	4	8	4	2	2	-	-	-	-	-	20
	표준화 및 간소화 기술	표준화 및 간소화	0.26	0.26	0.26	0.26	0.26	0.26	0.26	0.26	0.26	0.26	2.6
소계			7.06	9.06	11.06	20.26	20.26	9.26	6.26	3.26	0.26	0.26	87
계통보호 및 자동화 기술 개발	자동화 기술	자동화 기술	4	8	4	2	2	-	-	-	-	-	20
소계			4	8	4	2	2	-	-	-	-	-	20
수차 발전설비 성능평가 기술, 제도개선 및 현대화	성능평가 기술	성능시험 센터 구축	1.1	1.1	1.1	1.1	1.1	1.1	1.1	1.1	1.1	1.1	11
		수명관리	1.8	3	1.2	-	-	-	-	-	-	-	6
	제도개선	제도개선	0.52	0.52	0.52	0.52	0.52	0.52	0.52	0.52	0.52	0.52	5.2
	현대화	개보수 및 현대화	0.36	0.36	0.36	0.36	0.36	0.36	0.36	0.36	0.36	0.36	3.6
		북한의 수력시설 현대화	0.26	0.26	0.26	0.26	0.26	0.26	0.26	0.26	0.26	0.26	2.6
소계			4.04	5.24	3.44	2.24	2.24	2.24	2.24	2.24	2.24	2.24	28.4
총계			19.84	27.04	23.24	29.24	29.24	14.82	11.82	8.82	5.82	5.82	175.7

라. 소요예산 예산 총괄(2008～2030)

표 5-8 중장기(2008～2030) 기술개발 소요예산(단위 : 억 원)

<table>
<tr><th rowspan="2">대분류</th><th rowspan="2">중분류</th><th colspan="3">단계별 소요예산</th><th rowspan="2">총</th></tr>
<tr><th>단기('08~'12)</th><th>중기('13~'20)</th><th>장기('21~'30)</th></tr>
<tr><td rowspan="2">소수력 자원 조사 및 활용기술</td><td>자원조사</td><td>114</td><td>117.7</td><td>40.3</td><td>272</td></tr>
<tr><td>활용기술</td><td>14</td><td>28</td><td>28</td><td>42</td></tr>
<tr><td colspan="2">소계</td><td>128</td><td>145.7</td><td>40.3</td><td>314</td></tr>
<tr><td rowspan="2">발전설비의 국산화 및 표준화 기술</td><td>발전설비 국산화 개발</td><td>109</td><td>255.2</td><td>84.4</td><td>483.6</td></tr>
<tr><td>표준화 및 간소화 기술</td><td>31.32</td><td>12.08</td><td>2.6</td><td>46</td></tr>
<tr><td colspan="2">소계</td><td>140.32</td><td>267.28</td><td>87</td><td>529.6</td></tr>
<tr><td rowspan="2">계통보호 및 자동화 기술 개발</td><td>계통보호</td><td>10</td><td>0</td><td>0</td><td>10</td></tr>
<tr><td>자동화 기술</td><td>32</td><td>26</td><td>20</td><td>58</td></tr>
<tr><td colspan="2">소계</td><td>42</td><td>26</td><td>20</td><td>88</td></tr>
<tr><td rowspan="3">수차발전설비 성능평가기술, 제도개선 및 현대화</td><td>성능평가기술</td><td>96</td><td>37.9</td><td>17</td><td>150.9</td></tr>
<tr><td>제도개선</td><td>2.6</td><td>4.16</td><td>5.2</td><td>11.96</td></tr>
<tr><td>현대화</td><td>8</td><td>42.8</td><td>6.2</td><td>57</td></tr>
<tr><td colspan="2">소계</td><td>106.6</td><td>84.86</td><td>28.4</td><td>219.86</td></tr>
<tr><td colspan="2">총계</td><td>416.92</td><td>523.84</td><td>175.7</td><td>1116.46</td></tr>
</table>

참고문헌 및 부록

〈 참고문헌 〉

1. 박완순, 이철형 "소수력 발전소의 경쟁력 강화에 의한 개발활성화 방안 연구", 산업자원부, 1999-N-SH08-P-06, pp. 30-37, 1999.12.
2. 日本 新 Enery·産業技術綜合開發機構(NEDO : New Energy and Industrial Technology Development Organization), "Micro 水力發電導入 Guide Book", pp. 5-54, 2003.03.
3. "제2차 신·재생에너지 기술개발 및 이용·보급 기본계획", 산업자원부, 2003.12.
4. "2006년도 신·재생에너지 기술개발 및 이용·보급실행계획", 산업자원부, 2006.03.
5. "신·재생에너지 발전차액지원제도개선 및 RPS 제도와 연계방안", 산업자원부, 2004-N-PS04-P-04, p. 128, 2006.03.
6. "2005년 신·재생에너지백서", 산업자원부, 2006.08.
7. California Small Hydropower and Ocean Wave Energy Resources, IN SUPPORT OF THE 2005 INTEGRATED ENERGY POLICY REPORT, California Energy Commission, May 9, 2005.
8. Hydraulic Power, U. S. Department of the Interior, Bureau of Reclamation, Power Resources Office, July 2005.
9. Hangzhou Regional Center for Small Hydro Power(HRC) homepage, (http://www.hrcshp.org/en/about.html).
10. Power Quality and Utilization Guide, Section 8 Distributed Generation, Small Hydro Power Investor Guide, Wladyslaw Bobrowicz, Koncern Energetyczny SA, Autumn 2006 (www.leonardo-energy.org).
11. 전력계통 분야에서의 고장진단 기술현황, 이흥재(광운대 전기공학과).
12. IEEE Std 1020-1988, "IEEE Guide for Control of Small Hydroelectric".
13. Renewables Globals Status Report 2006 update.

부록 1. Suppliers index

This section gives a limited list of turbine manufacturers capable of supplying equipment under 100kW in capacity.

The listing draws on product guides produced by the periodicals Modern power systems (Wilmington House, Wilmington Dartford, Kent, UK),and Water power and dam construction (Quadrant House, The Quadrant, Sutton, Surrey, UK). Both magazines produce listings from time to time.

More comprehensive lists can be found in Micro-hydro power by P Fraenkel et al(particularly good for developed county manufactures) and The power guide by J Clancy et al(particularly good for developing country data). Both are available from IT Publications.

Australia

Tamar Designs Pty Ltd
195 Foreshore Road
DEVIOT 7275, Tasmania
Telephone (+61)3 947 357
Fax (+61)3 947 565

Turbine type	Francis	Kaplan	Pelton	Turgo
Power output(kW)max	300	600	620	640
power output(kW)min	0.1	7	0.1	0.1
Head(m)max	200	15	800	300
Head(m)min	10	5	3	20

Austria

Gugler GmbH & Co KG
A-4085 Nierderranna 41
Telephone (+43)7285 514
Fax (+43)7285 6242
Telex 7531 0982

Turbine type	Deriaz	Francis	Kaplan	Pelton
Power output(kW)max	3000	3000	3000	5000
power output(kW)min	20	1	1	0.5
Head(m)max	50	200	30	1000
Head(m)min	20	2	0.5	10

Kossler GmbH
A-3151 St Georgen
Telephone (+43)2746 82 72
Fax (+43)2746 2626
Telex 15652

Turbine type	Francis	Kaplan	Pelton
Power output(kW)max	5000	5000	5000
power output(kW)min	10	10	10
Head(m)max	150	40	800
Head(m)min	2	1	20

Belgium

Willot JLA
Rue Pierre Jacques 72
B-52840 MOHA
Telephone (+32)8521 1394

Turbine type	Crossflow
Power output(kW)max	150
power output(kW)min	2
Head(m)max	80
Head(m)min	2

Canada

Dependable Turbines Ltd
7-3005 Murray Street
PORT MOODY BC V3H 1X3
Telephone (+1)604 461 3121
Fax (+1)604 461 3086

Turbine type	Francis	Pelton	Propeller	Turgo
Power output(kW)max	5000	5000	5000	2000
power output(kW)min	10	10	10	10
Head(m)max	150	40	800	250
Head(m)min	2	1	20	30

China

CMEC Sichuan Co
27 Hong Zhoa Bi Street
CHENGDU, Sichuan Province
Telephone (028)29547, 23057
Fax (028)660 629
Telex 60137 pcmec CN

Turbine type	Francis	Kaplan	Pelton
Power output(kW)max	30000	36000	12500
power output(kW)min	320	735	75
Head(m)max	300	405	700
Head(m)min	10	6	60

France

CIMH
42 Ave Jacques Desplats
F-81100 CASTRES
Telephone (+33)63 35 63 15
Fax (+33)62 59 57 21
Telex 520 200

Turbine type	Francis	Pelton
Power output(kW)max	400	100
power output(kW)min	1	0.5
Head(m)max	120	200
Head(m)min	2	20

Leroy Somer
blvd Marcelin Leroy
F-16015 ANGOULEME
Telephone (+33)45 62 41 11
Telex 790 0441

Turbine type	Crossflow	Francis	Kaplan	Pelton
Power output(kW)max	250	400	400	500
power output(kW)min	20	100	20	100
Head(m)max	40	50	8.5	200
Head(m)min	10	20	1	40

Germany

Ossberger GmbH & Co.

PO Box 425, Otto Rieder Str 7
D-8832 WEISSENBURG
Telephone (+49)9141 4091
Fax (+49)9141 70522
Telex 624 672

Turbine type	Crossflow
Power output(kW)max	1500
power output(kW)min	1
Head(m)max	200
Head(m)min	1

J M Voith GmbH

PO Box 1940
D-7920 HEIDENHEIM
Telephone (+49)732 1370
Fax (+49)732 1373 000
Telex 714 79920

Turbine type	Francis	Kaplan	Pelton
Power output(kW)max	10000	5000	5000
power output(kW)min	50	50	50
Head(m)max	380	74	1100
Head(m)min	2	2	50

Wasserkraft Volk GmbH

Gefall 45
D-7809 SIMONSWALD
Telephone (+49)7683 844
Fax (+49)7683 805
Telex 772688

Turbine type	Crossflow	Francis	Pelton
Power output(kW)max	750	5000	5000
power output(kW)min	10	100	10
Head(m)max	200	250	1000
Head(m)min	5	3	30

Hungary

Ganz Machinery Works

PO Box 62, Kobanyal ut 21
BUDAPEST
Telephone (+36)1 140 840
Fax (+36)1 143 864
Telex 22 3318

Turbine type	Francis	Kaplan	Pelton	S-Type
Power output(kW)max	5000	5000	5000	5000
power output(kW)min	50	50	50	50
Head(m)max	400	40	1000	20
Head(m)min	10	4	100	3

India

Flovel Private Ltd

A-219 Okhla Industrial Area, Phase 1
NEW DELHI
Telephone (+91)683 6036
Telex 031 75100 flov in

Turbine type	Francis	Kaplan	Pelton
Power output(kW)max	10000	10000	10000
power output(kW)min	15	15	15
Head(m)max	500	500	500
Head(m)min	2	2	2

Joyti Ltd
Industrial Area
VADODARA 390 003, Gujarat
Telephone (+91)320 44024
Telex 0175 214 jm IN

Turbine type	Francis	Kaplan	Pelton	Turgo Impulse
Power output(kW)max	5000	4000	5000	3000
power output(kW)min	50	500	10	10
Head(m)max	107	20	800	200
Head(m)min	24	2	20	24

Indonesia

PT Barata Indonesia
Jl Ngagel 109
SURABAYA 60246,E Java
Telephone (+62)31 69 075
Fax (+62)31 69 079
Telex 47316 Barata JA

Turbine type	Francis	Kaplan	Pelton	Other
Power output(kW)max	2500	625	1500	
power output(kW)min	736	45	-	
Head(m)max	5	5	-	
Head(m)min	5	5	-	

Irish Republic

Belton Ironworks
Ardagh
LONGFORD
Telephone (+353)43 75017
Fax (+353)43 75017

Turbine type	Francis	Crossflow
Power output(kW)max	300	100
power output(kW)min	5	5
Head(m)max	4	50
Head(m)min	15	5

Italy

Hydroart
PO Box 1739, via Stendhal 34
1-201144 MILNO
Telephone (+39)2 479 104
Fax (+39)2 479 398
Telex 332 291 hy art

Turbine type	Francis	Kaplan	Pelton
Power output(kW)max	3000	3000	3000
power output(kW)min	100	100	100
Head(m)max	300	65	1000
Head(m)min	15	2.5	85

IREM Spa
via Vale 42
1-10050 S. Antonio di Susa TORINO
Telephone (+39)11 964 9133
Fax (+39)11 964 9933
Telex 212 134 iremto I

Turbine type	Pelton	Crossflow
Power output(kW)max	100	100
power output(kW)min	0.05	0.5
Head(m)max	140	60
Head(m)min	6	3

Orengine Srl
via H Staglieno 10-14
1-16129 GENOA
Telephone (+39)10 592 01150
Fax (+39)10 532 719
Telex 271 035 hysu I

Turbine type	Crossflow	Francis	Kaplan	Pelton
Power output(kW)max	1500	2000	3000	5000
power output(kW)min	10	100	100	50
Head(m)max	200	150	60	1000
Head(m)min	2	15	1	50

Japan

Fuji Electric Co Ltd
New Yurakucho Building,
12-1 Yurajucho
1-chome Chiyoda, Tokyo 100
Telephone (+81)3 211 7111
Fax (+81)3 211 7988
Telex j22331 fujielec

Turbine type	Crossflow	Francis	Kaplan	Pelton
Power output(kW)max	2000	10000	10000	10000
power output(kW)min	50	50	50	50
Head(m)max	150	450	80	1200
Head(m)min	10	25	4	100

Mexico

Turbines y Equipos Industriales Ltd
Apartado Postal S-412
06500 DF MEXICO
Telephone (+52)5511 7533
Fax (+52)5511 1654
Telex 176 3020

Turbine type	Francis	Kaplan	Pelton
Power output(kW)max	-	-	-
power output(kW)min	100	100	100
Head(m)max	800	65	1700
Head(m)min	2.8	1.5	45

Nepal

Balaju Yantra Shala (P)Ltd
PO Box 209, Balaju Ind Est.
Kathmandu
Telephone (+977)1-272147,
270894, 412844
Fax (+977)1-272379
Telex 2429 bys NP

Turbine type	Crossflow
Power output(kW)max	250
power output(kW)min	3
Head(m)max	100
Head(m)min	3

Butwal Engineering Works
PO Box 1
Butwal
Telephone (+977)3-20212

Turbine type	Crossflow
Power output(kW)max	50
power output(kW)min	5
Head(m)max	50
Head(m)min	3

Kathmandu Metal Industries
Kha 3-812, Naghal, Quadon,
Block 12/514
Kathmandu 3
Telephone (+977)1-224069

Turbine type	Crossflow	Pelton	Propeller	Turgo
Power output(kW)max	50	100	5	10
power output(kW)min	1	1	1	2
Head(m)max	30	150	5	20
Head(m)min	5	30	1	4

National Structure & Engineering
Patan Industrial Estate, Lagankhel
Patan
Telephone (+977)1-521405

Turbine type	Crossflow	Turgo
Power output(kW)max	50	10
power output(kW)min	5	2
Head(m)max	50	20
Head(m)min	5	4

Nepal Hydro & Electric Co
PO Box 1
Butwal
Telephone (+977)7-320212
Fax (+977)7-320465

Turbine type	Pelton	Francis
Power output(kW)max	1000	1000
powcr output(kW)min	100	100
Head(m)max	1000	150
Head(m)min	100	5

Nepal Machine & Steel Structures
Rajat Jayanti Park
Butwal

Turbine type	Crossflow
Power output(kW)max	50
power output(kW)min	5
Head(m)max	50
Head(m)min	5

Nepal Yantra Shala
Patan Industrial Estate, Lagankhel
Patan
Telephone (+977)1-522167

Turbine type	Crossflow	Pelton
Power output(kW)max	50	50
power output(kW)min	5	1
Head(m)max	50	150
Head(m)min	5	25

Thapa Engineering Industry
Kalika Nagar, Rupandehi
Butwal
Telephone (+977)7-320417

Turbine type	Crossflow	Pelton
Power output(kW)max	50	50
power output(kW)min	1	1
Head(m)max	-	150
Head(m)min	12	25

Portugal

Sorefame SA
Apartado 5
2701 AMADORA codex
Telephone (+351)1-976 051
Fax (+351)1-976 696
Telex 16 101 sorefam P

Turbine type	Francis	Kaplan	Pelton
Power output(kW)max	15000	15000	15000
power output(kW)min	500	100	500
Head(m)max	250	50	1000
Head(m)min	20	2	100

Singapore

Elmar Engineering Services

PO Box 132,8 Gul Drive
JURONG 2262
Telephone (+65)961 2777
Fax (+65)861 1576
Telex RS 37322

Turbine type	Crossflow	Pelton	Propeller	Turgo
Power output(kW)max	1000	6000	1600	7500
power output(kW)min	18	25	35	5
Head(m)max	100	185	15	500
Head(m)min	8	6	2	28

Sri Lanka

Brown & Co Ltd

481 TB Jayah Mawatha
COLOMBO 10
Telephone (+94)697111, 698411
Fax (+94)698489
Telex 21111 METAL Colombo

Turbine type	Crossflow	Pelton
Power output(kW)max	5	300
power output(kW)min	1	5
Head(m)max	15	250
Head(m)min	4	25

Systems Engineers

131 Anderson Road
DEHIWALA
Telephone (+94)714 777
Fax (+94)1 502 850

Turbine type	Pelton
Power output(kW)max	30
power output(kW)min	1
Head(m)max	100
Head(m)min	20

Sweden

Flygt AB

PO Box 1309, Svetsarvaegen
S-17125 SOLNA
Telephone (+46)8 733 65 00
Fax (+46)8 29 58 16
Telex 433887flygt ab S

Turbine type	Semi-Kaplan (submersible)
Power output(kW)max	530
power output(kW)min	30
Head(m)max	20
Head(m)min	2.5

Turab Turbin

Forradsgalan 2
S-57139 NASSJO
Telephone (+46)380 155 10/15
Fax (+46)380 155 30

Turbine type	Francis	Kaplan	Pelton
Power output(kW)max	500	500	-
power output(kW)min	-	-	-
Head(m)max	100	30	150
Head(m)min	-	-	-

Turbosun AB

PO Box 71
S-66900 DEJE
Telephone (+46)552 210 85
Fax (+46)552 210 32
Telex 66176

Turbine type	Francis	Kaplan	Pelton	Other
Power output(kW)max	500	500	500	500
power output(kW)min	10	2	10	0.5
Head(m)max	100	20	300	200
Head(m)min	10	2	-	10

UK

F Bamford & Co Ltd

Ajax Works, Whitehill
STOCKPORT, Cheshire SK4 1NT
Telephone (+44)61 480 6507
Fax (+44)61 480 7693
Telex 668 518

Turbine type	Propeller
Power output(kW)max	2000
power output(kW)min	-
Head(m)max	17
Head(m)min	3

Biwater Hydro Power Ltd

Millers Road
WARWICK CV34 5AN
Telephone (+44)926 411740
Fax (+44)926 410740
Telex 317473

Turbine type	Crossflow	Francis	Kaplan	Other
Power output(kW)max	1000	15000	5000	15000
power output(kW)min	50	50	50	50
Head(m)max	100	300	30	1000
Head(m)min	5	5	15	30

Evans Engineering & Power

Trecarrell Mill, Trebullet
LAUNCESTON, Comwall
PL15 9QE
Telephone (+44)566 82285
Fax (+44)566 82285

Turbine type	Crossflow	Kaplan	Pelton	Other
Power output(kW)max	30	500	250	2000
power output(kW)min	5	5	10	5
Head(m)max	50	10	20	400
Head(m)min	5	1	3	30

Gilbert Gilkes & Gordon

KENDAL
Cumbria LA9 7BZ
Telephone (+44)539 720028
Fax (+44)539 732110
Telex 65125

Turbine type	Francis	Pelton	Turgo Impulse
Power output(kW)max	7500	10000	8000
power output(kW)min	5	5	5
Head(m)max	200	1000	400
Head(m)min	3	30	10

MacKeller Engineering Ltd

Stratspey Industrial Estate
GRANTOWN-ON-SPEY,
Morayshire, Scotland
Telephone (+44)479 25 77
Fax (+44)479 24 36
Telex 75532

Turbine type	Kaplan	Kaplan
Power output(kW)max	65	75
power output(kW)min	3	5
Head(m)max	9	80
Head(m)min	2.5	3

Portmore Engineering Ltd

48 Dunadry Road
ANTRIM BT41 4QN, Northem Ireland
Telephone (+44)84 94 32 444

Turbine type	Crossflow
Power output(kW)max	150
power output(kW)min	3
Head(m)max	30
Head(m)min	3

Water Power Engineering

Coaley Mill, Coaley
DURSLEY, Gloucestershire GL1 5DS
Telephone (+44)453 89 376

Turbine type	Francis (Modular polymer)
Power output(kW)max	60
power output(kW)min	0.5
Head(m)max	10
Head(m)min	1

Weir Pumps Ltd

Newlands Road, Cathcart
GLASGOW G44EK
Telephone (+44)41 637 7141
Fax (+44)41 637 7358

Turbine type	Francis	Kaplan	Pelton	Reverse Pump
Power output(kW)max	20000	20000	20000	2000
power output(kW)min	100	100	100	30
Head(m)max	400	75	10000	-
Head(m)min	5	3	80	10

USA

Canyon Industries Inc.

5346 Mosquito Lake Road
DEMING, WA 98244
Telephone (+44)206 592 5552
Fax (+44)206 592 2235
Telex 650 352 6659

Turbine type	Crossflow	Francis	Pelton
Power output(kW)max	500	1000	5000
power output(kW)min	4	4	100
Head(m)max	75	100	1000
Head(m)min	6	10	30

Cornell Pump Co

2323 SE Harvester Drive
PORTLAND, Oregon 97222
Telephone (+1)503 653 0330

Turbine type	Reverse Pump
Power output(kW)max	350
power output(kW)min	5
Head(m)max	100
Head(m)min	10

Flygt Corporation

PO Box 857, 129 Glover Avenue
NORWALK, CT 06856-9998
Telephone (+1)203 846 2051
Fax (+1)203 849 0679
Telex 965 975

Turbine type	Semi-Kaplan (submersible)
Power output(kW)max	530
power output(kW)min	30
Head(m)max	20
Head(m)min	2.5

Hayward Tyler Inc.

PO Box 492, 46 Roosevelt Hway
BURLINGTON, VT 05401
Telephone (+1)802 655 4444
Fax (+1)802 655 4682
Telex 954646

Turbine type	Pelton
Power output(kW)max	2500
power output(kW)min	25
Head(m)max	1000
Head(m)min	150

McKay Water Power
61 Village Green
West LEBANON, New Hampshire
Telephone (+1)603 298 5338

Turbine type	Francis	Kaplan	Pelton
Power output(kW)max	350	500	500
power output(kW)min	6	8	5
Head(m)max	70	65	1200
Head(m)min	20	15	50

Blue Water Hydro
80 Rust Street
HAMILTON, MA 10982
Telephone (+1)508 468 1598

Turbine type	Crossflow	Francis	Kaplan	Pelton
Power output(kW)max	1000	20000	20000	20000
power output(kW)min	-	50	5	15
Head(m)max	120	150	45	450
Head(m)min	2	2	2	30

Peabody Floway
PO Box 164,2494 S Railroad Avenue
FRESNO, CA 93707
Telephone (+1)209 442 4000
Fax (+1)209 442 3098

Turbine type	P.A.T(Pump-as-turbine)
Power output(kW)max	1000
power output(kW)min	5
Head(m)max	300
Head(m)min	10

Small Hydroelectric Systems
5141 Wickersham Street
ACME WA 98220
Telephone (+1)206 384 8086

Turbine type	Kaplan	Pelton	Turgo
Power output(kW)max	100	5000	5000
power output(kW)min	1	1	1
Head(m)max	10	373	152
Head(m)min	2.4	12	12

Thomas Brothers Hydro In
PO Box 2040, 115 Snapping Shoals Road
COVINGTON GA 30209
Telephone (+1)404 787 0898

Turbine type	Francis	Pelton	Propeller
Power output(kW)max	10000	500	10000
power output(kW)min	3	3	3
Head(m)max	300	600	100
Head(m)min	25	75	25

Yugoslavia

Dem Tozd Elektrokovinar
Cilkska costa 52
63270 LASKO, Slovenia
Telephone (+38)63 730 041
Telex 33 121 dem

Turbine type	Francis	Kaplan	Pelton
Power output(kW)max	630	1000	400
power output(kW)min	16	16	16
Head(m)max	100	300	8
Head(m)min	6	25	2

Zimbabwe

Hydro Power Zimbabwe
PO Box A31, Avondale
HARARE
Telephone (+263)4 884196

Turbine type	Crossflow
Power output(kW)max	50
power output(kW)min	2
Head(m)max	25
Head(m)min	5

부록 2. 국내외 특허 동향 분석

1. 서론

가. 분석 배경

본 『소수력 발전분야』의 특허 동향분석은 소수력 산업의 경향과 우리나라 기술 수준에 대한 국내외 특허 분석을 통하여 2007년도 신·재생에너지 기술개발사업의 투자 방향을 점검하고 동시에 전략적이고 내실 있는 연구기획이 가능하도록 산업자원부의 요청에 의해 특허청이 발주하고 한국특허정보원이 주관하는 사업임

나. 분석 목적

국내 수력 발전사업은 발전사업 인허가, 환경단체와 지역주민의 반대, 주민 보상 문제, 입지선정 등의 어려움이 있다. 따라서 대수력 개발보다는 환경 위해를 최소화하는 소하천이나 기존 시설물을 이용한 소규모 수력개발과 기존 시설의 성능 및 진단, 노후설비의 개보수 등 유지관리를 위한 기술개발이 절실함

다. 특허분석 방법론

1) 통계용 데이터 구축

○ 2007년 7월(검색일)까지 출원된 한국특허, 일본특허 및 등록된 미국특허를 대상으로 분석대상 데이터 구축
- 특허검색 : 해당 기술 분류별 산·학·연·관 전문가들로 구성된 전문위원회에서 결정된 키워드 적용
- 노이즈 제거 : 해당 기술과 무관한 특허 제외
- 데이터 정비 : 누락된 정보의 삽입, 다양한 명칭으로 작성된 출원인(소유권자)명, 발명자명의 통일화 등 표준화 작업

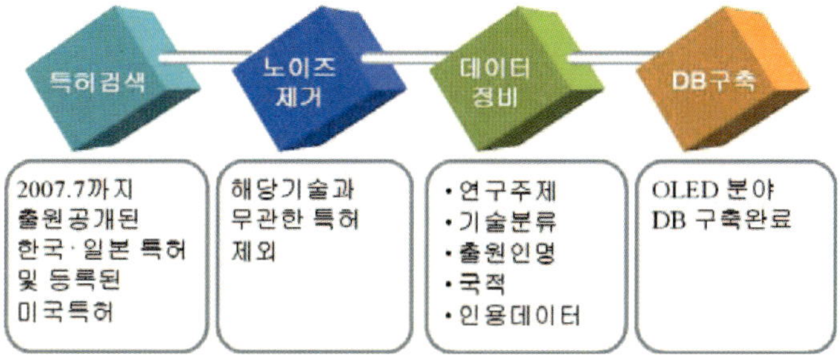

그림 1 데이터베이스 구축과정

2) 분석 대상 특허

표 1 소수력 분야의 분석 대상 특허

구분	데이터 종류	분석기간	특허 건수
소수력	한국출원특허	'80～2006.12 (출원년도 기준)	246
	미국등록특허	'80～2006.12 (등록년도 기준)	152
	일본출원특허	'80～2006.12 (출원년도 기준)	1607
	유럽출원특허	'80～2006.12 (출원년도 기준)	126
합계			2131

라. 통계분석 기준

1) 기술분류 개요

소수력 산업을 수차, 발전기, 제어감시, 시공의 4개 중분류로 구분하였고, 수차의 종류, 수차의 설계 및 제작방법, 발전설비, 발전기, 자동화, 시스템감시 및 성능평가, 시공, 그리고 개보수 및 현대화의 8개 소분류로 구분함

표 2 소수력 분야의 기술트리

대분류	중분류		소분류	
내용	분류코드	내용	분류코드	내용
소수력	AA	수차 (터빈, 회전체)	AA1	수차의 종류
			AA2	수차의 설계 및 제작방법
	AB	발전기	AB1	발전설비
			AB2	발전기
	AC	제어, 감시	AC1	자동화
			AC2	시스템감시 및 성능평가
	AD	시공	AD1	시공
			AD2	개보수 및 현대화

마. 통계분석 항목 및 관련지표 정의[5)]

특허 분석 지표

표 3 특허 분석 지표

구분	지표	의미	정의
양적 측면	특허 건수	특허활동	-
	특허활동 지수 (Activity Index)	상대적 특허활동	$A.I = \frac{\frac{특정기술분야의특정출원인건수}{특정기술분야전체출원건}}{\frac{특정출원인총건수}{전체총건수}}$
질적 측면	인용도지수 (Cites Per Patent)	인용도지수 ∝ 영향력	$인용도지수 = \frac{피인용수}{특허\ 건수}$
	영향력 지수 (Patent Impact Index)	상대적 영향력	$PII = \frac{해당국가의피인용비}{전체피인용비}$
	기술력 지수 (Technology strength)	기술력	TS = 특허 건수×영향력 지수
	시장확보 지수 (Patent Family Size)	시장확보 지수 ∝ Market size	$PFS = \frac{해당출원인\ 평균\ 특허Family수}{전체평균\ 특허Family수}$
	과학적 연계성 (Science Linkage)	기초과학과의 연계성	$SL(NPR) = \frac{인용비특허\ 문헌수}{특허\ 건수}$

특허활동 지수(Activity Index)

상대적 집중도를 살펴보기 위한 지표로서, 그 값이 1보다 큰 경우에는 상대적 특허활동이 활발함을 나타내며 구하는 방법은 아래와 같음

$$A.I. = \frac{\frac{특정기술\ 분야의\ 특정출원인\ 건수}{특정기술분야\ 전체건수}}{\frac{특정\ 출원인\ 총건수}{전체\ 총건수}}$$

인용도 지수(CPP, Cites Per Patent)

특정 특허권자의 특허들이 이후 등록되는 특허들에 의해 인용되는 회수의 평균값으로, 이 값이 클수록 주요특허 또는 원천특허를 많이 가지고 있다는 것을 의미하며 많이 인용되는 특허를 가진 특허권자는 경쟁에서 유리한 위치를 점할 수 있음

5) 특허활동 지수(AI), 인용도 지수(CPP), 영향력 지수(PII), 기술력 지수(TS), 시장확보 지수(PFS) 및 연구개발방향(NPR) 등의 지표는 특허정보분석에 일반적으로 사용되는 지표로서 미 상무성 기술정책국, OECD 등에서 발간하는 다수의 기술정책 관련 보고서에서 활용되고 있음.

영향력 지수(Patent Impact Index)

한 시점을 기준으로 삼아 과거의 기술적 활동을 반영하는 지표로서, 특정 출원인(특허권자)이 소유한 기술의 질적 수준을 측정하는 지수임. PII가 1이면 평균 인용 빈도임을 나타내고, 2이면 평균보다 2배 많은 빈도로 인용됨을 나타냄

$$\text{PII} = \text{특정기술 분야의 특정출원인의 피인용비/전체 피인용비}$$

기술력 지수(Technology Strength)

기술력 지수가 클수록 해당 국가(또는 연구주체)의 기술력이 높음을 의미함

$$\text{TS} = \text{특허 건수} \times \text{영향력 지수}$$

시장확보 지수(Patent Family Size)

한 발명에 대해 각 국가마다 출원된 특허를 Family patent라 지칭함. 해당국가에서 상업적인 이익 또는 기술경쟁 관계에 있을 때에만 해외에 특허를 출원하므로 Family Patent 수가 많을 때에는 특허를 통한 시장성이 크다고 판단되어 이를 시장확보력의 지표로 사용함

$$\text{PFS} = \frac{\text{해당출원인(소유권자) 평균 Patent Family수}}{\text{전체평균 Patent Family수}}$$

연구개발방향(비특허 문헌, Non-patent Reference)

과학과 기술과의 연계성을 알아보는 지표로 미국특허에서 인용된 문헌 중에 비특허 문헌이 많은 경우 기초과학(basic science)과의 연계성이 깊은 것으로 해석되며, 특허 문헌이 많은 경우 응용기술(applied technology)과의 연계성이 깊은 것으로 해석됨

바. 분석 방법

○ 한국특허 분석을 통해 소수력 분야의 국내 기술개발 현황 및 취약점을 진단하고, 미국특허 분석에서는 인용관련 지표 등의 분석을 통해 글로벌 동향 및 주요 연구주체별 기술력을 파악하고, 이를 종합하여 투자우선 순위 분야와 연구개발 협력대상기관을 선정

2. 소수력 산업의 전 세계 특허동향

가. 연도별 특허 출원/등록 추이

○ 소수력산업은 일본 특허공보에서 감소 추세를 보이고 있으나, 한국, 유럽 특허공보에서 증가와 감소가 반복되고 있으며, 미국 특허공보에서 최근 증가추세를 보이고 있음

- 미국등록특허의 경우, '96년 이후 소수력 산업 전반적으로 등록 특허가 증가하는 추세를 보이고 있음
- 소수력 산업 특허는 일본공개특허가 71.0%로 가장 많으며, 한국공개특허 12.0%, 미국등록특허 9.0%, 유럽공개특허 8.0% 순으로 나타남

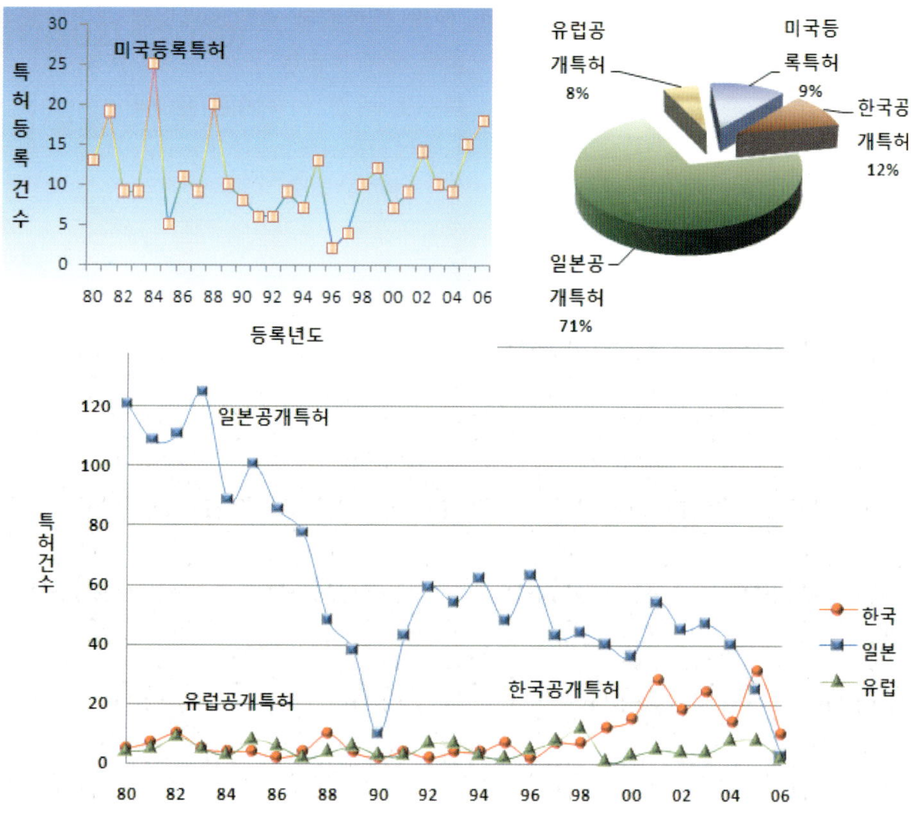

※분석구간: 한국, 일본, 유럽특허~2006.12(출원년도), 미국특허~2006.12(등록년도)

그림 2 소수력산업의 국가별 점유율 및 특허 건수 추이

나. 소수력 산업의 기술발전위치

○ 특허 건수와 출원인 수 변화의 상관관계를 통해 기술의 위치를 살펴보는 포트폴리오 기본모델에서, 한국특허와 미국특허는 발전기 단계에 있는 것으로 나타남
  - 소수력 분야의 한국특허동향은 기술혁신의 주체인 출원인 수와 기술혁신의 결과인 특허 건수가 동시에 증가함에 따라, 포트폴리오 기본 모델에서 발전기에 해당하는 것으로 나타남

- 미국특허는 출원인 수와 특허 건수가 모두 증가하는 발전기에 있으나, 최근 구간에서는 출원인 수와 특허 건수의 증가폭이 매우 작은 것으로 보아 성숙기 진입이 예상됨
- 유럽특허는 기술개발에 참여하는 기업 수와 특허활동이 점차 감소하는 것으로 나타남
- 일본특허는 기술개발에 참여하는 기업 수가 증가하고 있지만, 출원 건수가 점차 감소하는 것으로 나타남

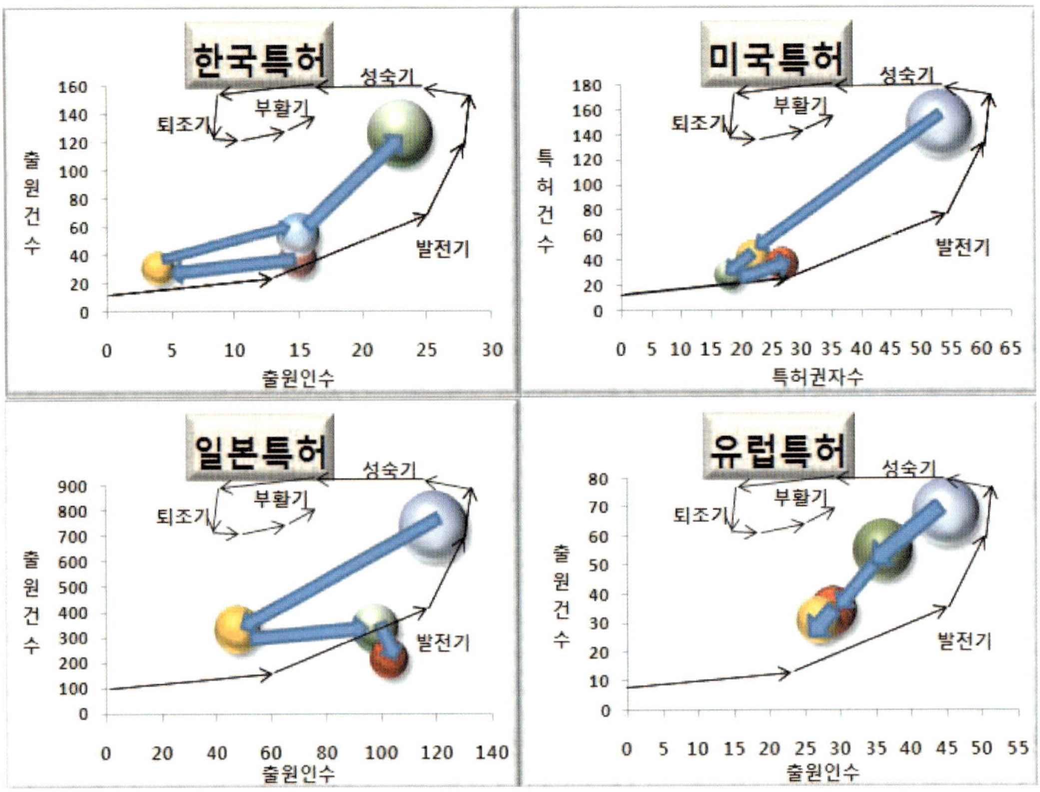

1. 분석구간: '80~'86, '87~'93, '94~'00, '01~'06 (출원년도, 등록년도-미국)

2. X축: 출원인수(특허권자수), Y축: 출원건수(특허건수)

그림 3 포트폴리오로 본 소수력 분야의 위치

다. 주요국가의 특허활동 및 역점 기술 분야

○ 특허활동 지수(AI; Activity Index)를 통해 한국, 미국 및 일본, 유럽특허에서의 주요국가(한국, 미국, 일본, 독일, 프랑스)의 기술 분야별 특허활동도를 살펴본 결과로서, 각 출원인별 수치를 비교하는 것은 의미가 없으며, 단순히 각 출원인의 기술별 특허활동 정도를 상대적으로 비교하는 지표임

○ 기준이 되는 수치는 1로서, 값이 1에 근접할 경우, 각 출원인들의 평균에 근접한 특허출원활동을 하였다는 의미이며, 0에 근접할 경우 특허활동이 매우 낮음을 의미하며, 1 이상일 경우 다른 출원인들에 비해 그 분야에 특허활동이 집중되었다는 의미임

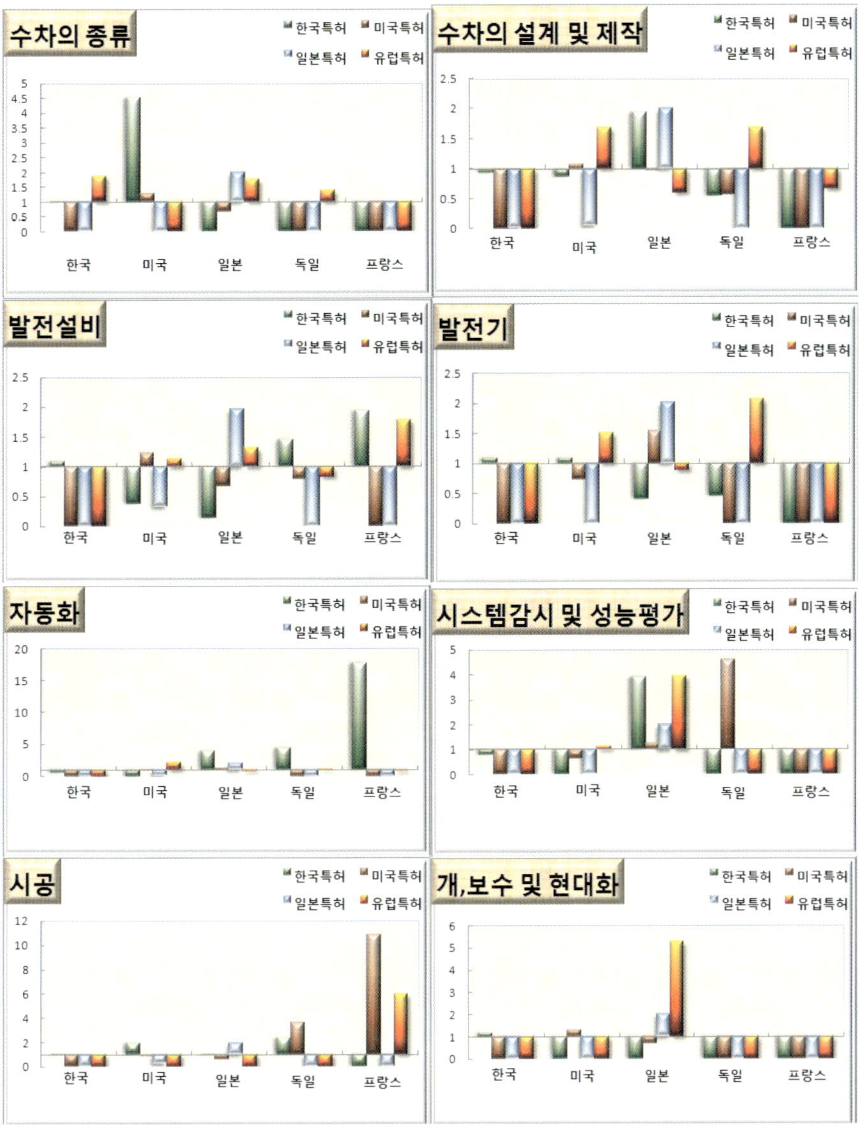

1. 분석구간 : 한국, 일본, 유럽 - ~2006년(출원년도), 미국 - ~2006년(등록년도)
2. 산출예시

$$\text{섬유원사분야 한국특허에서 일본의 AI} = \frac{\dfrac{\text{소수력 한국 전체건수 중에서 일본출원인의 건수(20건)}}{\text{소수력 한국 전체건수(20건)}}}{\dfrac{\text{한국 전체건수 중에서 일본출원인의 건수(50건)}}{\text{한국 전체건수(100건)}}} = 2.0$$

그림 4 주요국의 세부기술별 특허활동 지수(AI)

○ 수차의 종류 분야는 유럽특허에서 한국출원인의 활동이 활발하며, 한국특허에서 미국출원인의 활동이 활발한 것으로 나타남

○ 수차의 설계 및 제작 분야에서는 유럽, 한국, 일본특허활동이 활발하게 나타나며, 유럽특허에서 미국출원인의 활동이 매우 활발하게 나타남

○ 한국과 미국은 수차의 종류 분야에 상대적으로 집중하고 있는 것으로 나타남

○ 일본은 수차의 설계 및 제작과 시스템감시 및 성능평가 분야에 상대적으로 집중하고 있는 것으로 나타남

○ 프랑스는 시공과 발전설비 분야에, 독일은 시공과 시스템감시 및 성능평가 분야에 상대적으로 집중하고 있는 것으로 나타남

1. 분석구간 : 한국, 일본, 유럽특허- ~2006년(출원년도), 미국특허- ~2006년(등록년도)
2. 상기 역점분야는 그림 2-3에서 도출한 AI(특허활동 지수)값과 각국의 기술분야별 특허 건수 등을 감안하여 도출한 결과임

그림 5 주요국의 역점기술 분야

라. 포트폴리오 분석

○ 한국특허의 특허점유율에 따른 특허 증가율을 살펴보면, 발전설비의 기술 분야가 특허점유율, 증가율 모두 다른 기술 분야에 비해 상대적으로 높은 것으로 나타났으며, 미국특허에서는 수차의 설계 및 제작방법, 발전설비, 발전기의 기술 분야가 특허 점유율, 증가율 모두 다른 기술 분야에 비해 상대적으로 높은 것으로 나타남

○ 일본특허에서는 발전설비의 기술 분야가 특허 점유율, 증가율 모두 다른 기술 분야에 비해 상대적으로 높은 것으로 나타났으며, 유럽특허에서는 수차의 설계 및 제작방법, 발전설비의 기술 분야가 특허 점유율, 증가율 모두 다른 기술 분야에 비해 상대적으로 높은 것으로 나타남

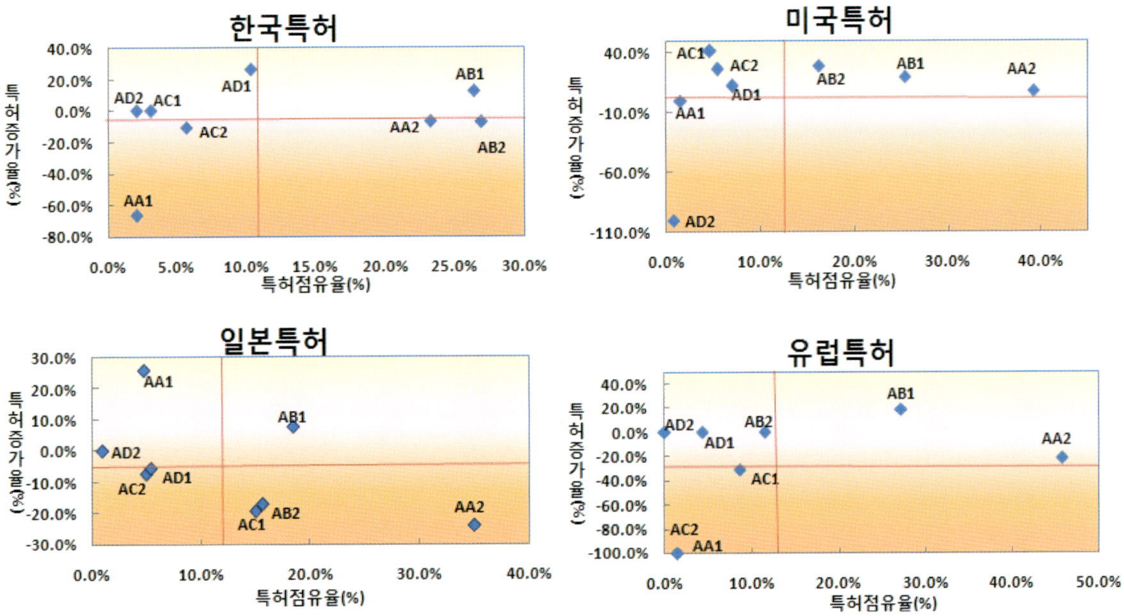

AA1 : 수차의 종류	AA2 : 수차의 설계 및 제작방법
AB1 : 발전설비	AB2 : 발전기
AC1 : 자동화	AC2 : 시스템감시 및 성능평가
AD1 : 시공	AD2 : 개, 보수 및 현대화

1. 제 1출원인 기준
2. 분석구간 : 한국, 일본, 유럽 - '97～'06(출원년도), 미국 - '97～'06(등록년도)
3. X축 : 100%/기술분야 개수, Y축: 분석구간의 연평균 증가율의 기하평균값
4. 분석의미 : 1사분면 - 지속적으로 특허출원이 활발, 2사분면 - 최근 특허출원이 활발
   3사분면 - 초창기(도입기) 기술, 4사분면 - 최근 특허출원이 감소추세

그림 6 특허점유율 및 증가율에 따른 포트폴리오 분석

마. 기술 분야별 주요 출원인

○ 세부 기술 분야 기술 혁신 리더를 살펴보면 한국과 미국특허에서 Hitachi Ltd.가 주요 출원인으로 나타남

- 수차의 설계 및 제작방법, 발전기, 자동화, 그리고 시스템 감시 및 성능평가 분야에서는 Hitachi Ltd.가 한국과 미국특허에서 주요 다 출원인으로 파악됨
- 수차의 종류 분야의 경우, 한국특허에서는 젠코 인더스트리즈 인코포레이티드와 다니엘 제이슈나이더가 주요 출원인으로 조사되었으며, 미국특허에서는 Fuji Electric Co Ltd., Voith Hydro, Inc., Williams and Broome Inc., 그리고 Allis-Chalmers Corporation이 주요 출원인으로 나타남
- 발전설비 분야에서는 보이트터보(GMBH)운트(CO)카게가 한국특허에서 주요 다 출원인으로 조사되었으며, 미국특허에서는 INSTITUT FRANCAIS DU PETROLE가 주요 다 출원인으로 파악됨
- 시공 분야에서는 (주)도화종합기술공사가 한국특허에서 주요 다 출원인으로 조사되었으며, Allis-Chalmers Corporation는 미국특허에서 주요 다 출원인으로 조사됨
- 개, 보수 및 현대화 분야에서는 수자원기술(주)이 한국특허에서 주요 다 출원인으로 파악되었으며 Arc Plan, Inc.는 미국특허에서 주요 다 출원인으로 파악되었음

표 4 한국 및 미국 특허로 본 세부 기술 분야별 다출원인 TOP 5

	순위	AA1	점유율	AA2	점유율	AB1	점유율	AB2	점유율
한국	1	젠코 인더스트리즈 인코포레이티드 (미국)	9.1% (1건)	(가)히다찌세이 사꾸쇼(일본)	6.0% (4건)	보이트터보 (GMBH) 운트 (CO) 카게 (독일)	3.0% (2건)	(주)고려기공 (한국)	1.2% (1건)
	2	다니엘제이 슈나이더(미국)	9.1% (1건)	(가)도시바 (일본)	4.5% (3건)	(주)고려기공 (한국)	1.5% (1건)	(가)히다찌세이 사꾸쇼(일본)	1.2% (1건)
	3			(주)고려기공 (한국)	3.0% (2건)	이트 터보 게엠베하 운트 콤파니 카게 (독일)	1.5% (1건)	젠코 인더스트리즈 인코포레이티드 (미국)	1.2% (1건)
	4			아워하이드로파워 (리)(영국)	3.0% (2건)	(주)도화종합기술 공사(한국)	1.5% (1건)	(주)조이앤텍 (한국)	1.2% (1건)
	5			이트 터보 게엠베하 운트 콤파니 카게 (독일)	1.5% (1건)	한국신태양에너지 ㈜(한국)	1.5% (1건)	한성기술산업㈜ (한국)	1.2% (1건)
		AC1	점유율	AC2	점유율	AD1	점유율	AD2	점유율
	1	(가)히다찌세이 사꾸쇼(일본)	22.2% (2건)	(가)히다찌세이 사꾸쇼(일본)	28.6% (4건)	(주)도화종합기술 공사(한국)	11.1% (3건)	수자원기술 ㈜(한국)	50.0% (2건)
	2	보이트터보 (GMBH) 운트 (CO) 카게 (독일)	11.1% (1건)	두산중공업 (한국)	14.3% (2건)	두산중공업 (한국)	7.1% (2건)	두산중공업 (한국)	25.0% (1건)
	3	(가)고베세이코 쇼(일본)	11.1% (1건)	카프코 씨앤아이(한국)	14.3% (2건)	알로이즈 우벤 (독일)	3.7% (1건)	농업기반공사 (한국)	25.0% (1건)
	4	(주)한국아이템 개발(한국)	11.1% (1건)	한국수자원공사 (한국)	7.1% (1건)	(가)니혼 에이이 파워시스템즈 (일본)	3.7% (1건)		
	5	레지이나쇼나르 데유우지이누르 노오(프랑스)	11.1% (1건)	한전기공㈜ (한국)	7.1% (1건)	한국신태양에너지 ㈜(한국)	3.7% (1건)		

표 4 (다음 Page)

	순위	AA1	점유율	AA2	점유율	AB1	점유율	AB2	점유율
미국	1	Fuji Electric Co Ltd(일본)	8.3% (1건)	Hitachi Ltd (일본)	8.8% (10건)	Hitachi Ltd (일본)	5.3% (5건)	Sankyo Seiki Manufacturing Co Lt(일본)	8.8% (4건)
	2	Voith Hydro, Inc.(미국)	8.3% (1건)	Voith Hydro, Inc.(미국)	6.1% (7건)	Allis-Chalmers Corporation (미국)	5.3% (5건)	Hitachi Ltd (일본)	6.7% (3건)
	3	Williams and Broome, Inc.(미국)	8.3% (1건)	Allis-Chalmers Corporation (미국)	4.4% (5건)	The Garrett Corporation (미국)	3.2% (3건)	Fuji Electric Co Ltd(일본)	4.4% (2건)
	4	Allis-Chalmers Corporation (미국)	8.3% (1건)	Voith Siemens Hydro Power Generation, Inc.(미국)	3.5% (4건)	Lucien Y. Bronicki (이스라엘)	2.1% (2건)	Voith Hydro, Inc. (미국)	2.2% (1건)
	5			General Electric Co (미국)	1.8% (2건)	General Electric Co (미국)	1.1% (1건)	Toshiba Corporation (일본)	2.2% (1건)
		AC1	점유율	AC2	점유율	AD1	점유율	AD2	점유율
	1	Hitachi Ltd (일본)	29.1% (7건)	Hitachi Ltd (일본)	14.3% (3건)	Allis-Chalmers Corporation (미국)	12.0% (3건)	Arc Plan, Inc.(미국)	60.0% (3건)
	2	Toshiba Corporation (일본)	8.3% (2건)	Tennessee Valley Authority(미국)	14.3% (3건)	Hitachi Ltd (일본)	8.0% (2건)	Toshiba Corporation (일본)	20.0% (1건)
	3	The Garrett Corporation (미국)	8.3% (2건)	Fuji Electric Co Ltd(일본)	4.8% (1건)	JM Voith GmbH(독일)	8.0% (2건)	Ontario Hydro (캐나다)	20.0% (1건)
	4	Voith Hydro, Inc.(미국)	4.2% (1건)	Siemens AG (독일)	4.8% (1건)	Fuji Electric Co Ltd(일본)	4.0% (1건)		
	5	EBARA International Corporation (미국)	4.2% (1건)	Toshiba Corporation (일본)	4.8% (1건)	Voith Hydro, Inc.(미국)	4.0% (1건)		

1. 제 1 출원인 기준
2. 분석구간 : ~2006.12 한국출원특허 및 미국등록특허 대상

○ 세부 기술 분야 기술 혁신 리더를 살펴보면 Hitachi Ltd.의 경우 한국과 미국 특허에서와 마찬가지로 일본, 유럽특허에서도 주요 출원인으로 나타났으며, 일본은 자국 기업이 주요 출원인으로 분석됨

- 수차의 설계 및 제작방법, 발전설비, 그리고 시스템 감시 및 성능평가 분야에서는 Hitachi Ltd.가 일본과 유럽특허에서 주요 다 출원인으로 파악됨
- 수차의 종류 분야의 경우, 일본특허에서 YAMAHA MOTOR CO LTD가 주요 다 출원인으로 나타났으며, 유럽특허에서는 Kang, Han Sol이 주요 다 출원인으로 나타남
- 발전기 분야의 경우, 일본특허에서 Hitachi Ltd.가 주요 다 출원인으로 나타났으며, EBARA International Corporation, GENERAL ELECTRIC COMPANY, Tyson Warren Neville, 그리고 ABB MANAGEMENT AG가 유럽특허에서 주요 다 출원인으로 나타남
- 자동화 분야의 경우, 일본특허에서 Hitachi Ltd.가 주요 다 출원인으로 나타났으며, GENERAL ELECTRIC COMPANY는 유럽특허에서 주요 다 출원인으로 나타났고, FUJI ELECTRIC CO LTD는 일본과 유럽특허에서 주요출원인으로 파악됨
- 시스템 감시 및 성능평가 분야에서는 Hitachi Ltd. 이외에도 KABUSHIKI KAISHA TOSHIBA가 일본과 유럽특허에서 주요 출원인으로 나타남
- 시공 분야에서는 Hitachi Ltd.가 일본특허에서, PIESOLD, David, Daniel, August가 유럽특허에서 주요 다 출원인으로 나타남
- 개·보수 및 현대화 분야에서는 Hitachi Ltd.가 일본특허에서 주요 다 출원인으로 나타났으며, KABUSHIKI KAISHA TOSHIBA는 일본특허와 유럽특허에서 주요 다 출원인으로 나타남

표 5 일본 및 유럽 특허로 본 세부 기술 분야별 다출원인 TOP 5

	순위	AA1	점유율	AA2	점유율	AB1	점유율	AB2	점유율
일본	1	YAMAHA MOTOR CO LTD(일본)	6.4% (5건)	HITACHI LTD(일본)	29.7% (205건)	HITACHI LTD(일본)	6.2% (10건)	HITACHI LTD(일본)	13.3% (28건)
	2	KUBOTA CORP(일본)	5.1% (4건)	FUJI ELECTRIC CO LTD(일본)	18.4% (127건)	FUJI ELECTRIC CO LTD(일본)	3.7% (6건)	FUJI ELECTRIC CO LTD(일본)	10.9% (23건)
	3	TAKAYAMA TOSHIO (일본)	5.1% (4건)	KABUSHIKI KAISHA TOSHIBA (일본)	9.9% (68건)	TOSHIBA ENG CO LTD (일본)	3.7% (6건)	TOSHIBA CORP (일본)	3.8% (8건)
	4	WAKASHIBA YOSHIKATSU (일본)	3.8% (3건)	MITSUBISHI HEAVY IND LTD (일본)	8.1% (56건)	KUBOTA CORP (일본)	3.7% (6건)	KABUSHIKI KAISHA TOSHIBA (일본)	2.8% (6건)
	5	KIKUCHI NAOMI (일본)	3.8% (3건)	TOSHIBA CORP (일본)	8.0% (55건)	SASAKI FUJIMATSU (일본)	2.5% (4건)	KUBOTA CORP (일본)	1.9% (4건)
		AC1	점유율	AC2	점유율	AD1	점유율	AD2	점유율
	1	HITACHI LTD(일본)	23.8% (111건)	HITACHI LTD(일본)	26.0% (34건)	HITACHI LTD(일본)	11.5% (7건)	HITACHI LTD(일본)	30.0% (3건)
	2	KABUSHIKI KAISHA TOSHIBA (일본)	19.1% (89건)	KABUSHIKI KAISHA TOSHIBA (일본)	11.4% (15건)	KUBOTA CORP (일본)	11.5% (7건)	TOSHIBA CORP (일본)	20.0% (2건)
	3	TOSHIBA CORP (일본)	10.7% (50건)	TOSHIBA CORP (일본)	9.2% (12건)	MITSUBISHI HEAVY IND LTD(일본)	6.6% (4건)	FUJI ELECTRIC CO LTD(일본)	20.0% (2건)
	4	FUJI ELECTRIC CO LTD(일본)	9.6% (45건)	FUJI ELECTRIC CO LTD(일본)	9.2% (12건)	TOSHIBA CORP (일본)	4.9% (3건)	MITSUBISHI HEAVY IND LTD(일본)	10.0% (1건)
	5	TOSHIBA ENG CO LTD (일본)	7.9% (37건)	MEIDENSHA CORP (일본)	8.4% (11건)	TOSHIBA ENG CO LTD (일본)	4.9% (3건)	MITSUI ENG & SHIPBUILD CO LTD(일본)	10.0% (1건)

표 5 (다음 Page)

	순위	AA1	점유율	AA2	점유율	AB1	점유율	AB2	점유율
유럽	1	Kang, Han Sol(한국)	20% (1건)	VOITH SIEMENS HYDRO POWER GENERATION, INC.(독일)	5.9% (4건)	HITACHI LTD.(일본)	7.5% (3건)	EBARA International Corporation (미국)	7.1% (1건)
	2	Jöst, Bernhard (독일)	20% (1건)	HITACHI LTD.(일본)	4.4% (3건)	General Electric Canada (캐나다)	5.0% (2건)	GENERAL ELECTRIC COMPANY! (미국)	7.1% (1건)
	3	TONOUCHI, Kooji(일본)	20% (1건)	Voith Riva Hydro S.p.A. (이탈리아)	4.4% (3건)	EBARA International Corporation (미국)	2.5% (1건)	Tyson, Warren Neville(호주)	7.1% (1건)
	4			General Electric Canada (캐나다)	2.9% (2건)	Current Power Sweden AB (스웨덴)	2.5% (1건)	ABB MANAGEMENT AG(독일)	7.1% (1건)
	5			VOITH HYDRO GMBH & CO. KG(키르기스)	2.9% (2건)	Fonkenell, Jacques (프랑스)	2.5% (1건)		
		AC1	점유율	AC2	점유율	AD1	점유율	AD2	점유율
	1	GENERAL ELECTRIC COMPANY! (미국)	8.0% (2건)	HITACHI LTD. (일본)	28.6% (2건)	PIESOLD, David, Daniel, August(영국)	33.3% (1건)	KABUSHIKI KAISHA TOSHIBA (일본)	100.0% (1건)
	2	EBARA International Corporation (미국)	4.0% (1건)	VOITH HYDRO GMBH & CO. KG(키르기스)	14.3% (1건)	Fonkenell, Jacques (프랑스)	33.3% (1건)		
	3	KWC AG (스위스)	4.0% (1건)	Sulzer - Escher Wyss AG(스위스)	14.3% (1건)	ABB Azipod Oy(핀란드)	33.3% (1건)		
	4	Sulzer - Escher Wyss AG(스위스)	4.0% (1건)	KABUSHIKI KAISHA TOSHIBA (일본)	14.3% (1건)				
	5	FUJI ELECTRIC CO., LTD. (일본)	4.0% (1건)	E. I. DU PONT DE NEMOURS AND COMPANY! (미국)	14.3% (1건)				

1. 제 1 출원인 기준
2. ~2006.12 일본 및 유럽 특허 출원 대상

3. 소수력 산업의 특허경쟁력 분석

가. 주요국가의 특허경쟁력

○ 기술경쟁력 비교는 미국등록특허에 나타나는 특허의 인용관계(Citation)를 이용한 특허지표 분석임

1) 질적 수준을 고려한 각국의 시장력 분석

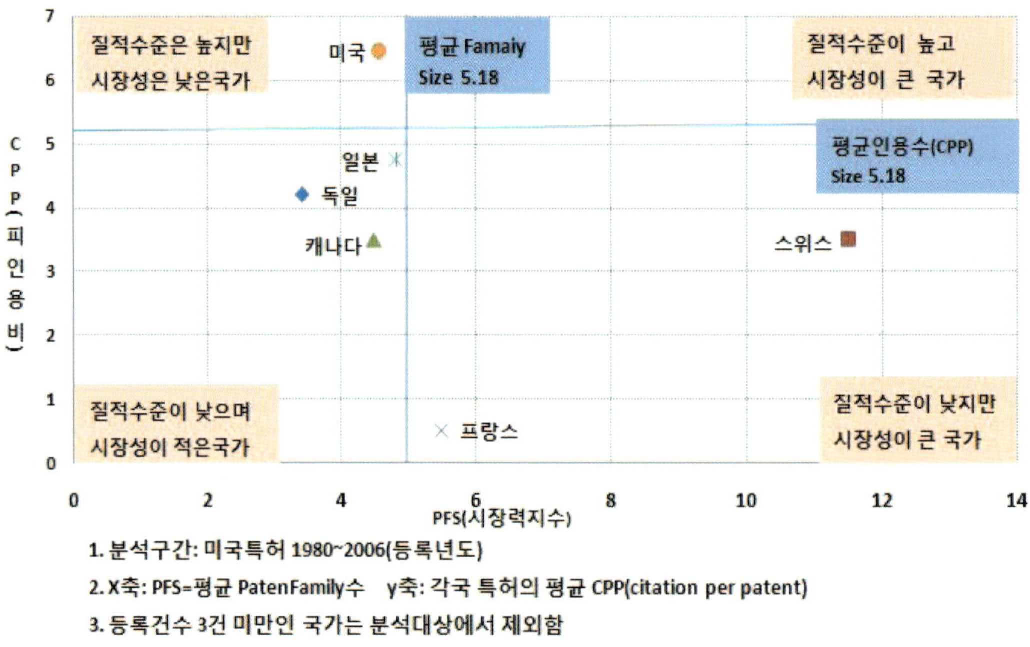

그림 7 주요국가의 특허영향력 및 시장 확보력

○ 특허가 기술적으로 영향을 미치는 정도(피인용도의 비율)와 시장(패밀리 특허)의 확보를 통해 연구주체의 특허가 질적 수준 또는 시장 확보를 위한 노력 정도의 평가 방법임

○ 미국은 기술영향력이 평균 이상이지만 시장력이 평균 이하인 것으로 나타났으며, 스위스와 프랑스의 경우 시장력 지수는 평균 이상으로 질적 수준은 낮지만 시장성이 큰 국가인 것으로 판단됨

○ 캐나다, 일본 그리고 독일은 기술영향력과 시장력이 모두 평균 이하인 것으로 나타남

2) 주요국가의 연구개발방향 및 기술발전 속도

○ 소수력 분야에서 주요국가의 논문인 용수(NPR)와 기술순환주기(TCT)를 비교하여 보면 오스트리아는 기술전환주기가 크게 나타나 기술발전 속도가 느리게 나타났으나, 특허당 인용논문 횟수가 평균보다 높게 나타나 기초과학 위주의 기술개발이 이루어지는 것으로 판단됨

○ 미국의 경우 기술전환주기가 평균보다 낮게 나타나 기술발전 속도가 빠르게 나타났으며, 특허당 인용논문 횟수가 평균보다 높게 나타나 기초과학 위주의 기술개발이 이루어지는 것으로 판단됨

○ 일본, 캐나다, 이스라엘 그리고 스위스의 경우 기술전환주기가 평균보다 낮게 나타나 기술발전 속도가 빠르게 나타났으나, 특허당 인용논문 횟수가 평균보다 낮게 나타나 기초과학과 연계성이 낮은 것으로 판단됨

○ 영국, 독일 그리고 프랑스의 경우 기술전환주기가 평균보다 크게 나타나 기술발전 속도가 느리게 나타났으며, 특허당 인용논문 횟수도 평균보다 낮게 나타나 기초과학과 연계성이 낮은 것으로 판단됨

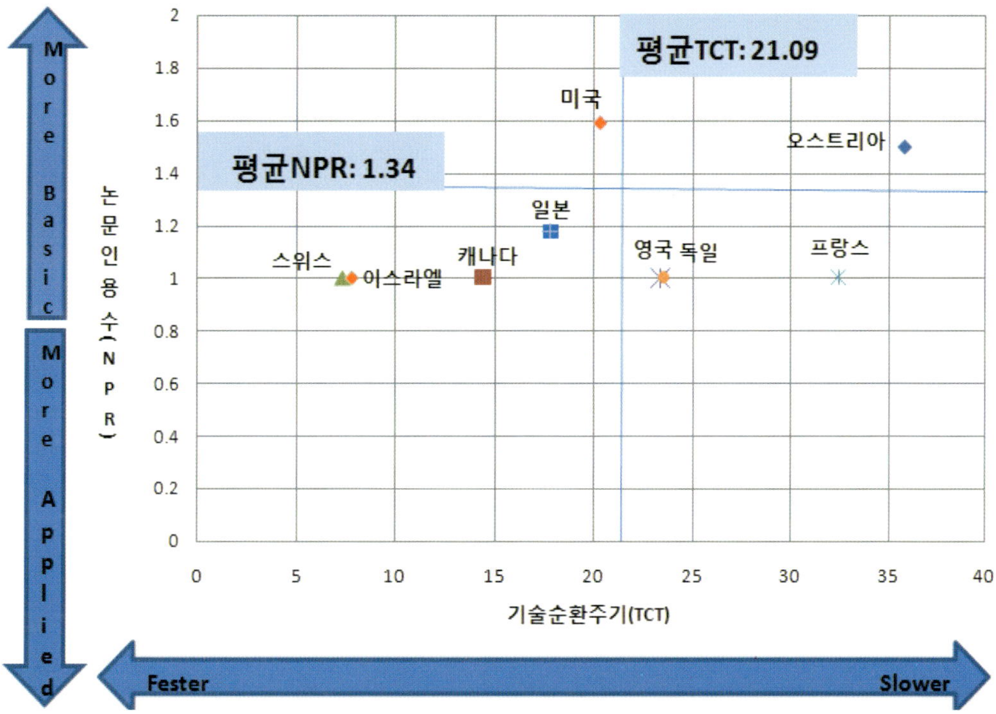

※ 분석구간 : 미국특허 ~2006.12(등록년도)

그림 8 주요국가의 연구개발방향 및 기술발전 속도

3) 미국특허로 본 각국의 기술력 비교

- 미국등록특허에서 기술 수준을 측정하는 3가지 지표(특허등록 건수, 영향력 지수(PII), 기술력 지수(TS))를 통해 국가별 분포를 살펴본 결과, 미국은 특허등록 건수와 기술력 지수는 두 구간에서 모두 1위를 차지하였고, 영향력 지수는 1980~1992년과 1993~2006년에 걸쳐 2위를 차지해 소수력 분야에서 양적 수준과 질적 수준이 매우 높은 것으로 나타남
- 일본은 특허등록 건수와 기술력 지수는 두 구간에서 모두 2위를 차지하였으나, 영향력 지수는 1980~1992년 4위에서 1993~2006년에 걸쳐 5위로 하락하였으므로 소수력 분야에서 양적 수준과 질적 수준이 높지만 최근에는 질적인 수준이 하락한 것으로 나타남
- 영국은 특허등록 건수에 비해 영향력 지수 순위가 상위를 차지하므로, 소수력 분야에서의 질적 수준이 양적 수준에 비해 상대적으로 높은 것으로 파악됨

표 6 미국특허에서 국가별 기술력 Score

특허등록 건수				영향력 지수(PII)				기술력 지수(TS)			
1980~1992		1993~2006		1980~1992		1993~2006		1980~1992		1993~2006	
미국	40	미국	31	캐나다	2.014	노르웨이	2.036	미국	48	미국	43.64
일본	28	일본	17	미국	1.193	미국	1.408	일본	27	일본	12.22
독일	4	캐나다	6	이스라엘	1.084	스위스	1.261	캐나다	4.03	스위스	3.79
프랑스	4	스위스	3	일본	0.95	영국	1.163	독일	3.3	노르웨이	2.036
스위스	3	독일	1	영국	0.93	일본	0.719	이스라엘	2.17	영국	1.16
케나다	2	영국	1	덴마크	0.81	오스트리아	0.291	스위스	1.24	캐나다	0.6
이스라엘	2	오스트리아	1	유고슬라비아	0.62	핀란드	0.291	영국	0.93	오스트리아	0.3

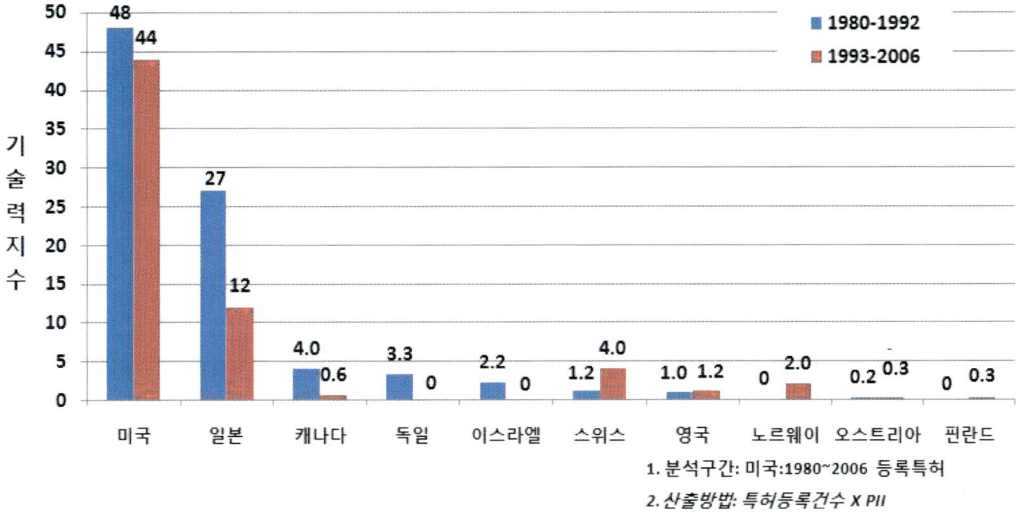

그림 9 주요국가의 기술력 지수

6. 결론 및 시사점

가. 정량분석 결과

○ 소수력 산업은 일본 특허공보에서 감소 추세를 보이고 있으나, 한국, 유럽 특허공보에서 증가와 감소가 반복되고 있으며, 미국 특허공보에서 최근 증가추세를 보이고 있음

○ 특허 건수와 출원인 수 변화의 상관관계를 통해 기술의 위치를 살펴보는 포트폴리오 기본 모델에서, 한국특허와 미국특허는 발전기 단계에 있는 것으로 나타남

○ 한국특허에서의 소수력 분야는 전체적으로 출원 점유율에서 내국인이 압도적으로 우세함

○ 한국과 미국은 수차의 종류 분야에 상대적으로 집중하고 있는 것으로 나타남

- 일본은 수차의 설계 및 제작과 시스템감시 및 성능평가 분야에 상대적으로 집중하고 있는 것으로 나타남
- 프랑스는 시공과 발전설비 분야에, 독일은 시공과 시스템감시 및 성능평가 분야에 상대적으로 집중하고 있는 것으로 나타남

○ 한국의 기술 분야별 출원동향은 전체적으로는 수차 분야가 가장 활발한 것으로 나타남

- 미국은 각 기술 분야에 걸쳐 고른 특허활동을 보이고 있으며, 2000년 이후 발전기와 수차 기술 분야의 특허활동이 상대적으로 활발해 지는 것으로 나타남
- 일본은 '96년 이전까지 제어, 감시와 수차 기술 분야의 특허활동이 가장 활발하나 이후 발전기 기술 분야의 특허활동도 상대적으로 활발해 지는 것으로 나타남

- 유럽에서의 각 기술 분야별 출원 추이는 발전기와 수차 기술 분야의 특허활동이 상대적으로 활발한 것으로 나타남

○ 한국특허에서의 소수력 기술 분야별로 나누어 살펴보면, 발전기가 53%로 가장 많았고, 그 다음으로는 수차 28%, 시공 12%, 제어감시 8% 순으로 나타남

- 미국 특허에서의 소수력 기술 분야별로 나누어 살펴보면, 발전기가 41%로 가장 많았고, 그 다음으로는 수차 37%, 제어감시 13%, 시공 9% 순으로 나타남
- 일본특허에서의 소수력 기술 분야별로 나누어 살펴보면, 수차 42%로 가장 많았고, 그 다음으로는 제어감시 33%, 발전기가 21% 시공 4% 순으로 나타났으며, 수차와 제어감시의 분야의 출원이 상대적으로 활발한 것으로 나타남
- 유럽특허에서의 소수력 기술 분야별로 나누어 살펴보면, 수차가 45%로 가장 많았고, 그 다음으로는 발전기 33%, 제어감시 20%, 시공 2% 순으로 나타남

○ 한국에시의 기술별 출원인 국적 동향은 각 기술에서 한국 국적의 출원인이 81% 이상의 높은 점유율을 나타내고 있으며, 특히 발전기 기술에서는 90% 이상의 높은 출원 점유율을 나타냄

- 미국에서의 기술별 출원인 국적 동향은 각 기술에서 미국 국적의 출원인이 48% 이상의 점유율을 나타내고 있으며, 다음으로 일본 국적의 출원인이 28%의 출원 점유율을 나타냄
- 일본에서의 기술별 출원인 국적 동향은 한국에서와 같이 각 기술에서 일본 국적의 출원인이 99% 이상의 높은 점유율을 나타내고 있어 각 기술별로 일본 국적의 출원인의 연구개발이 활발한 것으로 조사됨
- 유럽에서의 기술별 출원인 국적 동향을 살펴보면, 독일과 프랑스 등의 유럽국적 출원인과 미국, 일본 등의 비유럽국적 출원인이 각 기술 분야에서 고른 특허활동을 보이고 있음을 나타냄

○ 한국특허의 특허점유율에 따른 특허 증가율을 살펴보면, 발전설비의 기술 분야가 특허점유율, 증가율 모두 다른 기술 분야에 비해 상대적으로 높은 것으로 나타났으며, 미국특허에서는 수차의 설계 및 제작방법, 발전설비, 발전기의 기술 분야가 특허 점유율, 증가율 모두 다른 기술 분야에 비해 상대적으로 높은 것으로 나타남

- 일본특허에서는 발전설비의 기술 분야가 특허 점유율, 증가율 모두 다른 기술 분야에 비해 상대적으로 높은 것으로 나타났으며, 유럽특허에서는 수차의 설계 및 제작방법, 발전설비의 기술 분야가 특허 점유율, 증가율 모두 다른 기술 분야에 비해 상대적으로 높은 것으로 나타남

○ 한국특허에서는 (가)히다찌 제작사의 수차의 설계 및 제작방법과 시스템감시 및 성능평가에 대한 출원비중이 가장 높으며, (가)도시바의 수차의 설계 및 제작방법과 (주)도화종합기술공사의 시공에 관한 출원이 뒤를 이었음

- 미국특허에서는 Hitachi Ltd.의 수차의 설계 및 제작방법에 대한 등록이 10건으로 가장 높은 등록 비중을 보였으며, 자동화에 대한 등록비중도 7건으로 가장 높은 것으로 나타남
- 일본특허에서는 Hitachi Ltd.의 수차의 설계 및 제작방법에 대한 출원이 205건으로 가장 높은 출원 비중을 보였으며, 자동화에 대한 출원비중도 111건으로 가장 높은 것으로 나타남
- 유럽특허에서는 VOITH SIEMENS HYDRO POWER GENERATION, INC.의 수차의 설계 및 제작방법에 대한 출원이 4건으로 가장 높은 출원비중을 보였음

○ 세부 기술 분야 기술 혁신 리더를 살펴보면 한국, 미국, 유럽, 일본특허에서 Hitachi Ltd.가 주요 출원인으로 나타남

○ 양적 · 질적 성과로 본 Key Inventor는 Richard K. Fisher, Jr.임

- 각 기술분야별 다등록 순위에서 미국, 일본의 국적을 가진 발명자가 대다수이고, 피인용 횟수 측면에서는 전체 피인용 횟수 1순위뿐만 아니라 대다수의 발명자는 미국 국적이며, 그 뒤를 일본 국적을 가진 발명자가 다수를 차지함

○ 한국 특허로 본 국가 간 공동 발명은 독일과 에리트리아를 중심으로 진행되었으며, 미국특허로 본 국가 간 공동 발명은 미국을 중심으로 진행됨

- 미국특허로 본 국제 공동 출원은 오스트리아 및 캐나다의 국제공동연구 활동이 나타남

○ 미국은 기술영향력이 평균 이상이지만 시장력이 평균 이하인 것으로 나타났으며, 스위스와 프랑스의 경우 시장력 지수는 평균 이상으로 질적 수준은 낮지만 시장성이 큰 국가인 것으로 판단됨

○ 미국의 경우 기술전환주기가 평균보다 낮게 나타나 기술발전 속도가 빠르게 나타났으며, 특허당 인용논문 횟수가 평균보다 높게 나타나 기초과학 위주의 기술개발이 이루어지는 것으로 판단됨

- 일본, 캐나다, 이스라엘 그리고 스위스의 경우 기술전환주기가 평균보다 낮게 나타나 기술발전 속도가 빠르게 나타났으나, 특허당 인용논문 횟수가 평균보다 낮게 나타나 기초과학과 연계성이 낮은 것으로 판단됨

○ 일본은 특허등록 건수와 기술력 지수는 두 구간에서 모두 2위를 차지하였으나, 영향력 지수는 1980~1992년 4위에서 1993~2006년에 걸쳐 5위로 하락하였으므로 소수력 분야에서 양적 수준과 질적 수준이 높지만 최근에는 질적인 수준이 하락한 것으로 나타남

○ 전 세계 국가는 미국, 일본 및 자국의 특허를 주로 모니터링 하여 자국 내 기술혁신을 수행하고 있음

- 미국, 일본 그리고 캐나다는 타 국가의 특허를 한 번 이상 인용하는 것으로 조사되었으며, 이에 따라 미국, 일본 그리고 캐나다는 특허 출원 시 전 세계 국가의 특허를 모니터링하여 자국 내 기술 혁신을 수행하고 있음

- ○ 미국은 여타 국가에 비해 소수력 분야 특허의 양적 수준과 질적 수준이 모두 우세함
  - 일본은 양적인 수준은 증가하였으나 질적인 수준이 감소하고 있고, 캐나다는 최근 양적・질적 수준이 모두 증가하고 있어 소수력 분야의 기술경쟁력이 높아지고 있는 것으로 나타남
- ○ The Garrett Corporation은 기술영향력과 시장력이 평균 이상으로 질적 수준과 시장성이 높은 기업으로 나타남
  - General Electric Co, Voith Siemens Hydro Power Generation, Inc., Toshiba Corporation, 그리고 Sankyo Seiki Manufacturing Co Ltd의 경우 질적 수준은 낮지만 시장력 지수는 평균 이상으로 시장성이 큰 기업인 것으로 판단됨
  - Fuji Electric Co Ltd, Voith Hydro, Inc., 그리고 Hitachi Ltd. 경우 질적 수준은 높지만 시장성이 작은 기업인 것으로 판단됨
  - Allis-Chalmers Corporation, Arc Plan, Inc., 그리고 Tennessee Valley Authority는 기술영향력과 시장력이 모두 평균 이하인 것으로 나타남
- ○ General Electric Co.는 기술전환주기가 작게 나타나 기술발전 속도가 빠르게 나타났으며, 특허당 인용논문 횟수가 평균보다 높게 나타나 기술발전 속도가 빠르며, 기초과학 위주의 기술개발이 이루어지는 것으로 판단됨
  - Sankyo Seiki Manufacturing Co Ltd., Toshiba Corporation, The Garrett Corporation, Tennessee Valley Authority, Hitachi Ltd, 그리고 Arc Plan, Inc.의 경우 기술전환주기가 평균보다 낮게 나타나 기술발전 속도가 빠르게 나타났으나, 특허당 인용논문 횟수가 평균보다 낮게 나타나 기초과학과 연계성이 낮은 것으로 판단됨
- ○ 미국 등록 특허에서 주요 특허권자를 대상으로 기술력 지수를 1980~1992년 구간과 1993~2006년 구간사이로 나누어 조사한 결과, Hitachi Ltd이 2구간에 걸쳐 모두 1위를 차지함
  - General Electric, Sankyo Seiki, Tennessee Valley, Voith Hydro, 그리고 Voith Siemens는 1980~1992년 구간보다 1993~2006년 구간에서 기술력 지수가 높게 상승하여 소수력 분야에 대한 연구와 특허등록이 1993~2006년 구간에서 활발해졌다고 판단됨

나. 정성분석 결과

- ○ Hitachi Ltd.는 '80~'06년까지 총 423건의 특허를 출원(등록)하였으며, 일본을 주요 시장타깃으로 특허출원을 집중하고 있음
  - Hitachi Ltd.의 소수력 분야의 세부기술별 특허현황을 살펴본 결과, 전체 447(중복 기술분류 포함)건의 특허 중 수차의 설계 및 제작방법 분야의 특허가 222건으로 다수를 차지함

- Hitachi Ltd.의 인용/피인용 현황을 살펴보면, 자사의 특허를 자주 인용하고 있으며, 이는 소수력 분야에서 꾸준하고 지속적인 연구개발을 진행하고 있다는 의미임
- Hitachi Ltd.의 소수력 분야에서 특허를 1건 이상 출원한 발명자는 303명으로 파악되었으며, 주요 발명자인 KUWABARA HISAO는 자동화, 시스템감시 및 성능평가의 기술 분야에서 두각을 나타내고 있음

○ KABUSHIKI KAISHA TOSHIBA는 '80~'06년까지 총 299건의 특허를 출원(등록)하였으며, 일본을 주요 시장 타깃으로 특허출원을 집중하고 있음

- KABUSHIKI KAISHA TOSHIBA의 소수력 분야의 세부기술별 특허현황을 살펴본 결과, 전체 329건(중복 기술 분류 포함)의 특허 중 자동화 분야의 특허가 142건으로 가장 많은 비율을 차지했으며, 그 뒤를 이어 수차의 설계 및 제작방법 분야의 특허가 127건으로 나타남
- TOSHIBA의 인용/피인용 현황을 살펴보면, General Public Utilities Corporation의 특허를 자주 인용하고 있음
- TOSHIBA의 소수력 분야에서 특허를 1건 이상 출원한 발명자는 206명으로 파악되었으며, 주요 발명자인 SATO SHINSAKU는 발전기, 자동화 그리고 시스템감시 및 성능평가의 기술 분야에서 두각을 나타내고 있음

○ Allis-Chalmers Corporation는 '80~'06년까지 총 12건의 특허를 출원(등록)하였으며, 미국을 주요 시장 타깃으로 특허출원을 집중하고 있음

- Allis-Chalmers Corporation의 소수력 분야의 세부기술별 특허현황을 살펴본 결과, 전체 15건(중복 기술 분류 포함)의 특허 중 수차의 설계 및 제작방법과 발전설비 분야의 특허가 각각 5건으로 가장 많은 비율을 차지한 것으로 나타남
- Allis-Chalmers Corporation의 인용/피인용 현황을 살펴보면, 자사의 특허를 자주 인용하고 있으며, 이는 소수력 분야에서 꾸준하고 지속적인 연구개발을 진행하고 있다는 의미임
- Allis-Chalmers Corporation의 소수력 분야에서 특허를 1건 이상 출원한 발명자는 13명으로 파악되었으며, 주요 발명자인 Mayo, Jr., Howard A.는 발전설비와 시공 기술 분야에서 두각을 나타내고 있음

○ 정성분석에서 조사한 자료를 바탕으로 소수력 발전에 직접적으로 관련성이 높은 특허들을 조사한 결과, '수차의 종류' 분야는 3건, '수차의 설계 및 제작방법' 분야 6건, '발전설비' 분야 7건, '발전기' 분야 6건, '자동화' 분야는 3건, '시스템감시 및 성능평가' 분야 2건, '시공' 분야 5건 및 '개보수 및 현대화' 분야 1건의 관련특허가 검색됨

- (주) 도화종합기술공사는 다수의 출원을 하고 있는 것으로 나타났으며, 이 밖에 다양한 기업에 의한 특허출원이 진행되고 있음

다. 결론 및 시사점

○ 소수력 산업은 국내의 수력 발전사업시의 발전사업 인허가, 환경단체와 지역주민의 반대, 주민 보상 문제, 입지선정 등의 어려움을 해결하기 위한 기술 분야이며, 환경 위해를 최소화하는 소하천이나 기존 시설물을 이용한 소규모 수력개발과 기존 시설의 성능 및 진단, 노후설비의 개보수 등 유지관리를 위한 기술은 소수력의 경쟁력을 좌우하는 요소임

- 우리나라의 소수력 분야에서의 특허는 전 세계 특허에서 차지하는 비중이 12%인 수준임
- 따라서, 기초연구개발에 대한 노력과 특허전략도 중요시되고 있음

○ 한국은 점차 특허출원을 통해 특허장벽을 넘기 위한 노력을 시도하고 있지만 국내업체들이 소수력 기술 개발을 수행하기 위해서는 상기 출원인이 출원한 기술에 대한 심도있는 권리분석 및 지속적인 특허분석을 통해 기술개발을 위한 전략을 세워야 할 것임

○ 또한, 다른 산업에 비해 소수력 산업에 대한 국내 R&D 투자는 선진국에 비해 크게 미흡한 실정이고, 한국이 생산규모 만큼이나 세계 일류의 경쟁력을 갖춘 소수력 산업의 강국으로서의 위상을 높이기 위해선 앞으로 산·학·연·관의 유기적인 협력을 통한 효율적인 기술개발 시스템 구축이 이루어져야 할 것이며, 이를 위한 정부의 적극적인 R&D 투자의 확대가 요구됨

부록 3. 설문지

신 · 재생에너지 중장기(2030) R&D 계획 수립을 위한 설문 조사

본 설문조사는 에너지관리공단 신·재생에너지센터에서 추진 중인 '신·재생에너지 중장기(2030) R&D 계획' 수립을 위한 설문조사입니다.
국내 기술수준을 좀 더 정확하게 파악하고 세부기술에 대한 의견을 모으기 위한 목적으로만 쓰이고 기타 용도로는 절대 사용되지 않을 것임을 약속드립니다. 감사합니다.

설문조사 대상 분야

신에너지 및 재생에너지 개발·이용·보급 촉진법 제2조에 의한 11개 신·재생에너지원

설문조사 목적

2003년 작성된 "제2차 신·재생에너지 기술개발 및 이용보급 기본계획(2003~2012)"이 수립된 지 4년이 경과함에 따라 계획 당시와 비교하여 현재의 기술 성숙도, 보급여건 및 시장 환경 등이 급변함. 이로 인해 "제3차 신·재생에너지 기본계획(2008~2017)" 수립을 추진 중이며 동 기본계획 수립 시, R&D 부문의 중장기 추진방향 및 개발목표를 설정하기 위하여 11개 신·재생에너지원에 대하여 중장기(단기 : 2008~2012, 중기 : 2013~2020, 장기 : 2021~2030) R&D 계획을 수립하고자 합니다.

설문조사 기간

2007.8. ( ) ~ ( )

설문조사 제출처

e-mail :

* e-mail 주소는 각 전문위원회 위원장의 주소로 기입

공통 문항

1. 신 · 재생에너지 분야 중 귀하의 관심 분야를 선택하십시오. (최대 2순위까지 기입)

1. 태양광	2. 풍력	3. 수소연료전지	4. 석탄이용	5. 바이오
6. 폐기물	7. 태양열	8. 지열	9. 소수력	10. 해양

1순위 : (　　　　　　), 2순위 : (　　　　　　)

2. 귀하가 소속되어 있는 기관의 성격에 표기바랍니다.

정부기관 (　　　　)	산업체 (　　　　)	대학 (　　　　)
연구소 (　　　　)	기타 (　　　　)	

※ 기업부설 연구소는 산업체에 해당됨

3. 귀하가 소속된 기관의 신 · 재생에너지 개발 및 보급에 대한 관심도는 어느 정도입니까? (　　)

① 매우 낮다　② 낮은 편이다　③ 보통이다　④ 높은 편이다　⑤ 매우 높다

4. 귀하의 최종 학력에 표기 바랍니다.

대졸 이하 (　　　　)	석사 (　　　　)	박사 (　　　　)

5. 해당분야(1번 문항의 1순위 분야)에서의 근무 기간(석 · 박사 기간 등을 제외한 실제 근무 기간)은 몇 년입니까? (　　　)

① 3년 미만　② 3년 이상~5년 미만　③ 5년 이상~10년 미만　④ 10년 이상

6. 산업자원부에서 지원 중인 신·재생에너지 기술개발사업에 참여한 경험이 있습니까? (주관, 참여, 위탁 모두 포함)

있다 ( )	없다 ( )

7. 기존의 '제2차 신·재생에너지 기본계획(2003.12)'과 '국가에너지자원기술개발 로드맵(2006.5)' 작성에 직·간접적으로 참여했습니까?

참여했다 ( )	참여하지 않았다 ( )

8. 기존의 '제2차 신·재생에너지 기본계획(2003.12)'과 '국가에너지자원기술개발 로드맵(2006.5)'의 내용을 알고 있습니까?

①	②	③	④	⑤
전혀 모른다	거의 모른다	보통이다	조금 안다	잘 안다

9. 8번 문항에서 '③~⑤'로 답한 경우, 기존의 기본계획과 로드맵이 신·재생에너지 기술이 현재의 수준에 이르는데 어느 정도 영향을 주었다고 생각하십니까?

①	②	③	④	⑤
전혀 영향이 없었다	거의 영향이 없었다	보통이다	어느 정도 영향을 주었다	많은 영향을 주었다

분야별 문항(소수력 분야)

1. 다음 표의 평가 기준을 참고하여 국내 기술수준과 핵심기술의 국산화율에 대해 답변해주시기 바랍니다.

< 기술 수준의 단계별 평가기준 >

단계별 구분	특성	기술 수준(%)
기술 완숙기 및 시장 확대기	해외시장에서 경쟁력이 입증되며, 새로운 기술개발 요구에 독자적이고 능동적으로 대처할 수 있다.	81~100
기술 실증 및 상업화	개발된 기술이 상업화되어 현장에 적용되어 성능의 실증 연구가 이루어진다.	61~80
기술의 응용 연구	개발된 기술의 실증을 위하여 Pilot Plant 규모의 연구가 이루어진다.	41~60
기술 도입 및 기초기술 습득	도입기술을 통하여 운영기술을 습득하고 독자적인 기술개발을 위하여 실험적 규모의 기술을 개발한다.	21~40
개념 정립기	기술개발의 필요성이 인식되고 그에 필요한 요소기술을 파악한다.	0~20

1-1. 위의 평가기준 표와 핵심기술과 세부기술의 비중을 참고하고, 세부 기술의 국내 기술 수준을 %로 표기해 주시기 바랍니다.

분야	핵심기술	비중 (%)	국내수준 (%)	세부 기술		비중 (%)	국내수준 (%)
				No.	기술명		
소수력	소수력 자원조사및 활용기술	30	60	1	소수력 자원조사 및 분석기술 (Micro : 100㎾ 이하, Mini : 1,000㎾ 이하, Small : 10,000㎾ 이하)	30	
				2	기존 시설물을 이용한 소수력 개발기술 (하수처리장, 농업용 보, 화력발전소 방류수, 양어장, 공장냉각수)	40	
				3	일반하천을 이용한 소수력 개발 기술	30	
	소수력 발전설비의 국산화 및 표준화기술	60	65	4	형식별 수차설계 기술(프란시스, 프로펠러, 사류형, 펠톤 수차)	40	
				5	발전기 설계기술	20	
				6	수차발전기의 표준화 및 간소화기술	25	
				7	수명평가기술	5	
				8	성능진단기술	5	
				9	열화진단기술	5	
	계통보호 및 자동화기술	10	60	10	무인 자동화시스템기술	50	
				11	상시 감시진단기술	25	
				12	수배전반 간소화 기술	25	
	계	100	-				

* 분야별 기술 수준과 핵심기술의 기술 수준은 'Σ(비중/100×국내수준)'으로 계산됨

1-2. 위의 평가기준 표를 참고하여 각 핵심기술의 국산화율을 %로 표기하시기 바랍니다.

핵심기술	비중(%)	국산화율(%)	
		설계	제작/생산
소수력 자원조사 및 활용기술	30		
소수력 발전설비의 국산화 및 표준화기술	60		
계통보호 및 자동화기술	10		

※ 국산화율 : 핵심기술과 관계된 신·재생에너지 설비 중 국내 기업이 설계, 생산, 제작이 가능한 비율을 의미함

2. 1-1 문항의 세부기술 중 가장 개발이 시급하다고 생각되는 기술을 2가지 선택하고 그 선정 이유를 표기 바랍니다.
(1-1문항의 세부기술 번호와 아래 선정 이유의 번호를 참고하여 모두 숫자로 기입)

	기술 개발이 시급한 기술	선정 이유
1순위		
2순위		

No.	선정 이유
1	우리나라 실정에 적합하여 가장 큰 파급효과(보급률)가 기대된다.
2	국외 수준에 비하여 현저히 낮다.
3	해당 분야와 핵심기술의 개발을 위해서 가장 필요한 기술이다.
4	전 세계적으로 집중적인 개발을 추진하고 있는 기술이다.
5	해당 분야뿐 아니라 타 분야의 발전에도 영향을 줄 수 있다.
6	경제성이 뛰어나다.
7	단기간에 기술 확보가 가능하다.
8	기술 개발 시 국제적 위상에 미치는 영향이 크다
9	기술 개발 시 국내 경제에 미치는 파급효과가 가장 크다
10	인력양성 및 고용효과가 가장 우수하다
11	산업재산권 확보와 틈새시장 장악이 용이하다.
12	타 분야 기술을 응용할 경우, 세계시장에서의 기술 우위를 선점할 수 있다.

3. 장기(2030년)적인 관점에서 해당 분야의 다음 항목들이 현재 수준과 비교하여 어느 정도 성장할 것으로 예측됩니까?

항목		단위	2006년 말 (추정)	2012년	2020년	2030년
업체 수(누적)		개	5			
관련 인력 (누적)	연구인력	인	20			
	생산인력	인	50			
국내 보급(누적)		TOE	39,320			
연간 매출액		억 원/년	110			
연간 수출액		억 원/년	-			

4. 중장기(2030) R&D 계획이 수립된 후, 추진하는데 있어서 가장 크게 예상되는 장애요인은 무엇이라고 생각하십니까? (최대 2개 선택 가능)

장애요인	선택
추진할 연구 인력이 부족하다.	
뒷받침해주는 정부의 정책이 미흡하다.	
정부의 경제적 지원(기술개발 예산)이 부족하다.	
우리나라 현실에 부적합하다.	
기업체의 참여 부족으로 상용화가 어렵다.	
우수인력의 해외 유출이 심각하다.	
우수기술의 해외 유출이 심각하다.	
세계적인 우수기술, 선도기업과의 격차가 너무 크다.	
자본력을 보유한 대기업의 참여가 저조하다.	
기본계획의 목표가 이상적으로 수립될 것이다.	
국내 시장규모가 협소하며 성장에 한계가 있다.	
국제 유가에 따라 정부정책이 변화되어 추진이 어렵다.	

5. 중장기(2030) R&D 계획이 수립된 후, 효율적인 계획 추진을 위하여 보완 주기를 몇 년으로 정하는 것이 적절하다고 판단되십니까?

①	②	③	④	⑤
1년	2년	3년	5년	10년

6. 귀하가 생각하시는 석탄이용에너지 분야의 기술개발 및 보급에 대하여 의견이나 건의 사항을 제시하여 주시기 바랍니다.

7. 분야별 특성에 따라 문항 추가 가능

※ 소중한 시간을 내어 응답해 주셔서 진심으로 감사드립니다.

부록 4. 소수력 발전소 현황

표 7 소수력 발전소 현황(2007.10.31)

발전소	시설용량 (kW)	수계 (하천명)	형식	제작사	사업자 (주소)	상업발전 (최초)
포천	1,485 (495×3)	한탄강 (임진강)	Kaplan, 동기기 낙차 : 9.2m 사용수량 : 6.5cms	대양전기	한국수력 발전(주) (경기 포천군 영북면)	02.08 (86.02.01)
임기	1,200 (400×3)	낙동강	Propoller, 유도기 낙차 : 15m 사용수량 : 4.5cms	대양전기	대동기업(합) (경북 봉화군 법전면)	02.07 (86.08.09)
방우리	2,120 (530×3)	금강	Propoller, 유도기 낙차 : 12m 사용수량 : 5.44cms	Flygt(스웨던)	서우수력(주) (충남 금산군 부리면)	02.8 (87.03.03)
소천	2,400 (480×5)	낙동강	Propoller, 유도기 낙차 : 22.5m 사용수량 : 2.5cms	Flygt(스웨던)	(주)한여울 (경북 봉화군 소천면)	02.07 (87.07.20)
금강	1,350 (450×3)	금강	Propoller, 유도기 낙차 : 3.5m 사용수량 : 10cms	ACEC(벨기에), 현대중공업	(주)크린에너지 (충북 옥천군 동이면)	02.08.01 (88.03.21)
봉화	2,000 (500×4)	낙동강	Bulb, 유도기 낙차 : 13m 사용수량 : 5cms	수차 : Obermaire(미국) 발전기 : 현대중공업	(주)크린에너지 (경북 봉화군 명호면)	02.08.01 (88.09.22)
한석	2,214 (369×6)	남한강	Bulb, 유도기 낙차 : 3.8m 사용수량 : 12cms	수차 : Obermaire(미국) 발전기 : 현대중공업	한석소수력(주) (충북 단양군 영춘면)	04.06.29 (89.04.12)
산내 (PPA)	820 (500×1, 320×1)	광천 (남강)	Francis, 유도기	Dependable(캐나다), 이천전기	산내소수력 (전북 남원시 산내면)	89.09.20
영월 (PPA)	2,800 (400×7)	남한강	Bulb, 유도기	수차 : Obermaire(미국) 발전기 : 현대중공업	한국수전(주) (강원 영월군 영월)	92.04.30
덕송	2,600 (1,000×2 300×2)	남한강	Propoller, 동기기 낙차:14m 사용수량:10cms, 3cms	대양전기	(주)덕송수력 (강원 정선군 정선읍)	02.11 (93.03.22)
정선	1,920 (480×4)	골지천 (조양강)	Kaplan, 유도기 낙차 : 21.6m 사용수량 : 2.6cms	Flygt(스웨던)	(주)정선소수력 (강원 정선군 정선읍)	02.08 (93.05.20)
대아	3,000 (500×6)	대아댐	Francis, 유도기 낙차 : 35m 사용수량 : 1.2cms	대양전기	한국수력개발(주) (전북 완주군 고산면)	03.10 (93.06.17)
경 천 (PPA)	800 (400×2)	경천댐	Kaplan, 유도기 낙차 : 35m	대양전기	경천소수력 (경북 문경시 동로면)	96.06.01
성주	1,800 (500×3, 300×1)	성주댐	Kaplan, 유도기 낙차 : 35m	대양전기	성주발전(주) (경북성주군 가천면)	99.09
원정수	600 (300×2)	수어댐	Francis, 유도기 낙차 : 37.24m 사용수량 : 1.05cms	대양전기	포스코 (전남 광양시)	07.05
고문	1,500 (500×3)	한탄강	종축 Propeller, 유도기 낙차 : 5.5m, 사용수량 : 11.2cms	대양전기	신에너지 (경기도 연천군)	07.08.06
소계	28,609	16개소		민간발전사업자		

발전소	시설용량 (㎾)	수계 (하천명)	형식	제작사	사업자 (주소)	상업발전 (최초)
정우	2,000 (500×4)	동진강	Kaplan, 유도기 낙차 : 11.9m 사용수량 : 3cms	Flygt(스웨던)	한국농촌공사 (전북 정읍시 수성동)	06.06 (86.01.19)
동화	1,000 (200×1, 800×1)	동화댐	Francis, 유도기 낙차 : 47.5m 사용수량 : 2.52cms (0.52, 2cms)	대양전기	한국농촌공사 (전북 장수군 번암면)	05.05.31
담양	1,274 (94×1 1180×1)	담양댐	Francis, 유도기 낙차 : 25.49m 사용수량 : 6cms (0.46, 5.54cms)	대양전기	한국농촌공사 (전남 담양군 금성면)	06.03.16
장성	1,220 (260×1 960×1)	장성댐	Kaplan, 유도기 낙차 : 14.7m 사용수량 : 10cms (2.11, 5.54cms)	대양전기	한국농촌공사 (전남 장성군 장성읍)	06.04.30
하동	825 (165,660)	하동댐	Francis, 유도기 낙차 : 24.5m 사용수량 : 4cms (0.83, 3.17cms)	대양전기	한국농촌공사 (경남 하동군 청암면)	06.04.30
백곡	430	백곡 저수지	Kaplan, 유도기 낙차 : 17.54m 사용수량 : 3.2cms	대양전기	한국농촌공사 (충북 진천군)	07.06
소계	6,749	6개소				
아산 (소내)	36	하수도	Propoller, 유도기 낙차 : 6.9m, 사용수량 : 0.66cms	대양전기	아산시환경사업소 (충남 아산시 실옥동)	01.02.16
천안 (소내)	40 (20×2)	하수도	Propoller, 유도기 낙차 : 2.5m, 사용수량 : 1.02cms	대양전기	천안시환경사업소 (충남 천안시 신방동)	02.03
진해 (소내)	10 (10×1)	하수도	Propoller, 유도기 낙차 : 1.6m, 사용수량 : 0.8cms	대양전기	진해시환경사업소 (경남 진해시)	04.10
천상 (소내)	250	상수도	횡축 Propoller, 유도기 낙차 : 14.23m 사용수량 : 2.2cms	대양전기	울산광역시청 (울산시 울주군)	03.12
신천 (소내)	139	하수도	Kaplan,, 유도기 낙차 : 3.76m 사용수량 : 4.5cms	대양전기	대구광역시청 (대구시)	05.04
소계	475	5개소				

발전소	시설용량 (㎾)	수계 (하천명)	형식	제작사	사업자 (주소)	상업발전 (최초)
추산 (도서)	1,400 (600×2, 100×2)	울릉도 (나리분지 수원지)	Francis, 동기기	Fuji(일본)	한국전력공사 (경북 울릉군 북면)	66.05.03
괴산	2,600 (1,300×2)	달천강 (남한강)	종축 Kaplan, 동기기 낙차 : 22.42m, 사용수량 : 6.93cms	수차 : James Leffel (독일) 발전기 : GE(미국)	한국수력원자력 (충북 괴산군 칠성면)	01.10 (57.02.28)
안흥	480 (160×3)	주천강 (남한강)	횡축 Francis, 유도기 낙차 : 12m, 사용수량:1.7cms	대양전기	한국수력원자력 (강원 횡성군 강림면)	01.10 (78.04.30)
보성강	4,500 (2,250×2)	보성강	횡축 프란시스, 동기기 낙차 : 76m, 사용수량 : 3.2cms	Hitachi(일본)	한국수력원자력 (전남 보성군 득량면)	90.06.01
무주 양수	400 (400×1)	양수 발전소	Francis, 동기기 낙차 : 32.1m 사용수량 : 1.5cms	대양전기	한국남동발전 (전북 무주군 적상면)	03.4
산청 양수	400 (400×1)	양수 발전소	Cross Flow, 유도기	OSSBERGER(독일)	한국동서발전 (경남 산청군 시천면)	05.1
양양 양수	1,400 (700×2)	양수 발전소	Francis, 동기기 낙차 : 43.6m 사용수량 : 2.0cms	대양전기	한국중부발전 (강원 양양군 서면)	05.8
삼천포 해양	2,965 (494.2×6)	화력 발전소	Cross Flow, 유도기	OSSBERGER(독일)	한국남동발전 (경남 고성군 하이면)	06.11.23
소계	14,145	8개소				
광천	450	섬진강	횡축 Francis, 유도기 낙차 : 36m, 사용수량 : 1.157cms	수차 : Dependable (캐나다) 발전기 : KATO(미국)	한국수자원공사 (전남 순천시 주암면)	02.09 (91.04.01)
반변	1,060 (530×2)	반변천 (낙동강)	횡축 프로펠라, 유도기 낙차 : 4.99m 사용수량 : 10.8cms	Flygt(스웨덴)	한국수자원공사 (경북 안동시 임하면)	02.09 (96.10.03)
운문	330	밀양강지류 동창천	횡축 Kaplan, 유도기 낙차 : 33.9m 사용수량 : 0.7cms	대양전기	한국수자원공사 (경북 청도군 운문면)	02.09 (98.11.05)
보령	145	웅천천	횡축 Francis, 유도기 낙차 : 32.64m, 사용수량 : 0.534cms	수차 : Dependable (캐나다) 발전기 : KATO(미국)	한국수자원공사 (충남 보령시 미천면)	02.09 (97.12.12)
	556	웅천천	횡축 Kaplan, 유도기 낙차 : 26.18m, 사용수량 : 3.3cms	ATA(필란드)	한국수자원공사 (충남 보령시 웅천읍)	02.09 (99.03.03)

발전소	시설용량 (㎾)	수계 (하천명)	형식	제작사	사업자 (주소)	상업발전 (최초)
부안	193	직소천	횡축 Propoller, 유도기 낙차 : 19.6m, 사용수량 : 1.135cms	수차 : Dependable (캐나다) 발전기 : KATO(미국)	한국수자원공사 (전북 부안군 변산면)	02.09 (98.06.02)
횡성	1,000 (500×2)	계천 (섬강)	횡축 Francis, 유도기 낙차 : 43m, 사용수량 : 1.37cms	대양전기	한국수자원공사 (강원 횡성 갑천면)	02.09 (00.08.02)
영천	1,000 (500×2)	금호강 지류 자호천	횡축 Francis, 유도기 낙차 : 22.45m, 사용수량 : 2.45cms	대양전기	한국수자원공사 (경북 영천시 임고면)	02.09 (01.08.01)
밀양	1,300 (650×2)	단장천 (낙동강)	횡축 Francis, 유도기 낙차 : 66.9m, 사용수량 : 1.225ms	대양전기	한국수자원공사 (경남 밀양시 단장면)	02.09 (01.10.23)
안동	1,500 (500×3)	낙동강	종축 Propeller, 유도기 낙차 : 5.2m, 사용수량 : 11cms	대양전기	한국수자원공사 (경북 안동시 법흥동)	03.09.06
용담	2,300 (1,150×2)	금강	횡축 Francis, 유도기 낙차 : 46m, 사용수량 : 3.12cms	Fuji(일본)	한국수자원공사 (전북 진안군 안천면)	03.02 (01.08.11)
	1,800	금강	횡축 Francis, 유도기 낙차 : 41.7m, 사용수량 : 5.21cms	대양전기	한국수자원공사 (전북 진안군 안천면)	05.01.15
성남	340	상수도	종축 Francis, 유도기 낙차 : 18m, 사용수량 : 2.4cms	대양전기	한국수자원공사 (경기 성남 수정구)	04.12.01
대곡	300	대곡	횡축 Francis, 유도기 낙차:34.67m, 사용수량:1.02cms	대양전기	한국수자원공사 (울산시 울주군 두동면)	05.08.11
장흥	800	탐진	횡축 Francis, 유도기 낙차 : 27.74m, 사용수량 : 3.2cms	대양전기	한국수자원공사 (전남 장흥군 부산면)	05.11.30
합천	1,200 (600×2)	황강	횡축 벌브형 동기기 낙차 : 7.3m 사용수량 : 19cms	도시바(일본)	한국수자원공사 (경남 합천군 용주면)	06..5.25
달방	170	달방	횡축 Francis, 유도기 낙차 : 38.49m 사용수량 : 0.55cms	대양전기	한국수자원공사 (강원 동해시 이로동)	07.02.12
주암	990 (495×2)	보성강	횡축 Francis, 유도기 낙차 : 34.61m 사용수량 : 1.8cms	대양전기	한국수자원공사 (전남 순천시 주암면)	07.04.09
소계	15.434	16개소				
계	65,412	51개소				

부록 5. 용어정의

가버너(governor)

조속기라고도 한다. 발전기의 운전 등 일정한 속도로 운전할 필요가 있는 기계에는 반드시 설치되어 있다. 오래된 것으로는 J. 와트가 증기기관의 왕복운동을 회전운동으로 바꾸었을 때, 일정한 회전을 얻기 위해 회전축에 장치한 2개의 추(錘)가 원심력에 의해 여는 것을 이용한 원심조속기가 있다. 원심조속기는 발전기를 수차(水車)와 직결해서 운전할 때, 발전기의 부하에 변동이 있을 때, 이 변동에 따르도록 즉시 수차에 흘러 들어가는 유량(流量)을 조정하여 수차의 회전수를 일정하게 유지할 경우에 자동적으로 조정하는 것으로서 사용된다. 이 밖에 기관의 흡기관(吸氣管) 속에 벤투리관을 설치하면, 벤투리부(部)의 음압(陰壓)은 회전속도를 일정하게 하는 공기식과 기관(機關)에 의해 기어펌프를 구동하고, 기어펌프에서 발생하는 유압(油壓)을 이용해서 회전속도를 제어하는 유압식 등이 있다. 어느 방법이나 기관의 스로틀밸브 또는 연료의 분사를 조절하며, 그 결과로서 기관의 속도가 제어된다. 또, 운동의 전달방법에도 기계적으로 하는 것, 공기를 이용하는 것, 전기적으로 하는 것 등 여러 가지가 있다.

교류기(alternating current machine)

교류전력(무효전력 포함)을 발생 또는 변환하거나 교류전력을 받아 기계동력을 발생시키는 전기기계

국제에너지기구(IEA, International Energy Agency)

국제에너지 계획을 수행하기 위해 1974년 9월에 경제협력개발기구(OECD) 내 설치된 자율적 기관으로서 OECD 회원국을 중심으로 26개국이 참여하여 에너지 문제 협력에 관한 포괄적인 프로그램을 수행하고 있음

동기기(synchronous machine)

정상상태에 있어 기계의 회전속도와 유도기전력 주파수 비율이 일정한 교류기

동기발전기(synchronous machine) : 발전기로서 동작하는 동기기

디지털보호계전기(DPR, digital protective relay)

마이크로프로세서 등을 이용하여 입력량을 디지털양으로 변환하여 처리하는 계전기

무효전력보상장치(SVC, static var compensator)

송전계통의 전압 조정은 분로 요소(shunt element)의 기계적 스위칭 또는 동기조상기 (synchronous condenser)에 의해서만 가능하였다. 분로리액터(reactor)와 커패시터(capacitor)의 스위칭은 전압과 전류의 과도현상과 함께 갑작스러운 전압 변동을 유발하는 단점이 있다. 또한, 동기조상기는

가격이 비싸고 계통 사고시 반응 속도가 느리며, 유지비용과 손실이 큰 단점이 있다. 이에 반해 SVC는 대용량 반도체 스위칭 소자(Thyristor)를 이용한 스위칭으로 신속하고 정확한 전압제어를 가능하게 한다. SVC의 주요 목적은 전압 제어이다. 그러나, SVC는 전압변동에 대해 매우 빠른 반응을 보이기 때문에 전압 불안정을 완화하기 위해 적용된다. 송전계통에서 전압안정도, 과도안정도, 제동문제는 전압동요에 의해 일어나므로, 전압이 변동되는 지점에 SVC를 설치하면 불안정이 감소될 수 있다.

반동 수차(reaction water turbine)

물의 위치에너지를 압력에너지로 바꾸고 이것을 런너에 유입시켜 빠져나갈 때의 반작용으로 동력을 발생하는 수차로서 프란시스 수차(Francis turbine)가 그 대표적인 예이다.

발전기(generator) : 기계동력을 받아 전력을 발생하는 전기기계

분산(형) 전원(Distributed Generation System)

원자력이나 대용량 화력 등과 같은 집중적이고 대용량이 아닌 소용량의 전력저장 시스템이나 발전 시스템을 일컫는 말로서, 수력, 태양광, 바이오, 풍력 등의 신·재생에너지 전원이나 소용량의 열병합발전시스템, 전기 등을 이용한 전력 저장 시스템을 예로 들 수 있다. 기존의 전력회사의 대규모 중앙 집중형 전원과는 달리 소규모로서 소비지 근방에 분산 배치가 가능하다.

사류 수차(斜流水車)

물이 Runner의 경사방향으로 유입되어 축 방향으로 바뀌어 유출되는 수차로 Francis 수차와 Propeller 수차의 중간 형태이다. Runner의 날개 각도를 변경시킬 수 있는 Deriaz 수차가 대표적이다.

상태기준보전(condition based maintenance)

상태감시에 기초하는 예방보전방법. 1972년경부터 시작된 보수기법으로 설비의 상태를 파악하여 이에 근거한 보수를 시행하는 것으로서, 설비의 보수시점을 결정하는 것이 중요한 기술이라 할 수 있다. 이는 설비고장 검출 또는 예측기술이 개발됨으로써 실용화가 가능하게 되었으나, 아직도 많은 연구를 요한다.

설비용량(Installed generating capacity)

일반적으로 발전소 또는 발전기의 출력을 의미하며, 넓게는 전력계통 전체 발전기의 출력의 합을 나타내는 말로서 단위는 kW, MW, GW로 표시한다.

소수력(Small Hydropower)

일반 수력 발전 규모 이하의 전기를 생산할 수 있는 수력자원을 일컫는 말로서 국제적으로는 15,000kW 용량 이하를, 국내에서는 10,000kW 용량 이하를 이 범주에 넣고 있음. 기타 신·재생에너지원에 비해 에너지밀도가 높고(90% 이상 됨), 경제성이 우수한 에너지원이며, 소수력 발전시스템은 수차, 발전기 및 전력변환장치, 보호시스템 장치 등으로 구성되어 있다.

수력(Hydropower)

물의 위치 에너지와 운동에너지를 이용해서 전기를 얻는 방식

수차

물의 위치에너지를 회전운동의 에너지로 또 반대로 회전운동의 에너지를 물의 위치 에너지로 변환하는 기계이다.

수차발전기(water turbine generator)

수차를 원동기로 하는 교류발전기. 때로는 직류발전기도 있다. 수차발전기로 사용되는 교류발전기는 증기터빈을 원동기로 하는 교류발전기의 회전속도(1,800rpm 또는 3,600rpm)에 비하여 100～1,000rpm 정도로 낮으며, 회전속도의 범위가 넓다. 주축(主軸)은 종축과 횡축이 있으며 횡축은 별로 사용되지 않는다. 용량은 작으면 수 ㎾에서 한국에서는 10만 ㎾까지도 있다. 발전전압의 주파수는 60㎐이다. 각 발전소의 수차발전기에서 발전된 전력은 송전선을 거쳐서 수용가(需用家)로 보내진다.

신 · 재생에너지(New & Renewable Energy)

우리나라에서 신 · 재생에너지는 "신에너지 및 재생에너지 개발 · 이용 · 보급 촉진법" 제 2조에 의해 기존의 화석연료를 변환시켜 이용하거나(신에너지) 햇빛 · 물 · 지열 · 강수 · 생물유기체 등을 포함하는 재생 가능한 에너지를 변환시켜 이용하는 에너지(재생에너지)로서 태양, 바이오, 풍력, 수력, 연료전지, 석탄 액화 · 가스화 및 중질잔사유 가스화, 해양, 폐기물, 지열, 수소 등 11개 분야를 말한다.

- 신에너지 : 연료전지, 석탄액화 · 가스화 및 중질잔사유 가스화, 수소에너지 등 3개 분야
- 재생에너지 : 태양열, 태양광, 바이오, 풍력, 수력, 지열, 해양, 폐기물 등 8개 분야

신 · 재생에너지 발전전력 기준가격 지원제도(발전차액 지원제도)

신 · 재생에너지 설비의 투자 경제성 확보를 위해 신 · 재생에너지 발전에 의하여 공급한 전기의 전력거래가격이 산업자원부장관이 정하여 고시한 기준가격보다 낮은 경우 기준가격과 전력거래가격과의 차액(발전차액)을 지원해 주는 제도

신 · 재생에너지 인증제도

신 · 재생에너지 설비의 품질을 보장하고, 소비자의 신 · 재생에너지에 대한 신뢰성을 제공하기 위해 신 · 재생에너지 설비에 대한 인증을 하는 것. 인증심사기준에 따른 일반심사(공장 확인)와 설비심사(성능검사) 기준 이상의 능력 여부를 심사

양수발전

야간 등의 전력 소비가 적은 시간대에 다른 원자력 발전소나 대규모 화력발전소에서 잉여 전력을 공급받아 하부 저수지에서 상부 저수지로 물을 끌어올려 피크시에 발전하는 수력 발전

어도(fish way)

어도는 하천을 횡단하여 설치되는 보 등으로 인하여 하천의 유수(流水)가 단절되는 경우, 즉 상·하류의 현격한 수위 차가 발생하여 물고기가 정상적으로 이동할 수 없을 때 설치되는 시설물이다. 어도의 종류는 ① 계단식 ② 도류벽식 ③ 경사면식 ④ 수로식 ⑤ 갑문식 ⑥ 잠공식 ⑦ 복합형 어도로 구분할 수 있다. 최근 외국에서 적용하고 있는 어도형상은 하천의 형상을 그대로 연결(경사 약 1:20 이하의 완경사)하는 복합형 어도를 볼 수 있다.

영구자석 동기전동기

계자에 영구자석을 사용한 동기발전기이다. 전자석 동기 발전기에 비교할 경우 계자여자를 위한 전원회로가 필요 없고, 외부 전원에서 회전자계에 전류를 끌어들이기 위한 슬립링이나 브러시 등의 전기적 접점이 없으며, 구조가 간단해서 보수가 용이하다. 반면 영구자석은 전자석에 비해 기자력을 강하게 할 수 없어 여자전류의 가감에 의한 무효전력의 조정도 불가능하다. 이 때문에 비교적 소형기기에 채용되고 있다. 그러나 최근에는 기술이 발달로 대형도 제작되고 있어 발전설비에 이용되고 있다. 발전기로서 중량, 체적 당 발전력이 높고 보수도 쉬워 특수한 설비에 이용되는 경우가 많아지고 있다.

원격검침시스템(AMR, automatic meter reading)

배전선로에 관한 시스템의 운영과 전력수급에 관한 자동화 기능의 하나. 전력량계 자동검침, 계절별 심야전력요금 전환, 부하 분석 등으로 전력설비 이용검침, 전력회사와 수용가 양 방향의 서비스, 검침 시스템의 다양화와 같은 효과가 나타난다.

원격단말장치(RTU, Remote Terminal Unit)

SCADA 시스템에서 주로 사용되는 용어인데, 원격지에서 데이터를 수집해 전송 가능한 형식으로 데이터를 변환한 뒤 중앙기지국으로 송신하는 장치이다. RTU는 또한 주 장치로부터 정보를 수집하고, 주 장치에서 지시되는 일련의 작업 절차들을 수행하기도 한다. RTU는 신호감지 또는 측정을 위한 입력채널, 제어와 지시 및 경고를 위한 출력 채널 그리고 통신 포트 등을 갖추고 있다.

유도기(induction machine)

고정자 및 회전자가 서로 독립한 전기자 권선을 가지고 한쪽의 권선이 다른 쪽 권선에서 전자유도 작용에 의해 에너지를 받아 동작하는 비동기기

유도발전기(induction generator)

발전기로서 동작하는 유도기. 2차측에서의 여자를 행하지 않고 동기속도 이상의 속도에서 동작하는 것을 단락 2차 유도발전기라고 한다. 2차측에 슬립 주파수 여자전류를 공급해서 동기속도 상하 어느 범위의 속도에서 동작할 수 있도록 한 것을 2차 여자 유도발전기라고 한다.

의무구매제도(FIT, Feed-In Tariff)

전력판매사가 정부가 정한 기준가격으로 신·재생에너지 전력을 의무 구매하고, 이를 전기요금에 흡수하는 제도

이용률(Capacity factor)

일정기간 동안 실제 발전량과 발전설비가 낼 수 있는 총 발전량과 비교하여 어느 정도 발전했는가를 백분율로 나타내는 것으로 설비의 효율적인 이용정도를 말한다.

2중 급전형 농형발전기(DFIG, doubly-fed induction generator)

고정자 권선은 일정한 전원 주파수로 급전되고, 회전자 권선은 가변 주파수의 다른 전원에 의해 급전되고 있는 비동기. 유도 전동기를 동기 속도 이상으로(마이너스의 주파수로) 운전하기 위해서는 위와 같이 이중 급전을 할 필요가 있다.

인버터(inverter)

직류전력을 교류전력으로 변환하는 장치(역변환장치). 인버터를 동작방식으로 분류하면 자려식(自勵式)과 타려식이 있다. 자려식은 회로 자체의 진상장치(進相裝置:진상장치)에 의해 전류(轉流)하고, 외부로부터는 무효전력의 보상을 받지 않는 것이며, 회로방식에는 직렬형과 병렬형이 있다. 타려식은 외부로부터는 무효전력의 보상을 받는다. 회로로서는 단상(單相)·다상 정류회로가 그대로 인버터를 형성하고 있다.

입력(input)

발전기의 경우에 전달되는 기계동력. 전동기의 경우는 단자에 제공되는 유효전력

자동역률제어장치

선로의 역률을 측정하여 설정된 목표치에 역률이 유지되도록 커패시터 뱅크 장치를 온/오프 제어하는 장치

전력선 반송 통신(PLC, power-line carrier communication)

반송 통신 장치를 전력선에 결합하여 발전소, 변전소나 각 영업소 등과 사이에서 급전, 보수, 업무 등에 관한 연락을 하도록 한 것

종합효율(combined efficiency, overall efficiency)

2개 이상의 회전기를 조합하거나, 또는 회전기와 정지기와의 조합에 의해 구성되어 있는 장치전체의 효율

지능형 전자장치(IED, intelligent electronic device)

전자식 다기능 계측기, 디지털 계전기, 제어기 등과 같이 외부 소스와 데이터/제어를 주고받을 수 있도록 1개 이상의 프로세서를 갖춘 장치

직류기(direct current machine)

직류전력을 발생 또는 변압(變壓)하거나 직류전력을 받아 기계동력을 발생시키는 기기

출력(output)

발전기의 경우 단자에서 측정되는 유효전력. 전동기의 경우 축에서 측정되는 기계동력

충동 수차(impulse water turbine)

물을 노즐(nozzle)로부터 분출시켜서 위치 에너지를 전부 운동 에너지로 바꾸는 수차로서 펠턴 수차(Pelton turbine)는 그 대표적인 예이다.

카플란 수차

가동임펠러의 프로펠러 수차. 반동 수차의 분류에 속하며, 저낙차로서 물이 풍부한 경우에 사용된다. 부하의 변동에 대해 효율은 프란시스 수차보다 양호하다. 즉 경(輕)부하 시에는 임펠러의 경사를 변화시키는데 따라 임펠러 열(列)을 통과하는 수류가 유효하게 임펠러에 작용할 수 있게 되므로 효율은 저하하지 않는다. 이 때문에 현재에도 널리 채용되고 있다.

캐비테이션(cavitation)

밀폐된 계의 배관계에서 진공현상으로 유체 속에서 압력이 낮은 곳이 생기면 물속에 포함되어 있는 기체가 분리하여 물이 없는 빈속(공동)이 생기는 현상을 말하며, 이 발생한 기포는 압력이 높은 부분에 이르면 급격히 부서져 소음이나 진동의 원인이 되며, 터빈이나 프로펠러의 효율을 떨어뜨린다. 또 기포가 사라져 없어질 때 기포의 부피가 급격히 축소됨에 따라 그 부분의 압력이 매우 커지며, 그것이 날개를 침식시키는 원인이 된다. 공동현상에 의한 침식을 점침식(點侵蝕)이라고 하며, 자잘한 알갱이에 의한 일반적인 침식과는 구별된다. 즉, 캐비테이션이 발생되면 그로 인한 2차 피해가 수격(首擊)의 발생이다.

튜고 임펄스 수차(Turgo impulse turbine)

중간정도의 유효낙차용으로 설계한 충동 수차의 일종이다. 1919년 같은 충동 수차인 펠턴 수차를 개량한 것으로서 Gilkes사가 개발했다. 설치하는 개소의 조건에 따라 펠턴 수차나 프란시스 수차보다 유리한 점을 지니고 있다.

특성시험(performance test)

회전기의 특성을 결정하고, 사양을 만족하는 곳을 나타내기 위해 필요한 시험

펌프 수차(pumped storage water turbine)

양수식 발전소에서, 양수용 펌프와 발전용 수차를 겸하는 장치. 바로 돌때는 펌프, 거꾸로 돌 때는 수차로 작용한다.

펜스톡(Penstock) : 상부 저수지에서 터빈까지의 압력에서 물을 전달하도록 하는 파이프

펠턴 수차

미국 기술자 L. 펠턴에 의해 1870년에 고안·제작된 수력 발전용의 충동형 수차인데, 비교적 낙차가 큰 곳에서 사용한다. 회전축에 장치한 디스크주위에 많은 물받이(버킷이라고 한다)를 장치하고, 노즐로부터 분출시킨 물을 이것에 충돌시켜서 회전력을 주게 되어 있다. 디스크 및 노즐의 수에 따라 몇 가지 형식이 있으며, 또 가로축형·세로축형으로 나누어지고, 노즐에서 나오는 물의 양은 노즐 속에 있는 니들 밸브를 앞뒤로 움직여서 조절할 수 있다.

프란시스 수차

수력 발전소용 수차의 하나로서 미국 수력기술자 J. B. 프란시스가 고안한 수력 발전소용 반동형 수차. 물이 소용돌이형의 도관을 지나 안내날개로 들어간 다음 임펠러로 가서 날개에 반동 작용을 주어 임펠러를 돌리고, 임펠러를 나온 물은 중심부에 모여 흡출관을 거쳐 방수로로 나온다. 안내날개는 임펠러의 바깥쪽에 있지만, 그 날개의 축을 중심으로 한 조속기구(governor)에 의해 일정한 각도로 회전할 수 있게 되어 있다. 중간낙차(25~300m)이고 수량이 많은 경우에 사용한다.

프로그래머블 로직 콘트롤러(PLC, programmable logic controller)

PLC는 이제까지 사용되어온 릴레이 제어의 각종 릴레이, 타이머, 카운터 등의 기능을 마이크로 프로세서를 이용해 통합시킨 것이다. 이 PLC에 프로그램을 작성함으로써 시퀀스 제어는 물론 산술연산, 논리연산, 함수연산, 조절연산 및 데이터처리를 실행할 수 있다. PLC는 기존의 릴레이에 비해 제어기능, 신뢰성이 뛰어나고 제어내용을 손쉽게 수정 및 변경할 수 있으며 릴레이에 비해 복잡한 제어기능을 수행할 수 있는 등 많은 장점을 지니고 있다. 따라서 PLC는 단위기계의 자동화뿐만 아니라 공정제어기기를 비롯한 다품종 소량생산을 위한 각종 자동화시스템에 폭넓게 사용되고 있으며 특히 컴퓨터와도 통신이 가능해 향후 CIM(Computer Integrated Manufacturing) 구축에 있어서도 필수 불가결한 요소가 되고 있다. PLC의 구조는 △제어처리를 담당하는 CCU (Central Control Unit) △입력신호를 받아 CCU로 넘겨주는 입력부 △처리된 신호의 결과를 CCU로부터 Actuator로 전달해주는 출력부등 대체로 3개 부분으로 구성되어 있다. PLC를 사용함으로써 얻게 되는 이점으로는 △프로그램 변경이 쉽고 시스템 확장이 간편해 작업환경의 변화에 신속히 대응할 수 있다는 점 △유지보수가 용이하고 신뢰성이 높아 고장을 줄여줌으로써 설비의 가동률이 향상되며 △네트워크 기능과 고속의 데이터처리 기능 및 충분한 용량의 관리 데이터 기억기능을 갖춰 향후 CIM 구축에 의한 전사관리가 가능한 점 등을 들 수 있다.

프로펠러 수차

물이 Runner의 축 방향으로 유입되고, 유출되는 구조의 반동 수차이며, Runner의 날개 각도를 조절할 수 있는 Kaplan 수차나 발전기가 한 원통 내에 설치되는 원통형(Tubular) 수차도 이 종류이다. 프로펠러 수차는 회전체 보스(boss) 주위에 4~8매의 날개깃을 고정시킨 반동식(反動式) 수차로, 물의 흐름 속에서 프로펠러를 회전시켜 동력을 얻는다. 주로 낙차가 작고 유량이 많은 곳에 알맞도록 설계되었으며, 낙차가 클수록 날개깃의 수가 많아진다. 구조가 간단하여 가격이 저렴한 것이 장점이나, 날개깃이 보스에 고정되어 있어 유량이 변하면 효율이 떨어지는 단점이 있다. 이러한 문제점을 해결하기 위해 유량의 변화에 따라 날개깃의 각도를 변화시킬 수 있도록 개량한 것이 카플란(Kaplan) 수차이다. 카플란 수차는 유량이 많고 낙차의 변화가 큰 경우에도 안정적으로 사용할 수 있는 장점이 있으며, 표준화를 통하여 가격을 크게 낮출 수 있기 때문에 대규모 수력 발전에 적합하다.

효율(efficiency)

회전기의 출력과 입력의 비. 보통 백분율로 나타내고, 특히 지정하지 않는 경우는 정격출력에 대한 값을 잡는다.

HMI(Human Machine Interface)

SCADA 시스템 구성의 한 요소로서 운영자에게 처리 데이터를 표시해 주고 운영자가 처리 과정을 제어할 수 있도록 하기 위한 장치(소프트웨어)이다. HMI는 다중의 원격 제어기(PLC, RTU 등의 제어 장비들)들을 감시하고 제어하기 위한 표준화된 방식의 필요성으로부터 출발하였다. HMI 시스템은 여러 형태의 네트워크로 구성된 환경에서 다양한 장비로부터 데이터를 수집하고 형식화하고, 결합한다. 또한 데이터베이스와의 연결을 통해 트랜딩이나 진단 데이터, 관리 정보들을 제공한다. 실제적으로 많은 PLC 제조사들이 개방형 통신 프로토콜을 사용하여 HMI 시스템에게 데이터를 제공한다. HMI/SCADA 패키지들은 많은 PLC와의 호환성(드라이버)을 제공하여 소프트웨어 개발자가 아닌 기계/전기/일반 기술자들이 HMI 소프트웨어 자체를 사용하여 설정할 수 있도록 기능을 제공한다.

IT(정보기술 : Information Technology)

정보화 시스템 구축에 필요한 유형·무형의 모든 기술과 수단을 아우르는 간접적 가치창출에 무게를 두는 기술을 뜻하는 정보통신 용어로 정보통신 산업의 발전과 함께 정보혁명을 주도하는 기술로 부각되었다.

RPA(Renewable Portfolio Agreement)

신·재생에너지 공급 협약. 대형에너지 공급사를 대상으로 중장기 신·재생에너지 개발 공급계획을 수립하여 정부와 협의 후, 자발적으로 협약 체결·시행하는 것

RPS(Renewable Portfolio Standards)

신·재생에너지 발전 의무 할당제. 발전사업자의 총 발전량, 판매 사업자의 총 판매량의 일정비율을 신·재생에너지원으로 공급 또는 판매하도록 의무화하는 제도(미국, 영국, 일본, 호주, 덴마크 등이 도입 운영하고 있음)

SMP(System Marginal Price)

계통 한계 가격. 각 시간대별로 필요한 전력수요를 맞추기 위해 가동한 발전원 중 비용이 가장 비싼 발전원의 운전비용이 계통 한계가격이 됨

신 · 재생에너지 RD&D 전략 2030 5

소수력

2008년 7월 10일 제1판 1쇄 인쇄
2008년 7월 15일 제1판 1쇄 발행

저 자 ◎ **에너지관리공단 신 · 재생에너지센터**
발행자 ◎ **조 승 식**
발행처 ◎ (주) 도서출판 **북스힐**
서울시 강북구 라일락길 36
등 록 ◎ 제 22-457 호

(02) 994-0071(代)
(02) 994-0073
bookswin@unitel.co.kr
www.bookshill.com

값 20,000원

잘못된 책은 교환해 드립니다.

ISBN 978-89-5526-481-4
ISBN 978-89-5526-476-0(세트)